Missionsziel: Offensive Göttertor

Geheimakte MARS 23

© 2023 D. W. McGillen

Umschlagsfoto: Mit Lizenz

Paperback: ISBN: 9781717059635
Imprint: Independently published

Hardcover: ISBN: 9798862749519
Imprint: Independently published

ISBN-e-Book: ebenfalls erhältlich:

D.W. McGillen, 01.10.2023

Geheimakte Mars 01: Suche nach dem Ursprung
Geheimakte Mars 02: Erde in Gefahr
Geheimakte Mars 03: Entscheidung an der Dunkelwolke
Geheimakte Mars 04: Rebellion auf Proxima-Centauri
Geheimakte Mars 05: Flug in die zweite Dimension
Geheimakte Mars 06: Die versunkene Basis
Geheimakte Mars 07: Krisenfall Andromeda
Geheimakte Mars 08: Flugverbots-Zone Sombrero-Nebel
Geheimakte Mars 09: Die Admiralität von Santarid
Geheimakte Mars 10: Die weiße Anomalie der Zierrakies
Geheimakte Mars 11: Konfrontation in der zweiten Dimension
Geheimakte Mars 12: Das gefallene Kaiser-Imperium
Geheimakte Mars 13: Operation in Centauri
Geheimakte Mars 14: Fluchtplanet Redartan
Geheimakte Mars 15: In Geheimer Mission
Geheimakte Mars 16: Lorin's Vergeltung
Geheimakte Mars 17: Das Blaue Universum
Geheimakte Mars 18: Auf den Spuren der Mächtigen
Geheimakte Mars 19: Kampf um Adramalon
Geheimakte Mars 20: Verlorene Erkenntnisse der Vergangenheit
Geheimakte Mars 21: Mission Fluchtpoint Ragun
Geheimakte Mars 22: Präventivschlag im Zeitstrom
SPC -   Mars 01: Sabotage
Geheimakte Mars 23: Missionsziel Göttertor

Inhaltsverzeichnis

Rückblick

Episode 20:
Die Gemeinschaftsflotte des Neuen-Imperiums verhandelt mit den Adramelech über einen Friedensvertrag. Nach der Entmaterialisierung des Heimat-Planeten des Regenten in eine andere Zeitzone, muss das Volk der Mächtigen neue Spielregeln akzeptieren. Die Reinigungs-Kriege in der Adramalon-Galaxie gehören ab sofort der Vergangenheit an. Ein Friedensvertrag wird nur unterschrieben, wenn eine friedliche Koexistenz aller Rassen in der Sterneninsel möglich erscheint.

Rückblick: Vor 250.000 Jahren traf die lantranische Führung zu politischen Konsultationen auf Natrid mit dem Kaiser Quoltrin-Saar-Arel zusammen. Aritron wollte das natradische Imperium als Schutzmacht für die Milchstraße etablieren. Doch die Gespräche verliefen anders als gedacht. Erste Hinweise auf Spuren der ersten Rasse im Sol-System werden gefunden. Doch durch einen Angriff der Rigo-Sauroiden, verliert die Kommandantin der Atlantis-Basis ihre Erinnerungen.

Neuzeit: Atlanta erhält ihre lange verlorenen Erinnerungen zurück. Thoran ermöglicht ihr sich zu erinnern und Hinweise auf die Raguner mitzuteilen. Diese Rasse galt lange Zeit als mächtigstes Bollwerk in dem bekannten Universum. Viele Jahrtausende vor der Existenz der Natrader, lebten sie auf dem 5. Planeten im Sol-System, der heute nur noch als ein Asteroidenfeld hinter Natrid erkennbar ist. Eine neue Mission wird ausgerüstet. Major Travis, und Atlanta machen sich mit einem Team auf die Suche nach den Erkenntnissen der Vergangenheit.

Episode:21
Das Expeditionsteam, unter Leitung von Major Travis findet einen geheimen Stützpunkt, tief unter einem Gebirge in Wales. Hinweise auf die mystische Rasse der Aller-Ersten werden gefunden, die scheinbar die Basis als Fluchtstation für die Raguner erbaut hatten. Die erste Species des Sol-Systems, kämpfte gegen einen unerbittlichen Feind, der ihr ganzes Imperium in Frage stellte. Gebaut für die Ewigkeit, überdauerte die Station und erhielt sich selbst. Dem Team von Major Travis fallen neue Techniken in die Hände.

Als durch ein zeitgesteuertes Wurmloch die legendären Klappflügel-Zerstörer der Raguner in die Realzeit eindringen und die alte Flucht-Station vernichten wollen, schalten die Kampfsysteme des Neuen-Imperiums auf eine gezielte Abwehr. Der schlafende Wächter der Station erwacht und informiert seine Herren über den Angriff von außen Diese scheuen sich nicht, nach einer langen Zeit des Beobachtens wieder aktiv zu werden und offen in die Risiken eines möglichen Krieges einzugreifen. Abgesandte tauchen auf und versuchen die Situation zu bereinigen.

Ein guter Bekannter von Major Travis informiert ihn über die neue Gefahr. Der Hohe-Rat der Aller-Ersten vermutet hinter den Vorgängen einen Abtrünnigen ihrer Rasse, der maßgeblich an der Entwicklung der ersten Rasse beteiligt war. Er möchte den Untergang des ragunischen Imperiums verhindern und sieht in der Manipulation der Zeit eine letzte Möglichkeit. Erst jetzt wird bekannt, dass der Angriff auf das Hoheitsgebiet der Raguner unter der Regie der Arthropoden stattfindet. Admiral Tarin vermutet in ihnen die Species, welche den Angriff auf Natrid geplant hatte. Die Ereignisse überschlagen sich.

Episode 22:
Der überraschende Angriff der Raguner auf die Flucht-Station der Aller-Ersten konnte vereitelt werden. Trotzdem bleibt die Gefahr aus der Vergangenheit weiterhin akut. Geoffwan, der Sprecher der alten Species sagte zu, die geheime Station in die Obhut der Terraner zu übergeben. Doch vorher mussten die Wurmloch-Tore

der Raguner vernichtet werden, um die von ihnen geplante Zeitmanipulation zu verhindern. Ihr Plan war es, den Untergang ihres Imperiums zu verhindern. Major Travis sah keine andere Möglichkeit, als einen Gegenschlag durch Zeit und Raum zu befehlen. Die Gefahr für das Neue-Imperium und seine Bewohner sollte abgewendet werden. Ein Präventivschlag gegen die zeitgesteuerten Wurmloch-Stationen der Raguner wurde vorbereitet. Admiral Tarin versuchte weiterhin Spuren auf die Heimatwelt der Arthropoden finden, die er als Verursacher hinter dem Angriff der Rigo-Sauroiden auf Natrid vermutete. Mit seinem Flaggschiff beteiligte er sich an der Mission Ragun. Doch die Gegenseite war nicht untätig.

Krisensitzung

Der große Flotten-Verband der Ceshalter und die unerwartete Verstärkung der ragunischen Kampfflotte, unter dem Befehl von Systemrat Camaal, hatte das Hoheitsgebiet der Arthropoden bereits lange wieder verlassen. Der größte Teil der Planeten, die von Clans der spinnenartigen Species bewohnt wurden, glichen brennenden toten Welten. Die Ceshalter hatten ganze Arbeit geleistet. Es würden Jahrtausende vergehen, bis diese Planeten sich wieder erholt hatten. Die 5.000 Klappflügel-Zerstörer der 1.000-Meter-Klasse und 20 Groß-Zerstörer der 5.000-Meter-Klasse waren der Ceshalter-Flotte durch mittlerweile 9 geöffnete Wurmlöcher gefolgt. Nach jedem Durchflug mussten die Schiffe der Ceshalter für 1 Stunde pausieren, um ihre Wurmlochgeneratoren wieder aufzuladen.

Systemrat Camaal blickte seinen 1. Offizier an. »Die Wurmlochtechnik der Ceshalter unterscheidet sich von der unserer Schöpfer«, bemerkte er. »Sie scheinen die Wurmlöcher mit der Energie ihrer Raumschiffe zu öffnen.«

»Ohne die Aller-Ersten würden wir nicht über diese Möglichkeit verfügen«, antwortete Furgun. »Unsere Wissenschaftler konnte diese Technik nicht replizieren.«

»Hoffentlich schaffen es die Ceshalter, uns ein Tor in unsere Zeitepoche zu öffnen«, erwiderte Camaal.» Ansonsten sitzen wir hier fest. Warum unser Tor wohl abgeschaltet wurde? «

»Vermutlich ein Angriff durch die Arthropoden«, antwortete Furgun.»Ein geöffnetes Tor lässt sich über eine weite Strecke anmessen. Die abtrünnigen Kolonien, die sich ihrer Allianzflotte angeschlossen haben, werden die Arthropoden sicherlich über den Standort der Wurmloch-Forschungsanlage informiert haben. Ferner ist der Energieverbrauch immens. Die Toranlage wird abgeschaltet, oder vernichtet worden sein. «

Systemrat Camaal blickte ihn erschreckt an. »Dann bleibt nur noch die zweite geheime Wurmlochanlage auf Vagun übrig«, erklärte er.» Ich hoffe, der Zentralrat hat meinen Vorschlag in die Tat umgesetzt. «

»Von was für einer Anlage reden sie? «, fragte Furgun nach.» Eine zweite Anlage ist mir nicht bekannt. «

Systemrat Camaal blickte den 1. Offizier seines Flaggschiffes an.

»Das war ein Vorschlag, den ich dem Zentralrat unterbreitet habe«, sagte er. »Ich hatte darauf hingewiesen, dass die Arthropoden bereits an der Grenze unseres Sonnensystem stehen würden. Nach meiner Auffassung ist es nur eine Frage der Zeit, bis sie wichtige Punkte unseres Imperiums angreifen. Das können Flottenkampfstationen sein, Basen, Kolonien, oder auch die Wurmloch-Forschungsstation. Überläufer gibt es genug. Da wir noch im Besitz der Konstruktionspläne für diese zeitgesteuerten Wurmlochstationen sind, habe ich dem Zentralrat einen Vorschlag unterbreitet.

Er sollte eine Flotte von 50 Schiffen mit Techniker, Maschinen, Arbeitsrobotern und Baumaterial 100 Jahre in die Vergangenheit schicken, um tief versteckt im Boden von Vagun eine zweite Anlage zu bauen. Nur für den Fall, dass unsere Wurmloch-Forschungs-Station von den Arthropoden vernichtet werden sollte. Kurz vor unserem Abflug erhielt ich die Bestätigung, dass der Zentralrat eine entsprechende Flotte ausstatten wird. «

Furgun blickte Camaal an.
»Dann tragen sie die Schuld, dass uns der Rückweg versperrt ist«, bemerkte er. »Der Durchgang wurde abgeschaltet, um der Flotte für das zweite Wurmloch ein Tor zu öffnen. Der Zentralrat hat uns für ihren Plan geopfert. «

»Das kann ich mir nicht vorstellen«, antwortete Camaal. »Wir sind mit einer Flotte von 5.020 Schiffen in die Vergangenheit gereist, um unsere Feinde in der Frühzeit ihrer Entwicklung zu vernichten. Glauben sie nicht, dass unser Zentralrat unsere Schiffe zum Kampf gegen die Arthropoden braucht? «

Der 1. Offizier dachte nach. Dann schüttelte er seinen Kopf.

»Unsere Wissenschaftler haben uns in die falsche Zeitepoche geschickt«, antwortete er. »Die Zeitspanne von 800.000 Jahren hat bei weitem nicht ausgereicht, um die Arthropoden in ihrem frühen Entwicklungsstadium anzutreffen. Wir wissen zu wenig über diese Rasse. Scheinbar ist sie wesentlich älter als von uns angenommen. Sie haben es selber sehen können. Unsere Flotte, die sich aus 5.020 Schiffen zusammensetzt, wäre niemals in der Lage gewesen die zahlreichen Geschwader der Arthropoden zu vernichten. Es war unser Glück, dass wir auf die Ceshalter gestoßen sind, denen die spinnenartige Species ebenfalls ein Dorn im Auge war. Eigentlich haben ihre Flottenverbände die ganze Arbeit geleistet. «

Systemrat Camaal blickte seinen 1. Offizier an. Dann nickte er nachdenklich.

»Sie haben Recht«, bestätigte er. »Wir können von Glück sprechen auf die 32.000 Groß-Kampfschiffe der Ceshalter gestoßen zu sein. Es waren humanoide Wesen wie wir, lediglich etwas stattlicher und kräftiger vom Körperbau her. Auch sie wurden von den Aller-Ersten erschaffen. Von daher sind wir mit ihnen sogar verwandt. «

»Wir wissen viel zu wenig über die Aller-Ersten«, bemerkte Furgun. » Hätten wir ein besseres Verhältnis zu ihnen gepflegt, würden sie uns auch mehr Informationen preisgeben. Es zeigt sich jetzt, dass sie in den Tiefen des Universums ihre Fäden gesponnen und auch für die Geburten vieler Rassen verantwortlich sind. Stellen sie sich nur einmal vor, wenn die Aller-Ersten in unserer Zeitepoche alle ihre Schöpfungen aufgefordert hätten, uns zur Seite zu stehen. Wissen sie, was dann passiert wäre? «

»Die Arthropoden wären Geschichte«, erwiderte Systemrat Camaal.» Niemals hätten sie gegen die alten und technisch hochentwickelten Species der Aller-Ersten bestehen können. Leider haben wir uns, nicht zuletzt durch die Befehle unsers Zentralrates, immer weiter von ihnen entfernt. Unsere Expansionspolitik hat uns an den

Rand des arthropodischen Hoheitsgebietes gebracht. Erst hierdurch wurde die spinnenartige Species auf uns aufmerksam. «

»Wir haben uns selbst als göttliche Rasse betitelt«, ergänzte Furgun. »Die Erfolge unserer Expansionspolitik haben uns geblendet. Durch die technische Überlegenheit unserer Schiffe wurden wir überheblich. Wir haben verdrängt, dass es andere Rassen geben könnte, die uns technisch gleichgestellt sind. «

»Geoffwan, der Sprecher ihres Ältestenrates, hat unseren Zentralrat oft genug gewarnt, die Expansionspolitik unseres Imperiums aufzugeben«, erklärte Camaal. » Die Ratsmitglieder unserer Regierung haben ihn ausgelacht. Sie verwiesen auf die Gewinne, die sich durch neue seltene Rohstoffe und Mineralien erzielen ließen. Zu guter Letzt wurden die Abgesandten der Aller-Ersten zu unerwünschten Personen erklärt. Das war dann auch unseren Schöpfern zu viel. Sie stellten ihre Unterstützung und die Kommunikation mit uns ein. Eine lange Zeit unterhielten wir keinen Kontakt mehr zu ihnen. Denn wir waren ja eine göttliche Rasse und konnten, so dachten wir wenigstens, alle Probleme selbst lösen. «

»Ich kenne die Geschichte«, bestätigte Furgun. » Erst als wir von den Arthropoden immer mehr zurückgedrängt wurden, baten wir sie um Hilfe. Doch da war es bereits zu spät. Unzählige Flüchtlinge von angegriffenen Kolonialwelten strömten auf Ragun ein. Eine nie da gewesene Flut von überfüllten Raumtransportern, überschwemmte unsere Heimatwelt.«

»Doch die Aller-Ersten halfen uns den Strömen von Flüchtlingen Herr zu werden«, sagte Camaal. »Sie bauten die 12 Flüchtlingstore auf unserem Planeten. Vermutlich basieren diese auf der Technik ihrer zeitgesteuerten Wurmloch-Technologie.«

»Nicht nur dass«, erklärte Furgun. »Neben allen Toren stehen 6 Zwischenraum-Energiezapfanlagen. Diese bedienen sich der unerschöpflichen Energie aus der unbekannten Dimension. Es wurde von unseren Wissenschaftlern nie verstanden, wie und wo diese Energie gezapft werden kann.«

Camaal nickte.
»Ich wurde von einem Wissenschaftler der Aller-Ersten aufgeklärt, dass der Zwischenraum eine reine Energie-Dimension ist«, erwiderte er. »Angeblich leitet sie die Energie von unzähligen Sonnen durch ihre Dimension. Vergleichbar mit einer Art von endloser Energieverbindung. Versteht man es, den Zwischenraum

anzuzapfen, dann kann man auch auf die nicht versiegenden Energieadern zugreifen. «

»Das ist mir zu hoch«, lächelte Furgun. » Wichtig ist, dass die Ceshalter es schaffen, uns ein Tor in unsere eigene Zeitepoche zu öffnen. Mehr will ich nicht. «

»Unser Ziel liegt 800.000 Jahre in der Zukunft, aus dieser Epoche aus betrachtet«, erinnerte Camaal. » Ich hoffe, dass die Techniker der Ceshalter der Wurmloch-Forschungsstation, exakt diese Zeitspanne programmiert haben. Falls sie 810.000 Jahre, oder noch eine größere Zeitspanne eingegeben haben, dann werden wir unsere Realzeit nicht mehr erreichen. «

»Die Techniker der Ceshalter brauchen lediglich die Koordinaten unserer Heimatwelt«, antwortete Furgun.

»Nicht die Koordinaten von unserer Zentralwelt«, korrigierte ihn Systemrat Camaal. »Wir brauchen die Koordinaten von Vagun. Dort sollte tief in der Erde eine zweite zeitgesteuerte Wurmloch-Station gebaut werden. Falls der Zentralrat die Pläne nicht verworfen hat, wurde mit den Arbeiten 100 Jahre vor unserer Realzeit begonnen. Die Anlage müsste in unserer Zeit bereits betriebsbereit sein. Die Sensoren unserer Wurmlochanlage werden erkennen, wenn ihre

Koordinaten auf Vagun angewählt werden. Die Hypertronic-KI der Anlage wird den Bestätigungsimpuls senden und den Durchgang für uns stabilisieren.«

»Einfach so?«, fragte Furgun. »Die Koordinaten von Vagun reichen hierfür aus?«

»Ich hoffe es«, antwortete Camaal. »Die Technik der Aller-Ersten basiert auf einer Überwachung der Wurmlochimpulse. Falls ich nicht falsch liege, dann kontrolliert die Hypertronic-KI der Anlage diese Impulse selbstständig.«

»Dann kann ja nichts schiefgehen«, antwortete Furgun skeptisch.» Ich hoffe, sie behalten Recht.«

»Eingehender Hyperkomm-Funkspruch von dem Flaggschiff der Ceshalter«, meldete der Funkoffizier des Schiffes.

Camaal blickte ihn an.
»Legen sie auf die Lautsprecher«, befahl er.

»Hier ist Kommandeur Tuula«, tönte es aus den Tongebern. »Ich rufe Systemrat Camaal.«

»Ich höre sie«, antwortete der Systemrat.

»Starten sie ihre Antriebe«, teilte der Kommandeur der Ceshalter-Flotte mit. »Wir durchqueren jetzt den letzten Durchgang zu unserem ersten System-Weiterleitungspunkt. Wenn wir dort angekommen sind, benötige ich von ihnen die exakten Koordinaten ihrer Sterneninsel, ihres Planetensystems und ihres Heimatplaneten, ferner die Zeitspanne, in der sie materialisieren möchten. Die Daten sind notwendig, für die Programmierung ihre Rückreise. Ich weise sie daraufhin, wenn auch nur eine Angabe nicht den realen Informationen entspricht, dann wird ihre Flotte in Raum und Zeit verloren gehen.«

»Das ist uns bewusst«, antwortete Camaal. »Wir werden die Daten von unserer Hypertronic-KI ermitteln lassen und sie mehrfach manuell kontrollieren. Nach unserer Ankunft an ihrem Weiterleitungspoint werden wir ihnen die Daten übermitteln.«

»In Ordnung«, bestätigte Kommandeur Tuula. »Bereiten sie sich vor den Tunnel zu durchqueren.«

»Danke für ihre Hilfe«, antwortete Camaal. »Wir starten unsere Antriebe.«

Die Hyperkomm-Funkverbindung wurde beendet.

Er blickte den Funk-Offizier an. »Informieren sie unsere Flotte«, sagte er. »Alle Antriebe aktivieren und der Flotte der Ceshalter durch das Wurmloch folgen. «

Er drehte seinen Kopf dem Ortungsoffizier zu. »Sie haben mitgehört«, sagte er. »Lassen sie von unserer Hypertronic-KI die exakten Koordinaten unserer Sterneninsel, unseres Planetensystems und von Vagun ermitteln. Berücksichtigen sie den Zeitsprung von 800.000 Jahren, ab dieser Epoche gerechnet. Kontrollieren sie bitte die Daten mehrmals manuell. Es darf sich kein Fehler einschleichen. «

»Ich habe verstanden«, antwortete der Ortungsoffizier. »Die Abfragen werden einprogrammiert. «

Auf dem Bildschirm des Flaggschiffes sah die Crew, wie sich vor den drei großen Schiffsverbänden der Ceshalter ein großes hellblaues Wurmloch öffnete. In geordneter Formation flogen die Schlachtkreuzer der humanoiden Species in kurzen Abständen hinein. Es schien so, als ob die Schiffe förmlich in das Wurmloch hineingezogen wurden.

»Aufschließen zu dem letzten Verband des Ceshalter«, befahl Systemrat Camaal. »Wir folgen den Schiffen ohne einen großen Abstand.«

Der Funkoffizier gab den Befehl an die ragunische Flotte weiter. Die Schiffe beschleunigten und näherten sich den letzten Schiffen der Ceshalter. Dann war es so weit.

Systemrat Camaal zeigte auf das Wurmloch. »Navigator, fliegen sie uns durch«, befahl er.

Das Flaggschiff beschleunigte und tauchte in das hellblaue Licht ein.

Zentralwelt Ragun, 800.000 Jahre später

Es vergingen lange Minuten, bis die Unterstützungs-Flotte von 500 ragunischen Schiffen in den Normalraum wechselte. Sie scannte nach fremden Schiffen und ihrem Forschungsasteroiden. Jedoch nichts wurde auf ihren Ortungsgeräten angezeigt. Lediglich eine kleine Gruppe ragunischer Fluchtgleiter zeichnete Ortungsreflexe auf den Bildschirmen. Unzählige Asteroiden und kleine Steinbrocken wirbelten durch die Flugbahn der Flotte.

»Schutzschirme aktiven«, befahl der Kommandeur der Flotte. »Wo kommen diese ganzen Asteroiden her?«

»Der Asteroid mit unserer Forschungsstation existiert nicht mehr«, antwortete der Ortungsoffizier. »Er sollte direkt vor uns liegen. Der Standort wurde komplett vernichtet. Die Gesteinsbrocken sind die Überreste von ihm. Ferner registriere ich Restenergie eines vor kurzem geöffneten Wurmlochfensters.«

»Verflucht«, schimpfte Kommandeur Meeda. »Zeichnen wir Schiffskontakte?«

»Die Sensoren bauen sich neu auf«, antwortete der Ortungsoffizier. »Die Asteroiden haben das Ortungsbild verzerrt.«

»Positiv«, meldete der Ortungs-Offizier des Schiffes. »Ich bekomme zahlreiche Trümmer von zerstörten Klappflügel-Zerstörern gemeldet.«

Er blickte auf sein Ortungsgerät.
» Jetzt zeichne ich 15 Schiffe unserer Schutzflotte, die sich hinter den Trümmern aufhalten«, ergänzte er. »Ferner zahlreiche Rettungskapseln, die sich den Schiffen nähern.«

»Die Forscher scheinen rechtzeitig die Forschungsstation evakuiert zu haben«, bemerkte Kommandeur Meeda.

»Unsere Flotte soll Rettungsschiffe ausschleusen. Alle Kapseln werden aufgenommen.«

Der Funkoffizier hatte den Befehl sofort weitergegeben. Der Flottenbefehlshaber nickte.

»Wir werden die Überlebenden befragen«, sagte er. »In der Zwischenzeit öffnen sie mir bitte eine übergeordnete Verbindung zu unserem Zentralrat. Teilen sie der Leitstelle mit, dass es wichtig ist. Der Zentralrat wartet auf unsere Informationen.«

»Die Verbindung baut sich auf«, meldete der Funkoffizier. »Sie braucht noch einen Augenblick.«

Der Funkoffizier blickte auf seine Anzeigen. Der Pegel der Funkverbindung wurde stärker und stabilisierte sich.

»Hier ist die Raumüberwachung von Ragun«, tönte es aus den Lautsprechern. »Sie sprechen mit dem diensthabenden Offizier.«

»Hier spricht Flottenkommandeur Meeda«, antwortete er. »Verbinden sie mich unverzüglich mit Ruadan, dem Vorsitzenden unseres Zentralrates.«

»Der Zentralrat tagt in einer wichtigen Angelegenheit«, erwiderte der Offizier der Raumüberwachung abweisend. »Ich kann sie nicht weiterleiten. «

»Ich wurde von dem Zentralrat mit meiner Flotte zu einer wichtigen Aufgabe entsandt«, antwortete Meeda. »Der Vorsitzende erwartet meine Rückmeldung. Stellen sie mich sofort durch, ansonsten wird das Konsequenzen für sie haben. «

Eine kurze Pause in der Funkverbindung zeigte dem Kommandeur der Unterstützungsflotte, dass der diensthabende Offizier überlegte.

»Ich versuche es auf ihre Verantwortung«, entgegnete der Offizier der Raumüberwachung. »Warten sie einen Augenblick. «

Es vergingen lange Sekunden, ehe sich der Vorsitzende meldete.

»Hier spricht Ruadan«, hörte Meeda die Stimme des Vorsitzenden aus den Tongebern hallen.

»Flottenkommandeur Meeda spricht«, antwortete er. »Vorsitzender, wir haben die Koordinaten des Asteroiden unserer Wurmloch-Forschungsstation erreicht. Leider sind wir zu spät eingetroffen. Der ganze Asteroid und die Forschungsstation wurden vernichtet. Es existiert nur noch ein Trümmerfeld an seiner Position. Leider wurden auch 35 Schiffe unserer Schutzflotte ausradiert. Die Fremden müssen mit einem starken Verband angegriffen haben.«

»Die Wurmloch-Forschungsstation wurde zerstört? «, fragte der Vorsitzende des Zentralrates nach.«

»Vollständig«, antwortete Flottenkommandeur Meeda. »Nichts mehr ist von dem Asteroiden übrig.«

»Gibt es Überlebende? «, erkundigte sich Ruadan.

»Wir haben zahlreiche Rettungskapseln gescannt, entgegnete Meeda. »Sie werden gerade von uns geborgen.«

»Bringen sie den Leiter der Station und den Befehlshaber der Schutzflotte zu uns«, befahl der Vorsitzende. »Sie werden uns Rede und Antwort geben müssen.«

»Befehl verstanden«, antwortete Flottenkommandeur Meeda. »Wir bergen die Rettungskapseln und suchen den Leiter der Station. Dann brechen wir unsere Mission ab und kehren nach Ragun zurück. Erwarten sie unsere Ankunft.«

Die Verbindung brach ab.

Zentralrat der Raguner

Ruadan schlug den Hörer auf den Halter der mobilen Kommunikationseinheit auf.

Er nickte dem Saaldiener zu, der sich mit dem Gerät zurückzog. Er stand auf. Der Worgass in der kopierten Körperform von Ruadan, ging auf Halswan zu. Sein Kopf beugte sich an sein Ohr.

»Sie haben Recht behalten«, sagte der Vorsitzende. »Es hat einen Angriff auf unsere Wurmloch-Forschungs-Station gegeben. Die Anlage wurde samt dem Asteroiden in ein Trümmerfeld verwandelt. Die Angreifer haben den ganzen Asteroiden gesprengt. «

Halswan blickte seinen Gefährten irritiert an.
»Das passiert, wenn man mit einem degenerierten Zentralrat zusammenarbeiten muss«, sagte er.

Er zeigte auf die Ratsmitglieder.

»Sie sollten alle abdanken«, schimpfte er. »Sie sind nicht mehr in der Lage das ragunische Imperium zu lenken. «

Muuda und ein Teil seiner Kollegen waren erbost aufgesprungen.

»Darf ich sie daran erinnern, geschätzter Vorsitzender, dass zunächst unser Rat über alle wichtigen Daten informiert werden muss«, erklärte Muuda, der Stellvertreter von Ruadan. »Sie haben grob fahrlässig einem Gast dieses Hauses Informationen zugespielt, die von imperialer Bedeutung sind. Als stellvertretender Vorsitzender rüge ich sie, wegen dieses Fehlers. Ein nochmaliger Verstoß wird sie ihres Amtes berauben. Habe ich mich klar ausgedrückt? «

Der Worgass in der Körperform des Vorsitzenden, blickte den Stellvertreter an.

»Sie können mir gar nichts«, antwortete er. »Seien sie froh, wenn ich sie nicht absetzen lasse. Dieser Rat ist nicht mehr tragbar für das ragunische Imperium. Ich rate ihnen dringend, meine Entscheidungen zu akzeptieren, ansonsten ist ihr Imperium nicht mehr zu retten. «

Zuuga, ein Mitglied des Zentralrates sprang auf.

»Wir unterstützten die Entscheidung von Muuda«, erklärte er. »Sie identifizieren sich nicht mehr mit unserem Reich. Ihren Worten konnten die Anwesenden entnehmen, dass sie nicht von unserem Imperium, sondern bereits von ihrem sprachen. Ich frage mich ernsthaft, welche Veränderungen in ihnen vorgegangen sind. Den Ruadan, den wir kannten, der hätte diese Worte nicht geäußert. «

Halswan flüsterte Ruadan etwas ins Ohr. »Du solltest deine Worte besser abwägen«, sagte er. »Dein neuer Körper ist identisch mit Ruadan. Deine Aussagen sollten von dem Zentralrat akzeptiert werden.«

»Ich bin kein Künstler des Wortes«, antwortete der Worgass.

»Es hilft nichts«, schellte ihn Halswan. »Halte dich an die Verfahrensregeln des Rates. Ansonsten nützt du uns nichts. «

Die Ratsmitglieder hatten skeptisch das Getuschel. zwischen Halswan und Ruadan beobachtet.

Muuda verzog sein Gesicht. Er hatte einige Worte von Halswan aufgeschnappt. Der Stellvertreter nahm sich vor, die letzten Stunden des Vorsitzenden überprüfen zu lassen.

Ruadan blickte den Zentralrat an. Langsam verbeugte er sich.

»Entschuldigen sie bitte meinen Fehler«, sagte er. »Es ist nicht verzeihlich, dass ich den Gast unserer Schöpfer zuerst informierte. Doch es scheint sich alles gegen uns verschworen zu haben. Ich erhielt gerade von unserer ausgesandten Unterstützungsflotte eine niederschmetternde Nachricht. Sie ist zu spät zu den Koordinaten unserer Wurmloch-Forschungsstation gelangt. Der ganze Asteroid und unsere Wurmloch-Forschungsstation wurden von einer starken fremden Flotte zerstört. Auf seiner Position befindet sich nur noch ein Trümmerfeld.«

»Das ist nicht möglich«, sagte einer der Ratsmitglieder. »Die Flotte der Arthropoden befindet sich erst an der Außengrenze unseres Sonnensystems. Noch können unsere Flottenverbände sie aufhalten. «

»Flottenkommandeur Meeda hat mich soeben persönlich informiert«, antwortete Ruadan. »Die ganze Wurmloch-Forschungsstation mit dem Asteroiden wurden gesprengt. Sie können von der Richtigkeit dieser

Nachricht ausgehen. Lediglich 15 Schiffe unserer Schutzflotte haben den Angriff überstanden. Die Flotte nimmt derzeit alle Rettungskapseln auf. Danach erfolgt der Rücksturz in unser Sonnensystem. Ich habe den Befehl gegeben, den Leiter der Wurmlochstation und den Befehlshaber der vor Ort stationierten Schutzflotte sofort zu uns zu bringen. Dann erfahren wir mehr.«

Muuda schlug mit seiner Faust auf den Tisch. »Wir haben zu lange gewartet«, tobte er. »Der Vorschlag von Halswan hätte möglicherweise die Vernichtung der Wurmlochstation verhindert.«

Halswan hob seine Hände in die Luft. »Sie haben mich lieber in eine Arrestzelle sperren lassen«, antwortete er. »Hätten sie meinen Vorschlägen Folge geleistet, dann hätte die Angreifer-Flotte in die Flucht geschlagen werden können.«

Die anwesenden Systemräte unterhielten sich aufgeregt. »Falls die Arthropoden nicht für diesen Angriff verantwortlich waren, wer war es dann?«, erkundigte sich Systemrat Nuada.» Wer hat noch ein Interesse an unserem Untergang?«

»Das kann ich ihnen sagen«, erwiderte Halswan.»Die gleiche Person, die mich zur Rechenschaft ziehen will, weil ich den Ältestenrat meines Volkes verlassen habe, um einem Volk unserer Schöpfung hilfreich zur Seite zu stehen. Geoffwan der Vorsitzende der Aller-Ersten war es. Er hat mit seinen Gehilfen des Neuen-Imperiums verhindert, dass wir die Flüchtlings-Station und die Wurmloch-Tore in den Wolkenstädten vernichten konnten. Geoffwan ist für unser Scheitern verantwortlich. Er und auch der Ältestenrat meines Volkes, wollen die ragunische Species untergehen sehen. «

Ein Systemrat sprang von seinem Stuhl auf. »Niemand kann das göttliche Imperium der Raguner überwinden«, erwiderte er. »Wer ist das Neue - Imperium. Über welche Ressourcen verfügt es? «

»Ich kann den Ausdruck göttliches Imperium nicht mehr hören«, erwiderte Halswan zurück. »Der Niedergang ihres Imperiums ist auf ihre Selbstüberschätzung zurückzuführen. Glauben sie denn, Götter würden sich von einer spinnenartigen Species besiegen lassen? «

Der euphorische Systemrat setzte sich wieder. Halswan beobachte ihn eine Weile ärgerlich. Dann wandte er seinen Blick den anderen Systemräten zu.

»Ich kann ihnen nicht mitteilen, über welche Macht das Neuen-Imperiums verfügt«, sagte er. »Geoffwan allein hatte Kontakt zu dieser Species. Es handelt sich um eine humanoide Lebensform, die erst in 500.000 Jahren ihrer Zukunft anzutreffen ist. So wie ich den Schilderungen unseres Ratssprechers entnommen habe, besitzen sie viele mächtige Freunde und sollten laut lantranischen Vorstellungen Ordnung in diese Sterneninsel bringen. Vermutlich ist unserem Rat auch aus diesem Grunde nichts mehr an einem Überleben der ragunischen Species gelegen. «

»Dann ist Systemrat Camaal unsere letzte Hoffnung«, bemerkte Stellvertreter Muuda. »Er wird die Arthropoden in ihrer frühen Entwicklung angreifen und sie vernichten. «

Halswan lachte ihn an.
»Das ist es, was ich meine«, antwortete er. »Sie hoffen alle, aber sie tun nichts. Sie sollten doch bemerkt haben, dass die arthropodischen Flotten weiter unsere Flottenverbände bekämpfen. Können sie nicht hieraus ableiten, dass die Mission von Camaal ein Fehlschlag war. Falls er es geschafft hätte, dann würden sich die Flottenverbände unserer Feinde in Luft auflösen. Wie sie den täglichen Berichten entnehmen können, ist das aber nicht der Fall. Die Flotte von 5.020 Schiffen ihres Systemrates Camaal wird vernichtet worden sein. Schreiben sie ihn ab, er lebt nicht mehr. «

Ein Aufschrei ging durch die anwesenden Räte.

»Dann sind wir verloren«, bemerkte einer von ihnen.
»Was können wir den Arthropoden noch entgegenwerfen?«

»Wir müssen jetzt weitere Entscheidungen treffen«, sagte Nuada. »Es kann nicht sein, dass wir kein Mittel gegen die spinnenartige Species finden.«

»Was ist mit der zweiten geheimen Wurmlochstation?«, erkundigte sich Halswan. »Sollte sie nicht längst fertiggestellt sein?«

»Wir erhalten keinen Funkkontakt zu der Station«, antwortete Zuuga, ein weiteres Mitglied des Zentralrates. »Die Hitze auf Vagun verhindert das möglicherweise.«

Halswan ignorierte die Antwort. Er blickte Muuda an.
»Ich möchte noch einmal auf das Schiff des Sprechers des Ältestenrates meines Volkes zu sprechen kommen«, erklärte er. »Wie ich ihren Berichten entnehme, sollte es doch von der ragunischen Heimatflotte vernichtet werden?«

»So lautete der Befehl«, antwortete Muuda. »Doch als 20 Schiffe unserer Heimatverteidigung das 2.500 Meter messende Schiff unter Feuer nahmen, materialisierten 11 unbekannte Schiffe einer 3.000 Meter-Klasse vor ihm. Sie gaben dem Schiff ihres Sprechers eine ausreichende Deckung. Ihre mächtigen Geschütztürme nahmen die Schiffe unserer Heimatverteidigung sofort unter Feuer. Eines unserer Schiffe wurde zerstört, alle anderen mussten massive Schäden verzeichnen. Dann drehten die unbekannten Schiffe ab und tauchten in den Hyperraum ein. «

Muuda blickte Halswan an. Der schien die Informationen noch zu verarbeiten.

»Die gleichen fremden Schiffe werden unseren Wurmloch-Forschungsasteroiden zerstört haben«, ergänzte Muuda. »Die Fremden waren dem Schiff von Geoffwan bei der Flucht behilflich. Sie haben es geschafft, unsere Heimatflotte durch einen starken Beschuss ihrer Waffentürme auf Abstand zu halten, um dem Schiff ihres Vorsitzenden die Flucht zu möglichen. «

»Haben sie Bildaufzeichnungen vorliegen? «, fragte Halswan aufgeregt.

»Das haben wir natürlich«, antwortete Muuda.

Er winkte einem Offizier der Raumflotte.

»Spielen sie bitte die Aufzeichnungen der Raumbehörde ab«, befahl er. »Wir möchten uns gerne die fremden Schiffe noch einmal anschauen. «

»Das dauert einen Moment«, antwortete der Offizier. »Die Bildaufzeichnungen wurden von unserer Raumüberwachung archiviert. Ich lasse sie heraussuchen und auf den Monitor des Sitzungsaals leiten. «

Der Offizier drehte sich ab und ging auf den Saaldiener zu. Er unterhält sich kurz mit ihm und zeigte auf dem großen Monitor, der an der Wand des Saales hing. Dann verließ der Offizier den Raum.

Der Saaldiener nickte und bereite die Anlage vor. Es dauerte einige Minuten, bis der Bildschirm aufflackerte. Interessiert blickte Ruadan, Muuda und Halswan auf den Bildschirm. Auch die anwesenden Systemräte verfolgten ebenfalls interessiert den Mitschnitt.

20 heraneilende ragunische Großkampfschiffe der 5.000 Meter-Klasse eröffneten das Feuer auf das Schiff des Aller-Ersten. Es wurde von den auftreffenden Laserstrahlen sichtbar durchgerüttelt. Der Schutzschirm des Schiffes flammte auf. Die Laserstrahlen der Schiffe der ragunischen Heimatverteidigung schlugen direkt in den Schirm des Schiffes ein und verfärbten diesen rötlich.

Plötzlich materialisierten elf unbekannte Schiffe. Zehn von ihnen mussten der Kategorie einer 3000 Meter-Klasse zugeordnet werden. Ihre starken Geschütztürme spuckten massive Laserstrahlen auf die heraneilende Flotte der Raguner aus.

Halswan blickte auf die Aufzeichnung. »Die Schiffe erinnern mich sehr stark an natradische Baumuster«, erklärte er.

»Das sagt uns nichts«, antwortete Muuda.

Halswan blickte ihn an. »Wie sollten sie auch«, antwortete er. »Diese Rasse wird erst lange nach der ragunischen Kultur das Licht des Universums erblicken. Es handelt sich um eine ausgestorbene Zivilisation, die auf dem vierten Planeten ihres Systems, sozusagen auf dem Nachbarplaneten beheimatet war. «

Halswan blickte die Räte des Zentralrates an. »Auch sie wurden von einem übermächtigen Feind vernichtet«, lächelte er. »Ihr Planet wurde verbrannt und unbewohnbar gebombt. Das Gleiche wird Ragun passieren, wenn dieser Rat nicht auf mich hört. Die Arthropoden stehen bereits an den Grenzen zu diesem

Sonnensystem. Sie werden nicht unverrichteter Dinge wieder zurückfliegen.«

»Was waren das für Schiffe?«, fragte Muuda.

Halswan blickte ihn an.

»Ich vermute, die Schiffe gehören dem Neuen-Imperium«, erklärte Halswan. »Diese Rasse nutzt alte Hinterlassenschaften der Natrader. Sie sind Freunde von Geoffwan und den Aller-Ersten.«

»Sie haben gegen uns Partei ergriffen«, sagte ein Ratsmitglied. »Das können wir nicht hinnehmen.«

Halswan lachte.

»Diese Schiffe haben ihr zeitgesteuertes Wurmloch zerstört«, sagte er. »Sie können ihnen nichts anhaben. Sie agieren von einer anderen Zeitepoche aus.«

»Was können wir noch tun?«, fragte Muuda.

»Wir werden handeln«, entschied Halswan.

Er blickte Ruadan an.

»Versuchen sie weiterhin Kontakt zu der zweiten Wurmloch-Station auf Vagun zu bekommen«, sagte er. »Entsenden sie eine Flotte dorthin, die nach der Station sucht. Sie sollen nach Energiewellen scannen. Des

Weiteren beschlagnahmen sie alle zivilen Schiffe aus den imperialen Kolonien Die Systemräte müssen dem Beispiel von Camaal folgen. Alles, was fliegen kann, muss umgebaut werden und als Kriegsschiff gegen die Arthropoden eingesetzt werden. Jede Verstärkung ist hilfreich.«

Tumult wurde unter den Abgesandten der unterschiedlichen Sternensysteme laut.«

»Das geht nicht«, fluchte ein Systemrat. »Wir brauchen die Schiffe zu unserem Schutz.«

»Wir geben keine Schiffe ab«, bemerkte ein aufgebrachter Systemrat. »Wie kommen sie überhaupt dazu, eine solche Forderung zu stellen?«

Fünf weitere Systemräte waren aufgesprungen und beschimpften Halswan.

Ruadan stand auf. Er hob seine Hände in die Luft. »Sie alle sind sich der Situation bewusst«, sagte er. »Mit dem heutigen Zeitpunkt verhänge ich das Kriegsrecht über das ragunische Imperium. Die Situation spitzt sich täglich zu. Ihre Flotte ist nicht länger in der Lage die Allianz-Verbände der Arthropoden aufzuhalten. Sie wird von ihnen zurückgedrängt in unsere eigene Sterneninsel.

Die Schiffe der ragunischen Verteidigungsflotten werden die Geschwader der Arthropoden nicht aufhalten können. Aus diesem Grunde beschlagnahmen wir alle zivilen Schiffe aus den imperialen Kolonien.«

Ruadan zeigte auf die Mitglieder des Rates. »Der Zentralrat ist einstimmig der Meinung, dass der Vorschlag von Halswan für uns alle verbindlich ist«, sagte er. »Wir beschließen ihn als vorrangiges Krisengesetz zur Verteidigung unseres Imperiums. Wie ihnen bekannt sein dürfte, heben Gesetze des Zentralrates alle nationalen Gesetze der Systemregierungen auf. Die Umsetzung hat unverzüglich zu erfolgen. Alle Systemräte, die sich trotzdem widersetzen, werden ihres Amtes enthoben.«

Lauter Protest hallte durch den Saal. Ein Systemrat fuchtelte wild mit seinen Händen.

»Dieser Zentralrat überzieht seine Befugnisse«, tobte er. »Ich werde eine Kontrollkommission einberufen, der die Entscheidungen dieses Rates überprüfen wird.«

Ruadan sah ihn an. »Ich bin der Vorsitzende dieses Rates«, sagte er. »Alle Systemräte haben sich meinen Befehlen unterzuordnen.«

»Das werden wir nicht«, erwiderte der Systemrat. »Mein Name ist Horgon. Unser nationaler Rat kontrolliert 15 bewohnte Welten unseres Imperiums. Wir werden unsere Schiffe nicht übergeben.«

Das Gesicht von Ruadan hatte sich zu einer Grimasse verzogen.

Er winkte einem Soldaten von Halswan Schutztruppe und machte mit seiner Hand Zeichen in die Richtung von Horgon.

Der Sicherheits-Offizier nickte und bahnte sich einen Weg durch die Schar der Systemräte. Einige Räte stellten sich dem Soldaten in den Weg. Er stieß sie groß beiseite. Als er Horgon erreicht hatte, blickte er den Systemrat an.

»Wollen sie ihre Entscheidung noch einmal überdenken?«, fragte der Soldat mit einem gleichgültigen Gesicht.

Der Systemrat war immer noch ereifert.
»Ich denke gar nicht hieran«, erwiderte er. »Dieser Zentralrat muss sich auch an seine Vorgaben halten.«

Der Soldat von Halswans Schutztruppe zog blitzschnell seinen Strahler aus dem Waffengürtel. Er richtete ihn auf Horgon und drückte zweimal ab.

Die Systemräte schrien entsetzt auf. Zwei große qualmende Löcher waren in der Brust des Systemrates zu sehen, als er leblos zusammenbrach. Die Systemräte rückten näher auf den Soldaten zu. Der hob seinen Strahler und richtete ihn auf die weiteren Abgesandten.

»Noch jemand, der anderer Meinung ist? «, fragte er.» Ich bitte die Personen vorzutreten. «

Sein eiskalter Blick ließ die Systemräte verharren. Sie erkannten, dass der Soldat nicht zögern würde weitere Personen niederzustrecken. Vorsichtig traten sie einen Schritt zurück. Sie waren geschockt über das eiskalte Vorgehen.

Ruadan hob seine Hand.

»Ich denke, dass Gerede von einer Kontrollkommission ist vom Tisch«, erklärte er.»Ich empfehle jedem Systemrat, nicht gegen die Entscheidungen des Zentralrates zu agieren. Ihnen ist bewusst, das ausgerufene Kriegsrecht setzt alle nationalen Gesetze außer Kraft. «

Er blickte die eingeschüchterten Systemräte an. Ein Lächeln lag auf seinem Gesicht.

»Nachdem das geklärt ist, können wir Halswan bitten, seine weiteren Vorschläge zu erläutern«, bemerkte Ruadan, als ob nichts geschehen wäre.

Er zeigte auf den Gast der Aller-Ersten. »Bitte entschuldigen sie die kleine Unterbrechung«, bemerkte er. »Legen sie uns ihre weiteren Vorschläge vor.«

»Danke Vorsitzende«, schmunzelte Halswan. »Als dritte Maßnahme empfehle ich, ein Wurmlochtor in die Flüchtlingsstation meines Volkes zu öffnen. Schicken sie Raketen und Bomben durch das Tor. Vielleicht lässt sich auf diese Weise die zeitgesteuerte Wurmlochanlage zerstören. Wenn wir Glück haben, dann geht die ganze Station in die Luft. Sie muss vernichtet werden, ansonsten können alle unsere Zeitmissionen rückgängig gemacht werden.«

Ruadan nickte. Er sprang auf und schritt auf Führungsoffiziere der Raumflotte zu. Muuda blickte ihm verärgert nach.

»Der Vorsitzende hat sich verändert«, dachte er. »Er führt die Befehle von Halswan bedingungslos aus. Sobald sich dieser Rat auflöst, lasse ich die letzten Stunden von Ruadan rekonstruieren. Hier stimmt etwas nicht.«

Er lehnte sich in seinem Stuhl zurück und beobachtete den Vorsitzenden, der sich mit einer Gruppe von Offizieren der Raumflotte unterhielt. Sie schienen dem Vorsitzenden diverse Vorschläge zu unterbreiten. Nach einem kurzen Gespräch salutierten die Offiziere der Raumflotte und verließen den Saal. Ruadan kam an den erhobenen Tisch es Zentralrates zurück.

»Der Vorschlag von Halswan wird kurzfristig umgesetzt«, informierte er die restlichen Räte. »Danach sehen wir weiter.«

Er blickte Zuuga an. »Sie sind verantwortlich für die imperiale Flotte«, sagte er. »Lassen sie unverzüglich alle verwertbaren Schiffe der Kolonialwelten beschlagnahmen. Dieser Schritt duldet keinen Zeitaufschub.«

Zuuga stand auf. »Ich leite alles in die Wege, Vorsitzender«, antwortete er. »Dafür muss ich mich allerdings in das Gebäude der imperialen Raumflotte begeben. Nur hier kann ich Informationen über derzeit verfügbare Flottenverbände erhalten.«

»Machen sie das«, bestätigte Ruadan. »Falls einige Kolonial-Systeme Probleme bereiten, akquirieren sie diese Schiffe mit Gewalt. Die verwaltenden Systemräte werden in diesem Fall festgenommen und ihres Amtes enthoben. Notfalls beseitigen sie die Querulanten. «

»Ich habe verstanden«, entgegnete Ratsmitglied Zuuga. »Sie können sich auf mich verlassen. «

»Das hoffe ich«, lächelte Ruadan.

Zuuga schritt aus dem Saal.

Ruadan blickte die anwesenden Systemräte an. »Sie alle haben die Entscheidung dieses Rates vernommen«, sagte er. »Es ist die Zeit des Handelns gekommen. Wir werden nicht länger tatenlos zusehen, wie unser Imperium untergeht. Ich hoffe sehr, sie tragen unsere Entscheidungen mit. «

Er hob seine Hände über den Kopf. »Der göttliche Zentralrat hat beschlossen«, verkündete er. »Alle Anordnungen werden unverzüglich umgesetzt. Für heute beendet dieser Rat seine Zusammenkunft. Finden sie sich Morgen wieder ein, um über den Erfolg der Maßnahmen informiert zu werden. Der Zentralrat dankt für ihr Erscheinen. «

Die Systemräte verließen den Saal. Die Saaldiener hatten beide Pforten geöffnet und ließen die sehr schweigsamen Systemräte gehen. Die meisten von ihnen mussten immer noch die Anordnungen des übergeordneten Rates verdauen. Auch ein Teil der Zentralräte hatte sich zurückgezogen.

Ruadan blickte seinen Stellvertreter Muuda an.
»Es war der einzige Weg, den widerspenstigen Systemrat Horgon mundtot zu machen«, erklärte er. »Er hätte weitere Systemräte gegen uns aufgebracht.«

»Warum musste er unbedingt getötet werden? «, erkundigte sich Muuda. » Horgon hätte von imperialen Soldaten abgeführt werden können?«

»Ich habe keine Lust mit jedem Systemrat die Entscheidungen dieses Rates zu diskutieren«, antwortete Ruadan ärgerlich. »Sie sollen endlich einsehen, dass sie nur eine untergeordnete Funktion ausüben. Eine Kritik an den Anordnungen dieses Zentralrates ist nicht zulässig. «

Muuda blickte den Vorsitzenden fragend an.
»Früher hat dieser Rat Wert auf die Meinungen der Systemräte gelegt«, sagte er. »Was hat sich verändert? «

Ruadan lachte ihn gehässig an.

»Wissen sie das immer noch nicht«, fluchte er. »Der Krieg mit den Arthropoden ist dazwischengekommen. Er braucht unsere ganze Aufmerksamkeit. Sinnlose Diskussionen mit untergeordneten Systemräten gehören nach meiner Meinung der Vergangenheit an. Jeder Raguner, der nicht zum Wohl des Imperiums kooperiert, der hat sein Leben in dieser Gemeinschaft verwirkt.«

»Ich verstehe«, antwortete Muuda. »Das Ziel ist die Vernichtung der Arthropoden.«

»Richtig«, lächelte Ruadan. »Sie haben es verstanden.«

Er blickte Halswan an. Dieser nickte.
»Das primäre Ziel ist den Untergang der ragunischen Zivilisation zu verhindern«, bemerkte er. »Dazu sollten wir alle Möglichkeiten nutzen, die uns zur Verfügung stehen.«

»Begleiten sie uns auf den großen Platz der Flüchtlingstore?«, fragte er Halswan.» Die Raumflotte sollte bereits ihre Abschussvorrichtungen in Stellung gebracht haben. Das sollte ein großer Spaß werden. Nehmen sie an unserem Erfolg teil, wenn wir die Flüchtlingsbasis meines Volkes angreifen werden.«

»Ich komme mit«, lächelte Muuda ihn an. »Das kann ich mir nicht entgehen lassen. «

Der Zentralrat von Ragun, in Begleitung von Halswan und seinen Schutz-Soldaten, hatten sich auf dem großen Platz der Evakuierung versammelt. Hier standen weitläufig die großen verzierten Evakuierungs-Tore, die seinerzeit von den Technikern der Aller-Ersten errichtet worden waren. Im Gegensatz zu den Wurmlochtoren, die im Weltraum geöffnet werden konnten, waren die stationären Tore lediglich mit einem halben Öffnungskreis ausgestattet. Hierdurch war es möglich, die Massen der Flüchtlinge zu Fuß durch den geöffneten künstlichen Horizont zu schicken.

Halswan blickte auf das Tor, vor dem ein ragunischer Kampfgleiter gelandet war.

»Diese Tore sind auch für mich immer noch sehr beeindruckend«, lächelte er. »Sie ermöglichen den schnellen Reiseverkehr zwischen weit entfernten Orten. « »Unsere Wissenschaftler haben das Prinzip nie verstanden«, bemerkte Muuda. » Sie wissen bis heute nicht, wie ihr Volk die Energie aus dem Zwischenraum für den Transport nutzt. «

Halswan blickte den Stellvertreter von Ruadan an.

»Das hätte ich ihnen direkt sagen können«, antwortete er. »Auch mein Volk hat diese Wissenschaft erst nach vielen Jahrtausenden der Entwicklung entschlüsseln können. Eine Zivilisation kann sich Wissen nur erarbeiten. Wer Hilfe erwartet, hat den Sinn der Evolution nicht verstanden. Mit der Fähigkeit zur Weiterentwicklung des Verstandes kommen auch neue Erkenntnisse hinzu. «

»Hoffentlich bleibt uns noch die Zeit hierfür«, antwortete Muuda. »Das würde aber eine Wende im Krieg gegen die Arthropoden bedeuten, die an der Grenze unserer Sterneninsel angekommen sind. «

»Es gibt viele Möglichkeiten zu überleben«, antwortete Halswan. »Wenn wir die Arthropoden nicht aufhalten können, dann werden die Flüchtlinge, die bereits durch die Personen-Tore evakuiert wurden, ein neues ragunisches Imperium aufbauen. Doch das wird wieder viele Jahrtausende dauern. «

»Das sind keine guten Aussichten«, erwiderte Muuda.

Er blickte Halswan an.
»Wenn wir die Flüchtlingsstation ihres Volkes vernichten, dann sind diese Tore nutzlos? «, fragte er. » Ist unsere Vorgehensweise überhaupt die richtige Entscheidung? «

»Zumindest können wir auf diesem Weg die zeitgesteuerte Wurmlochanlage in der Station ausschalten«, antwortete Halswan. »Diese Basis meines Volkes wird nicht mehr in der Lage sein, unsere Eingriffe in die Zeit zu unterbinden.«

Er blickte Muuda an.

»Sie haben Recht«, ergänzte er. »Diese Flüchtlings-Tore sind so lange nutzlos, bis wir eine neue Gegenstation gefunden, oder gebaut haben. Wenn die zweite Station auf Vagun ihren Betrieb aufnimmt, dann stehen ihnen alle Möglichkeiten offen. Auch ein Neubau der großen zeitgesteuerten Wurmloch-Anlage auf Ragun ist denkbar. Über die Bauzeichnungen meines Volkes verfügen sie immer noch?«

Muuda dachte nach.

»Sie werden im Archiv des Palastes des Zentralrates aufbewahrt«, antwortete er. »Eine Einheit Sicherheitssoldaten bewacht diesen Bereich.«

Halswan nickte lächelnd.

»Sehen sie«, antwortete er. »Die Konstruktionsfolien liegen an einem sicheren Platz. Für diese Tore haben wir im Moment keine Verwendung mehr. Es werden keine Flüchtlinge von den Kolonien mehr evakuiert. Alle die geblieben sind, wollen um den Erhalt ihrer Welt kämpfen.«

Ruadan kam zu Halswan geschritten. »Die Kampfgleiter der Raumflotte ist bereit«, teilte er mit. »Der kommandierende Offizier wartet auf unser Zeichen.«

»Aktivieren sie das Tor«, sagte Halswan. » Sobald es sich stabilisiert hat, geben sie dem Offizier ein Zeichen mit dem Beschuss zu beginnen.«

»Wie erfahren wir denn, ob wir Erfolg gehabt haben?«, erkundigte sich Ruadan.

Halswan blickte ihn an. »Senden sie einen Spähroboter durch das Tor«, entschied er. »Er kann Aufnahmen machen und uns diese später übergeben.«

Ruadan nickte und zog seinen Kommunikator aus der Tasche. Er stellte eine Verbindung zu der Leitstelle der Torsteuerung her.

»Wir sind so weit«, meldete er. »Öffnen sie uns Tor SUB-U5.«

»Verstanden, das Tor wird aktiviert«, tönte es aus dem Gerät.

Ruadan unterbrach die Verbindung und steckte seinen Kommunikator wieder ein.

Der Zentralrat sah, wie die sechs Energiezapfmeiler des Zwischenraumes in Betrieb genommen wurden. An ihren Außenwänden leuchten blaue Kontrollsignale. Ein hochenergetisches Summen lag in der Luft. Der Ton steigerte sich kontinuierlich. Dann bildeten sich oberhalb der Energie-Zapfer schwarze Wolken, in deren Mitte sich ein Riss im Normalraum bildete. Sechs grelle blaue Energiefäden zogen sich aus den Aufrissen hinab, in die installierten Energieumwandler des Zwischenraumes. Schlagartig wurde das Tor mit blauer Energie geflutet. Die aufgewirbelte Oberfläche des Durchganges stabilisierte sich.

»Ich gebe dem kommandierenden Offizier ein Zeichen«, sagte Muuda und schritt auf den Kampfgleiter der Raumflotte zu.

Ein Offizier blickte ihm entgegen.
»Flottenführer Lenus? «, sagte Muuda erstaunt.» Sie befehligen den Kampfgleiter? «

Der angesprochene Offizier salutierte.

»Er ist aus meinem Kommando«, antwortete er.

»Beginnen sie mit dem Beschuss«, befahl Muuda. »Wir sind gespannt, ob wir Erfolg haben werden. «

»Wir haben bewusst unsere stärksten Raketen und Bomben geladen«, entgegnete Lenus. »Falls sie ihr Ziel erreichen, dann wird von der Station nicht mehr viel übrigbleiben.«

Rechts und links des Gleiters und öffneten sich Abschussrampen. Unter einem lauten Fauchen schoss der Kampfgleiter seine tödliche Fracht ab. Im Sekundenrhythmus tauchten die Bomben und Raketen in den blauen Horizont ein. Erneut schoss der Gleiter weitere Raketen und Bomben ab. Muuda zählte mit und errechnete 30 Explosivgeschosse, die von dem geöffneten Wurmloch verschluckt wurden.

Lenus hielt sich seinen Kommunikator vor den Mund. »Den Beschuss einstellen, wir warten einige Minuten ab«, befahl er. »Das sollte eigentlich genügen, um die Station in Schutt und Asche zu legen. «

»Haben sie Spähroboter dabei?«, erkundigte sich Muuda.
» Unser Zentralrat möchte eine Bestätigung über die Vernichtung der Station erhalten. «

»Das haben wir«, antwortete der Flottenführer. Lenus drehte sich um und schritt auf einen wartenden Offizier zu.

Er salutierte vor ihm.
»Schicken sie einen Spähroboter durch das Tor«, befahl er. »Der Zentralrat möchte eine optische Bestätigung über die Vernichtung von der Station erhalten. «

»Das Tor kann vernichtet, oder verschüttet sein«, bemerkte der Offizier. »Ein Spähroboter ist keine Lösung. Ich halte einen Spähtrupp für effektiver. «

Lenus schüttelte den Kopf.
»Ich werde keine Person meiner Truppe einer Gefahr aussetzen«, antwortete er. »Versuchen sie zunächst den Spähroboter. Sicherlich erreicht er die andere Seite. Wenn sie nicht mehr existiert, würde sich unser Tor automatisch abschalten. «

Der Offizier nickte.
»Befehl verstanden«, antwortete der Offizier. »Der Roboter wird aktiviert. «

Lenus blickte ihm nach. Dann drehte er sich um und schritt zu Muuda zurück.

»Wir schicken gleich den Roboter durch«, teilte er mit. »Er wird gerade von meinen Männern aktiviert.«

»Gut«, antwortete Muuda. »Hoffen wir, dass unser Beschuss Erfolg hatte.«

Muuda drehte sich nach Halswan und seinen Begleitern um. Er aktivierte seinen Kommunikator und teilte den Vorsitzenden des Zentralrates mit, dass gleich ein Spähroboter die Lage auf der anderen Seite klären würde.

Der Roboter war programmiert. Er wurde mit einer Helmkamera ausgestattet. Langsam schritt dieser an dem Kampfgleiter vorbei auf das helle Wurmloch zu. Dann verschluckte ihn der künstliche Übergang.

»Jetzt heißt es abwarten«, sagte Lenus. »Der Roboter wird einige Aufnahmen machen und dann zu uns zurückkehren.«

Die Zeit verging nur langsam. Muuda blickte Lenus an. Doch dieser schaute intensiv auf das Tor. Der Kommunikator von dem stellvertretenden Vorsitzenden summte. Muuda zog es aus seiner Jackentasche und öffnete die Verbindung.

»Hier ist Halswan«, tönte es aus der Leitung. »Wie lange müssen wir noch auf die Rückkehr warten? «, fragte er. » Der Roboter sollte lediglich einige Aufnahmen machen und dann zurückkehren. «

»So wurde er programmiert«, antwortete Muuda. »Gedulden sie sich noch etwas. Es kann nicht mehr lange dauern. «

Er beendete die Verbindung.

»Der Zentralrat wird ungeduldig«, teilte er Lenus mit.

»Irgendetwas ist schiefgelaufen«, murmelte der Flottenführer. »Der Roboter sollte längst zurück sein. «

Muuda blickte ihn fragend an.

»Erhalten wir Daten einer Übertragung? «, erkundigte er sich.

Lenus schüttelte seinen Kopf.

»Wir haben nichts«, antwortete er. »Es ist so, als ob unsere Verbindung zu dem Spähroboter abgebrochen ist.«

»Sie wissen, was das bedeuten kann? «, flüsterte ihm Muuda zu.

Lenus nickte.

»Der Roboter wurde vernichtet«, antwortete er. »Er ist in einen Hinterhalt auf der anderen Seite geraten. «

»Davon ist auszugehen«, erwiderte Muuda. »Halswan wird nicht begeistert sein. «

Er überlegte einen Augenblick.
»Schicken sie zur Sicherheit nochmals die gleiche Anzahl von Bomben und Raketen durch das Tor«, befahl Muuda. »Wir sollten sicher gehen, dass wir alles Mögliche getan haben. «

Lenus winkte seinen Soldaten zu.
»Bereitmachen für den zweiten Abschuss«, befahl er. »Die gleiche Anzahl Raketen und Bomben in das Tor feuern. «

Die Offiziere salutierten und wiesen den Piloten des Gleiters ein.

Erneut öffneten sich seitlich des Gleiters mehrere Abschussrampen. Unter einem lauten Fauchen schoss der

Kampfgleiter seine Raketen und Bomben in das blaue Wurmloch.

Lenus hob seine Hand. Der Beschuss wurde eingestellt. Die gleiche Menge an Raketen und Bomben waren in dem geöffneten Durchgang verschwunden.

Der Flottenführer trat zu Muuda zurück. »Mehr können wir nicht tun«, sagte er. »Falls diese Geschosse ebenfalls nicht eingeschlagen haben, dann ist davon auszugehen, dass die neuen Besitzer der Flüchtlingsstation bereits Vorkehrungen getroffen haben.«

Muuda wollte hierauf antworten, doch Lenus drehte sich zu seinen Soldaten um.

»Den zweiten Spähroboter durch das Tor schicken«, befahl er. »Beeilt euch, der Zentralrat wird ungeduldig. «

Muuda und Lenus erkannten, wie der zweite Roboter auf das Tor zuschritt. Ohne Gefühle trat er in den Durchgang und entschwand den Augen der Beobachter.

»Er ist weg«, sagte Muuda. »Ich hoffe wir erhalten Informationen. Ein wenig Glück würde hilfreich sein. «

»Glück gibt es nach meiner Einschätzung nicht«, antwortete Lenus. »Es ist alles eine Frage der Abwägung.«

Wieder vergingen lange Minuten. Der Kommunikator von Muuda summte.

Er zog ihn aus seiner Tasche und blickte hierauf. »Ruadan«, flüsterte Muuda. »Vermutlich will Halswan wissen, was jetzt passiert.«

In diesem Moment zischten acht massive Laserstrahlen aus dem Tor und schlugen in den Kampfgleiter ein, der sich mittig vor dem Tor positioniert hatte. Sein Schutzschirm war nicht aktiviert. Der dritte Treffer ließ den Kampfgleiter in einer hellen Explosion zersplittern.

Muuda und Lenus wurden von der Explosion von ihren Füßen gerissen. Der Kommunikator von Muuda flog in hohem Bogen durch die Luft.

Langsam und mit blutverschmiertem Gesicht zog Lenus seinen Kommunikator hervor.

»Den Durchgang sofort abschalten«, sprach er in das Gerät.«

Die Leitstelle hatte das Szenario verfolgt und bereits gehandelt. Der helle Durchgang fiel in sich zusammen. Das Wurmloch war geschlossen.

»Verfluchte Fremde«, tobte der Flottenführer und stand langsam von dem Boden auf. Er blickte sich nach Muuda um. Der lag ebenfalls blutüberströmt am Boden. Lenus lief auf ihn zu und schüttelte ihn.

»Vorsitzender«, fragte er. »Geht es ihnen gut? «

Langsam bewegte sich Muuda und richtete sich auf. Lenus half ihm auf die Beine. Muuda zog ein Tuch aus seiner Tasche und putzte sich das Blut von der Stirn.

»Wir haben unseren Gegner unterschätzt«, flüsterte er. »Wie schon so oft. Leider haben wir es hier nicht mit primitiven Lebewesen zu tun. Sie sind uns ebenbürtig, wenn nicht sogar weiterentwickelt. «

»Lassen sie das nicht Halswan hören«, antwortete Lenus. »Er wird uns wieder für das Versagen verantwortlich machen. «

Muuda nickte.

»Können sie sich auf einige Leute ihrer Einheit verlassen?«, fragte der stellvertretende Vorsitzende des Zentralrates.

Lenus nickte. »Warum fragen sie?«, erkundigte er sich.

»Ruadan, der Vorsitzende unseres Rates hat sich verändert«, antwortete Muuda. »Ich erkenne ihn nicht mehr. Er ist Halswan hörig. Ruadan hört nur noch auf seine Vorschläge und lässt unsere Ratschläge nicht mehr zu.«

»Was kann ich hieran ändern? «, erkundigte sich der Flottenführer.

»Irgendetwas muss mit Ruadan passiert sein«, erwiderte Muuda. »Vermutlich an dem Tag, als er zu spät in dem Rat erschien. Versuchen sie, der Angelegenheit auf den Grund zu gehen. Ich weiß, dass Ruadan große Angst vor Anschlägen hatte. Aus diesem Grunde hat er seine Unterkunft mit Sensoren versehen. Überprüfen sie mit einem kleinen verschwiegenen Team seine private Unterkunft. Lesen sie alle Mitschnitte aus und prüfen sie die letzten Stunden von Ruadan in aller Verschwiegenheit. Vielleicht liege ich auch falsch. Aber eines ist klar, dieser Ruadan ist nicht mehr die Person, die wir als unseren Vorsitzenden in den Rat gewählt haben.«

»Sie vermuten, er wurde beeinflusst?«, fragte Lenus.

»Beeinflusst, umgedreht und mit einer Droge versehen«, flüsterte Muuda. »Halswan und sein Gefolge dürfen hiervon nichts mitbekommen. Ist das klar.«

»Völlig klar«, antwortete Lenus. »Ich schaue, ob wir etwas ermitteln können.«

»Danke«, antwortete Muuda. »Berichten sie nur mir. Der Auftrag muss verschwiegen behandelt werden.«

Muuda verstummte, als Sirenen von zwei Rettungsgleitern hörbar wurden. Sie stoppten vor den Trümmern, die von dem Kampfgleiter der Raumflotte stammte. Sie liefen auf das Trümmerfeld zu und suchten nach dem Piloten.

Halswan, Ruadan und ein Teil der Mitglieder des Zentralrates verfolgten mit zufriedener Miene den Abschuss der Bomben und Raketen des Kampfgleiters. Die Geschosse tauchten in den geöffneten Durchgang ein und verschwanden. Sie sahen, wie der Flottenführer seinen Arm hob.

»Das reicht«, sagte Halswan mit einem Grinsen. »Wenn alle Geschosse explodiert sind, dann bleibt von der Basis nicht mehr viel übrig. Jetzt brauchen wir nur noch zu warten. Die Mitglieder des Zentralrates erkannten, wie ein Spähroboter durch das Tor ging.

Die Zeit verstrich sehr langsam. Halswan blickte Ruadan an.

»Ich hätte eigentlich eine Reaktion erwartet«, sagte er. »Irgendeinen Hinweis auf eine Explosion, oder etwas Vergleichbares.«

»Es ist ihre Technik«, antwortete Ruadan. »Sie sollten es besser wissen.«

Halswan zog seinen Kommunikator aus der Tasche. Er wählte die Nummer des Flottenführers.

»Hier ist Halswan«, sprach er in die offene Leitung. »Wie lange müssen wir noch auf die Rückkehr des Roboters warten? Der Roboter sollte lediglich einige Aufnahmen machen und dann zurückkehren.«

»So wurde er programmiert«, antwortete Muuda. »Gedulden sie sich noch etwas. Es kann nicht mehr lange dauern.«

Das Gespräch wurde beendet. »Muuda und der Flottenführer sind scheinbar ebenfalls ratlos«, sagte Halswan zu seinen Begleitern. »Uns bleibt nichts anderes übrig, als abzuwarten.«

Die abseitsstehenden Beobachter sahen, wie der Kampfgleiter seine Waffen aktivierte. Erneut schoss er Bomben und Raketen in das blaue Tor. Der Flottenführer hob seine Hand und ließ den Beschuss einstellen. Wenige Minuten später schritt ein zweiter Spähroboter in das Wurmloch und verschwand.

»Muuda will sichergehen, dass wir Erfolg haben«, lächelte Halswan. »Ich schätze sein Vorgehen.«

Wieder verstrichen wertvolle Minuten, in denen keine Rückkehr des Spähroboters zu registrieren war.

Halswan wurde ungeduldig. »Was ist da los?«, fragte er. » Es muss doch irgendwas zu finden sein?«

Ruadan zog seinen Kommunikator hervor und wählte die Nummer von Muuda.

»Ich frage nach«, sagte er. »Es sollte doch eine Reaktion......

Der Vorsitzende des Zentralrates kam nicht dazu, seinen Satz zu beenden.

In diesem Moment zischten acht massive Laserstrahlen aus dem Tor und schlugen auf dem Kampfgleiter ein, der sich mittig vor dem Tor positioniert hatte. Sein Schutzschirm war nicht aktiviert. Der dritte Treffer ließ den Kampfgleiter in einer hellen Explosion zersplittern.

Muuda und Lenus wurden von der Explosion von ihren Füßen gerissen.

»Da haben sie ihre Reaktion«, fluchte Ruadan zu Halswan. »Vermutlich war die Gegenseite nicht glücklich über unsere Raketen und Bomben. «

Halswan lief auf Muuda und Lenus zu, die sich mit blutverschmierten Gesichtern langsam erhoben und sich unterhielten. Flottenkommandeur Lenus sprach etwas in seinen Kommunikator.

Nur Sekunden später schloss sich der Wurmlochtunnel. Der Aller-Erste trat auf die beiden Personen zu. Man bemerkte ihm seinen Ärger an.

»Wie konnte das passieren? «, fragte Halswan.» Die Station müsste zerstört sein? «

»Nicht wenn unsere Geschosse abgewehrt wurden«, antwortete Muuda. »Sie haben es doch mit eigenen Augen gesehen. Die Gegenseite existiert noch. «

»Es ist für mich nicht nachzuvollziehen, dass wir immer nur Niederlagen verzeichnen müssen«, kreischte Halswan. »Es muss doch einen Weg geben, unsere Ziele zu erreichen. «

»Nicht auf diesem Wege«, erwiderte Muuda. Er zeigte auf den völlig zerstörten Kampfgleiter.

»Wir haben erneut einen Piloten verloren«, erinnerte er. »Ihr Plan wurde zu einem Desaster. «

Wortlos drehte sich Halswan ab und schritt zu Ruadan und den restlichen Mitgliedern des Zentralrates.

»Wir müssen davon ausgehen, dass die Flüchtlingsstation noch existiert«, teilte er mit. »Scheinbar können wir den neuen Besitzern nicht habhaft werden.«

»Was bedeutet das für uns?«, erkundigte sich Zuuga, ein Mitglied des Rates.

Halswan schmunzelte.

»Ich vermute sehr stark, dass Geoffwan und einige Angehörige meines Volkes, dem Neuen-Imperium Unterstützung leisten«, antwortete er. »Der Sprecher des Ältestenrates wird eine Bewachung der Personendurchgänge angeordnet haben. Wir werden unsere Pläne aufgeben müssen.«

»Dann können wir nur noch hoffen, dass die beschlagnahmten Schiffe der Kolonien ausreichen werden, um den Vormarsch der Allianzflotte der Arthropoden zu stoppen«, stöhnte Zuuga. »Mehr Möglichkeiten sehe ich nicht mehr.«

Halswan nickte. Er blickte Ruadan an.

»Befehlen sie einer Kampfflotte unverzüglich nach Vagun zu fliegen«, befahl er. »Die Schiffe sollen nach der zweiten Station scannen. Wir müssen sie finden.«

»Wir haben keinen Anhaltspunkt über ihren Standort«, teilte Ruadan mit. »Es wurde strikte Geheimhaltung angeordnet. Niemand sollte von dem geheimen Projekt erfahren.«

»Das ist optimal gelungen«, spottete Halswan. »Selbst der Zentralrat kennt nicht die Position der Station. So etwas nenne ich die perfekte Geheimhaltung.«

Ruadan wollte etwas antworten, doch Halswan hob seine Hand.

»Ich will nichts mehr hören«, fluchte er. »Kümmern sie sich sofort um die Flotte nach Vagun.«

Der Worgass, in dem nachgebildeten Körper von Ruadan, verbeugte sich und eilte davon.

Die Zuschauergruppe löste sich auf. Die Mitglieder des Rates verließen den großen Platz, um ihren Aufgaben nachzugehen. Auch Halswan und seine Schutztruppe drehten sich um und verließen den Platz. Ihr Personentransporter wartete nicht weit entfernt. Der Abtrünnige der Aller-Ersten wollte sich zurückziehen und nochmals über die weitere Vorgehensweise nachdenken.

Offensiv-Planung

Es war ein schöner Sommertag im Juli. In der Bucht vor Douglas, der Hauptstadt der Isle of Man, schlugen die Wellen an die Hafenmauer. Touristenschwämme nutzten das schöne Wetter und schlenderten in großer Anzahl auf der Hafenpromenade entlang und verstopften die Cafés und Bars. Ihre Blicke beobachteten die lange weiße Yacht, die außerhalb des Hafens auf leichten Wellen hin und her schaukelte. Der lange schlanke Mann war 1,87 Meter groß. Seine braunen Haare waren kurz geschnitten. Er hielt sich an der Reling fest und blickte hinaus auf das Meer. Eine junge Frau, lediglich 1,70 Meter groß, trat in das Blickfeld der Beobachter. Sie legte ihre Arme zärtlich um den Mann. Die schlanke Gestalt hatte etwas Raubtierähnliches an sich. Ihre grünen Augen blickten ihn verführerisch an. Sirin war eine Prinzessin des letzten Kaisergeschlechts von Natrid. Dank der ausgereiften Stasis-Technik ihres Volkes, überlebte sie die lange Zeit nach dem Zerfall des kaiserlichen Imperiums.

»Das war eine gute Idee von dir, einige Stunden auf der See zu verbringen«, lächelte Sirin. »In der letzten Zeit haben wir leider zu wenig Zeit für uns gehabt. «

»Die Ereignisse überschlugen sich«, antwortete Major Travis. » Zuerst finden wir eine geheime Station der Aller-Ersten in dem Kombrogi-Gebirge in Wales. Wie sich später herausstellte, fungierte sie als

Durchleitungsstation der Aller-Ersten für ragunische Flüchtlinge. Erst nach einer Entdeckung dieser alten Station teilte uns Geoffwan alle Einzelheiten mit und war bereit diese Station dem NI zu übergeben. Als Nächstes sahen wir uns gezwungen, eine Zeltmission durchzuführen, um den nachlässigen Fehler unserer Freunde zu korrigieren. Die Wurmloch-Versuchsstation der Raguner konnte erfolgreich vernichtet werden. Hierdurch war die erste humanoide Rasse im Sol-System nicht mehr in der Lage, ihre bereits geplanten Zeitmanipulationen gegen die Arthropoden umzusetzen.«

»Du bist ein gefragter Mann«, lächelte Sirin und küsste ihn auf den Mund.

Mark schmunzelte sie an. »Was sollte ich nur ohne dich machen«, lachte er. »Du gibst mir Kraft für alle neuen Dinge, die möglicherweise noch auf uns zukommen. «

»Wie ich gehört habe, konnte die neue Behörde von Captain Hunter bereits selbständig einen Krisenherd bereinigen«, erwiderte Sirin. »Die Saboteure der Najekesio konnten gefasst werden. Die Partei PDNA (Partei der neuen Ausrichtung) wurde von Regierungsrat Kanriel zerschlagen. «

Major Travis nickte.

»Die SPC hat sich als neue imperiale Geheimpolizei bewährt«, erwiderte er. »Captain Hunter hat gut daran getan, verschiedene Personen von unterschiedlichen Welten zu integrieren. Jeder von ihnen ist eine Bereicherung für die Einheit. Wenn das Team von Captain Hunter verstärkt wird, dann hoffe ich sehr, dass es alle auftretenden Probleme im Neuen Imperium lösen kann. Gegebenenfalls auch mit der Unterstützung von Oberst Cameron und des ISD.«

»Siehst du«, sagte Sirin. »Du solltest auch anderen Untergebenen vertrauen. Nicht immer muss man sich persönlich um alles kümmern. Dieses war schon ein wichtiger Grundsatz in unserem kaiserlichen Imperium von Natrid. Die Erkenntnisse von früher, müssen heute nicht schlecht sein. «

»Du hast Recht«, erwiderte Major Travis. »Ich sollte viel öfter auf dich hören, dann wäre alles einfacher. «

Sirin schaute ihn an. Sie wusste nicht genau, wie der Major das gemeint hatte.

Er lächelte sie an.

»Genieße den schönen Tag«, ergänzte er. »Morgen geht uns General Poison wieder auf die Nerven. Er möchte die Personen-Tore auf Ragun geschlossen haben. Der General geht immer noch davon aus, dass die Tore widerrechtlich von den Ragunern geöffnet werden können.«

»Traut er den Natrid-Stahltoren nicht, die wir kurz vor dem Ereignishorizont installiert haben? «, fragte Sirin.» Hierdurch wird doch eine Materialisierung verhindert? «

»Exakt«, antwortete Major Travis. »Doch der General ist von Hause aus sehr misstrauisch. Er wird erst zufrieden sein, wenn wir die Anwahl-Tore auf der Zentralwelt Ragun ausgeschaltet haben. «

»Das wird nicht einfach werden«, bemerkte Sirin in einem ernsten Ton. »Willst du persönlich den Einsatz befehlen?«

Major Travis blickte seine Lebensgefährtin an. »Das habe ich vor«, antwortete er. »Heran und die Aller-Ersten sind ebenfalls dabei. Vermutlich wird sich auch Admiral Tarin mit seiner Flotte beteiligen. Sie ist aus dem Gebiet der najekesischen Dunkelwolke zurückgekehrt. Ich kann nicht diese Mission planen und selber nicht hieran teilnehmen. «

Sirin überlegte.

»Du hast Recht«, bestätigte sie. »Deine leitende Funktion bei der EWK lässt dir wenig Handlungsspielraum. Doch eines solltest du immer bedenken. Du bist derzeit die einzige Person, die das alte natradische Gen meines Volkes nachweisbar in sich trägt. Hierdurch erhalten die Menschen Zugriff auf die technischen Hinterlassenschaften meines Volkes. Falls dir etwas zustößt, dann haben wir ein Problem. «

Major Travis blickte sie an. »In dir und Admiral Tarin ist das Gen ebenfalls noch aktiv«, antwortete der Major. »Ihr werdet dann mein Erbe antreten. «

Sirin blickte auf das ruhige Meer hinaus. »Das mag sein«, erwiderte sie. »Für mich trifft das zu. Doch Admiral Tarin ist besessen die Arthropoden zur Rechenschaft zu ziehen. Er würde vermutlich alle verfügbaren Ressourcen hierzu verwenden. In diesem Fall wäre das Sol-System angreifbar. «

»Hierzu darf es nicht kommen«, antwortete Major Travis. »Ich schätze den Admiral sehr. Doch sein Hass auf die Rasse, die den Angriff auf Natrid befohlen hat, beeinflusst sein Denken.

»Das dürfen wir nicht aus den Augen verlieren«, bemerkte Sirin.

»Ich setze große Erwartungen in die Unterstützung durch die Lantraner«, entgegnete der Major. »Sie haben einiges mit uns vor. Ich glaube sie werden den Fehler nicht noch einmal machen, die Milchstraße durch ihr eigenes Zurückziehen fremden Mächten zu öffnen. Letztendlich steht auch ihre Glaubwürdigkeit auf dem Spiel. Sie wollen von den Rassen der Milchstraße wieder als älteste und fortschrittlichste Species in unserer Sterneninsel akzeptiert werden.

»Eher noch als Götterrasse«, lachte Sirin. »Ich kann mich an Geschichten erinnern, die Thoran seiner Atlanta erzählt hat. Sie haben es in früheren Jahrtausenden geliebt, vor unterentwickelten Rassen als Götter aufzutreten. Daher stammen möglicherweise auch viele der Sagengeschichten deines Planeten. «

Major Travis schmunzelte sie an.
»Das ist lange her«, antwortete er. »Auch die Lantraner werden erkannt haben, dass sie auf dem falschen Weg waren. Wichtig für uns ist, dass sie technisch weit fortgeschritten sind. Wir können viel von ihnen lernen. Ich bin mir sicher, dass Heran uns weiter fördern wird. «

Der Major hob ein Fernglas und blickte auf den Bergrücken, der seitlich der Stadt Douglas stand. Hier stand sein Anwesen. Das moderne Gerät zoomte das Bild heran.

Er erkannte, wie ihm von seinem Anwesen Heran, Commander Brenzby und Heinze ihnen winkten.

»Wenn man von einer Person spricht, dann ist sie auch meistens schnell da«, erklärte er.

Major Travis reichte das Fernglas Sirin.

»Heran ist zurück von Centros und winkt uns von unserem Haus zu«, lächelte er.

Sirin blickte durch das Glas und erkannte ebenfalls die drei Personen.

»Das war es mit unserer Bootsfahrt«, schmunzelte der Major ihr zu. »Lass uns die Yacht in den Hafen steuern. «

»Du kannst es nicht abwarten? «, schüttelte Sirin ihren Kopf. » Deine Freunde können doch auch einmal einige Stunden auf dich warten. Was ist denn plötzlich wieder so dringend? «

»Es ist eine Frage des Anstandes«, antwortete Major Travis. »Seinen Besuch lässt man nicht warten.«

Als der Major seine Yacht etwas von der Stadt entfernt, in sein privates Bootshaus steuerte, donnerten drei Turbostrahl-Helikopter über das Schiff. Er und Sirin blickten in den Himmel. Sie erkannten das Logo der EWK auf den äußeren Bordwänden.

»Du scheinst noch mehr Besuch zu bekommen? «, scherzte Sirin. »Leider habe ich kein Essen vorbereitet. «

»Wer sich unangemeldet einlädt, der kann nicht noch mit einer großen Beköstigung rechnen«, antwortete Marc.

Tart 1 steuerte die Yacht an den Steg. Der Major warf dem Personal die Leinen zu. Diese fingen sie geübt auf und fixierten die Yacht. Tart 1 schaltete den Hilfsmotor aus.

Major Travis und Sirin sprangen auf den Steg. Tart 1 und Tart 2 folgten ihrem Schutzbefohlenen. Außerhalb des Bootshauses wartete bereits ein Gleiter auf sie.

Der Pilot salutierte.

»General Poison erwartet sie auf ihrem Anwesen«, sagte er. »Ich soll sie schnell zu ihm bringen. «

Major Travis verzog sein Gesicht.

»Kann man in seiner Freizeit nicht einmal einige Stunden für sich haben?«, erkundigte er sich.

»Vermutlich nicht«, antwortete der Pilot. »Der General ist ungeduldig und bittet um ihr Erscheinen.«

Major Travis und Sirin blickten den Piloten an. Der zuckte jedoch nur mit seinen Schultern.

»Steigen sie ein«, ergänzte er. »Ich fliege sie zu ihrem Haus.«

Kurze Zeit später landete der Turbostrahl-Helikopter auf dem Gelände von Major Travis Anwesen. Der General ließ es sich nicht nehmen, persönlich seinen besten Mitarbeiter zu begrüßen.

»Da sind sie ja endlich«, lachte er der den Major und Sirin an. »Wir haben etwas zu besprechen. Ich habe gedacht, das geht am besten in einer belanglosen Atmosphäre. Geoffwan und seine Begleiter, aber auch Heran und Admiral Tarin nehmen hieran teil. Ich habe bereits mit Heran für die Beköstigung gesorgt.«

»Sie scheinen immer an alles zu denken«, antwortete der Major. »Eigentlich wollte ich mit Sirin einige ruhige Stunden verleben.

»Machen sie keine Scherze«, konterte der General. »Ich brauche sie an meiner Seite. Hierfür hat Sirin doch volles Verständnis. «

Der General blickte sie an. Die natradische Prinzessin erwiderte den Blick, doch sie verzog keine Miene.

»Ich habe kein Problem mit hoheitlichen Aufgaben«, antwortete sie.

»Gehen wir«, drängte der Admiral. »Dann können uns Geoffwan und seine Begleiter ihre neuen Erkenntnisse mitteilen. «

»Es gibt neue Erkenntnisse? «, fragte Major Travis irritiert.

Der General nickte.
»Die gibt es«, antwortete er. »Doch gehen wir erst einmal zu ihren Gästen. Dann erfahren sie mehr. «

Der General hatte an alles gedacht. Ein großer Tisch war aufgebaut worden. Eine Gruppe Köche bereitete duftende Speisen vor. Heran saß an dem Tisch vor einem

Krug Bier. Er unterhielt sich mit Admiral Tarin. Geoffwan, Talswan und Nadewan standen etwas abseits und beobachteten die Aktivitäten der Bediensteten.

Service-Roboter servierten Getränke. Heinze musterte die Roboter durchdringend. Er konnte nicht abwägen, ob sie bereits mit der neuen Programmierung versehen waren.

Die Aller-Ersten kamen auf Major Travis zugeschritten. »Entschuldigen sie bitte die Unannehmlichkeiten«, sagte Geoffwan. »Wir wollten sie nicht in ihrer Freizeit stören, doch der General teilte uns mit, dass sie in ihrer Position stets abrufbereit zur Verfügung stünden. «

»Hat er das gesagt? «, lächelte der Major » Er hat natürlich Recht, doch auch Führungskräften steht etwas Freizeit zu. Darüber werde ich nochmals mit dem General sprechen müssen. «

Major Travis zeigte auf den Tisch mit den Bänken. »Setzen wir uns«, sagte er.

Nachdem Major Travis Admiral Tarin und Heran begrüßt hatte, wandte er sich wieder den Aller-Ersten zu.

»Sie haben neue Erkenntnisse für uns? «, erkundigte er sich.

»Ja«, antwortete Geoffwan. »Die ragunische Wurmloch-Versuchsstation wurde von uns in einer beispiellosen Gemeinschaftsmission vernichtet«, begann der Sprecher des Ältestenrates. »Bevor ihre Flotte die zeitgesteuerte Wurmloch-Anlage ausschaltete, konnten wir aus der über eine Hintertüre alle erforderlichen Daten auslesen. Dieses geschah über eine programmierte Schnittstelle, die uns einen geheimen Zugang zu den Daten gestattete. Diese neuen Informationen übergaben wir unseren Experten. Sie haben etwas Erstaunliches festgestellt. «

Die Zuhörer blickten die Aller-Ersten an. »Was haben sie denn rekonstruiert? «, fragte Heran. » Spucken sie es endlich aus. «

Major Travis blickte seinen Freund an.

Dieser hob seine Hände. »Schon gut«, sagte er. »Aber Geoffwan und seinen Begleitern muss man alles aus der Nase ziehen. Sie haben das flüssige Sprechen verlernt. «

»Berichten sie weiter«, bat Major Travis seinen Gast.

Geoffwan blickte Heran ärgerlich an. Dann fuhr er fort.

»Unsere Experten stellten fest, dass kurz vor unserem Eintreffen an der Anlage ein zeitgesteuertes Wurmloch geöffnet wurde«, erklärte der Aller-Erste. »In der ragunischen Zeitepoche, in der wir uns befanden, wurde etwa 15 Minuten vor unserem Eintreffen ein großer Durchgang geöffnet. Eine Flotte von 5.020 Schiffen wurde zu Koordinaten abgestrahlt, die 800.000 Jahre tief in der Vergangenheit lagen. «

»Eine Flotte von 5.020 Schiffen wurde 800.000 Jahre in die Vergangenheit abgestrahlt? «, fragte Major Travis ungläubig.

Er überlegte kurz.
»Eine ragunische Angriffsflotte wurde in die frühe Epoche der Arthropoden-Zivilisation geschickt«, ergänzte er. »Die Raguner versuchen die Arthropoden in ihrer frühen Entwicklung anzugreifen und auszurotten. «

»Davon gehen wir aus«, bestätigte Geoffwan. »Leider hatten wir zu diesem Zeitpunkt keine Hinweise auf ihr Vorhaben. «

»Was bedeutet das jetzt für unsere heutige Zeitepoche? «, fragte Heran. » Haben wir sie nicht immer vor solchen

Zeitexperimenten gewarnt? Wird sich jetzt etwas verändern? Müssen wir mit einem Zeitparadoxon rechnen?«

»Unsere Analysten glauben das nicht«, antwortete Geoffwan. »Falls die ragunische Flotte Erfolg gehabt hätte, dann müssten wir jetzt bereits Veränderungen feststellen.«

»Dann können wir davon ausgehen, dass die ragunische Flotte vernichtet wurde?«, fragte Major Travis.» Scheinbar waren die Arthropoden auch in dieser Zeitebene bereits so stark, um es mit den Ragunern aufnehmen zu können.«

»Das wäre ein Grund«, antwortete Geoffwan. »Doch unsere Experten weisen noch auf eine andere Möglichkeit hin.«

»Welcher könnte das sein?«, erkundigte sich Admiral Tarin.

Geoffwan blickte ihn an.
»Wir wissen, dass die Arthropoden von einer ameisenähnlichen Species abstammen«, erklärte Geoffwan. »Ihre Zivilisation wird von einer Königin, oder einer Imperatorin getragen. Die Rasse vermehrt sich

rasend schnell. Unsere Experten bezweifeln, dass es der ragunischen Flotte gelungen ist, die zahlreichen Arthropoden-Stämme vollständig auszurotten und alle ihre Welten zu vernichten. Vielmehr sehen sie in der Mission der Raguner den Auslöser des immensen Hasses gegen die humanoiden Völker. Nach unseren Recherchen war der Zeiteingriff die Ursache ihres späteren Verhaltens.«

Heran hatte interessiert zugehört. »Dann haben die Raguner mit dieser Zeitmission ihren eigenen Untergang heraufbeschworen?«, erkundigte er sich. »Ich frage mich jedoch, warum die Arthropoden bereits vorher mit einer Allianzflotte das ragunische Hoheitsgebiet angegriffen haben. Zum Beginn des Krieges war die Zeitmission doch noch kein Thema?«

Geoffwan blickte ihn an. »Das ist die große Frage, die auch unsere Experten beschäftigt«, antwortete er. »Die Zeitebenen sind bekanntlich fließend. Aber sie haben natürlich Recht. Falls der ragunische Eingriff in die Zeit, der Auslöser für den Krieg mit den Arthropoden war, dann sollte er nach unserem logischen Verständnis vor dem Eingriff in die Zeit noch nicht stattgefunden haben. Der Geschichte entnehmen wir jedoch, dass es doch so war. Diese Irritation entzieht sich unserem Verständnis.«

»Wenn ich das richtig interpretiere, dann müssen wir möglicherweise umdenken«, griff Major Travis in das Gespräch ein. »Die Raguner werden eine Teilschuld tragen, dass sich der Krieg in ihr Hoheitsgebiet verlagerte. Doch der Ursprung des Hasses der Arthropoden ist nach meiner Meinung bei einer anderen Rasse zu suchen. Ist es möglich, dass es bereits eine andere Species auf die Arthropoden abgesehen hatte und sie auslöschen wollte? Kennen sie alte Rassen, die zu dieser Zeit eine Vormachtstellung in dem Universum ausübten?«

Geoffwan, Talswan und Nadewan blickten sich an. »Das ist lange her«, überlegte Geoffwan. »Zu der damaligen Zeit waren noch viele Species mit sich selbst beschäftigt. Sie alle versuchten ihre Zivilisationen zu festigen, um sich als Rasse zu behaupten.«

Der Sprecher der Aller-Ersten blickte die Zuhörer des Neuen-Imperiums an.

»Ihnen sollte klar sein, dass sich vor dieser Zeit in vielen Sterneninseln starke Species entwickelten«, ergänzte Geoffwan. »Nicht alle von ihnen waren friedfertig. Eines hatten sie immer gemeinsam. Sie schützten ihr Territorium gegen fremde Eingriffe.«

»Sie sprechen von den Kon-Ra-Tak? «, bemerkte Heran. » Einer Rasse, die sich von unseren Erkenntnissen sehr schnell zu einer technisch hochstehenden Macht entwickelte.«

Geoffwan nickte. »Auch die Kon-Ra-Tak waren in den Anfängen ihrer Entwicklung starke Krieger«, bestätigte der Sprecher der Aller-Ersten. »Doch diese Rasse erkannte schnell, dass sie nicht alleine im Universum war. Sie strebten immer nach etwas Höherem. Heute sind es Wesen, die sich in reine Energie verwandeln können und vermutlich in anderen Dimensionen leben. Nur noch selten nehmen sie ihre körperliche Gestalt an. «

Geoffwan blickte Major Travis und Commander Brenzby an.

»Sie durften diese Wesen kennenlernen«, sagte er. »In der heutigen Zeit sind sie uns allen entwachsen. Ihr Wissen ist unvorstellbar. Sie sind es, die einigen Lebewesen in der Galaxie, die sich um Frieden und Zusammenhalt bemühen, mit der relativen Unsterblichkeit belohnen. «

»Wen könnte es noch geben? «, fragte General Poison.» Ihre Rasse hat doch auch die Anfänge des Universums miterlebt. Welche Species könnte für den Hass der Arthropoden verantwortlich sein?«

»Das ist schwer zu sagen«, antwortete Nadewan. »Die großen Namen, wie die Kon-Ra-Tak, die Myratoren, die Virgonesen, die Schablinger, die Treutanten, die Laktrins, die Gorbonnen sind nur ein kleiner Teil von ihnen. Doch sie alle haben Hilfsvölker erschaffen, die sich zu selbstständigen Rassen entwickeln konnten.«

Talswan blickte Geoffwan nachdenklich an.
»Wir sind auch nicht ganz unschuldig hieran«, erklärte er. »Die erste Rasse, die wir künstlich ins Leben riefen, das waren die Ceshalter.«

»Den Namen habe ich lange nicht mehr gehört«, sagte Geoffwan mit einem steinernen Gesicht.«

Er blickte die Zuhörer an.
»Viele Jahrtausende dienten sie uns als Hilfsvolk«, teilte er mit. »Doch irgendwann hatte sich ihre geistige Entwicklung als Zivilisation gefestigt. Sie wollten nicht mehr als Hilfsvolk für uns arbeiten. Ihre Regierung trat mit der Bitte an uns heran, sie als Hilfsvolk zu entlassen. Sie wollten einen eigenen Weg in ihrer Entwicklung gehen. Der damalige Ältestenrat unseres Volkes entsprach ihrer Bitte. Niemals haben wir Rassen gegen ihren Willen als

Hilfsvolk ausgenutzt. Die Ceshalter verließen den Planeten, den wir ihnen als Heimat zur Verfügung gestellt hatten und verschwanden in der Dunkelheit des Universums. Eine lange Zeit hörten wir nichts von ihnen. Dann erreichten uns Informationen, dass sie Aufträge für die Kon-Ra-Tak und für andere fortgeschrittene Rassen übernehmen würden. Als Belohnung wurden sie von ihnen gefördert und in ihrem technischen Verständnis weiter geschult. «

»Das war auch wieder eine Rasse, die von ihnen künstlich gezüchtet wurde«, beklagte sich Heran. »Wir Lantraner scheinen die einzige Species gewesen zu sein, die sich dieser häufigen Praxis widersetzt hat. «

Geoffwan nickte.

»Nach den heutigen Erkenntnissen war ihr Vorgehen der richtige Weg«, bestätigte er. » Wir und viele alte Species des Universums haben leider zu viele künstliche Rassen erschaffen, die heute ein Problem darstellen. Hierzu muss ich leider auch die Raguner zählen. «

»Ihre Einsicht kommt leider sehr spät«, sagte Heran. »Wir sitzen hier zusammen, um Schadensbegrenzung zu betreiben. «

Geoffwan stand auf.

»Heran hat Recht«, bestätigte er. »Ich möchte mich als Sprecher des Ältestenrates unseres Volkes nochmals für unsere Fehler in der Vergangenheit entschuldigen. Die Entwicklung des Universums konnte zu dem damaligen Zeitpunkt nicht von uns vorhergesehen werden. Erst durch unseren Propheten Aahnn, wurden wir erstmals auf die Tragweite unseres Handelns aufmerksam. Durch eine Laune der Evolution besaß er seherische Fähigkeiten. Alle seine Aufzeichnungen und Vorhersagungen sind eingetroffen. Als wir das erkannten, änderte sich die Praxis unseres Volkes. Heute erschaffen wir keine Hilfsvölker mehr im Reagenzglas. Wir überlassen es der Evolution.«

»Trotzdem kann es ein Spiel ohne Ende sein«, sagte Admiral Tarin. »Die von ihnen erschaffenen Rassen haben gelernt. Vermutlich erschaffen sie heute ebenfalls künstliche Lebensformen, die wir noch gar nicht kennen?«

Geoffwan blickte den Admiral an.
»Hiervon wird nichts in dem Buch des großen Aahnn erwähnt«, antwortete er. »Doch ausschließen kann ich es nicht. «

Eine Service-Robot stellte zwei Flaschen Wasser auf den Tisch.

Geoffwan nahm sich eine Flasche und schüttete sich ein Glas ein. Vorsichtig nippte er hieran. Sein Gesicht heiterte sich auf. Er setzte das Glas wieder an seinen Mund und trank es halb aus.

»Das ist gutes Wasser«, bestätigte er. »Es wurde gereinigt und mit etwas Luft versetzt. «

Heinze winkte dem Service-Robot. Der war schon auf dem Rückweg ins Haus. Als er das Zeichen von Heinze sah, drehte er um und schritt auf ihn zu.

»Ihre Bestellung bitte«, sagte er monoton.
»Bring mir etwas Möhrensaft«, antwortete Heinze. »Bitte den frisch Gepressten, leicht gekühlt. «

»Möhrensaft ist aus«, antwortete der Robot und drehte sich ab.

Major Travis bemerkte, wie Heinze mit seiner Hand auf den Tisch schlug.

»Einen Moment bitte «, sagte er.

Er ging auf den Service-Roboter zu.
»Bring diesem Gast bitte eine Karaffe Bananensaft«, befahl er. »Ist das möglich? «

»Bananensaft ist vorhanden«, bestätigte der Robot und ging seines Weges.

Major Travis schritt auf Heinze zu. »Bananensaft ist im Moment nur da«, sagte er. »Der Roboter bringt dir gleich etwas. «

»Danke«, antwortete Heinze. »Ich dachte schon, mit dem Robot stimmt etwas nicht. «

»Das hatte ich bemerkt«, lachte Major Travis. »Doch wir brauchen den noch hier. «

Heinze nickte.

Major Travis ging zu seinem Platz zurück. »Entschuldigung für die Unterbrechung«, sagte er zu Geoffwan und den Zuhörern. »Unser kleiner Freund hat ein Problem mit den Service-Robotern. Ihre Programmierung erkennt ihn nicht immer als humanoide Person an. Aus diesem Grunde wird er nicht bedient. «

»Ich verstehe«, lachte Geoffwan. »Auch mit solchen Kleinigkeiten muss man sich beschäftigen. «

»Heinze ist etwas ganz Besonderes«, bemerkte Talswan. »Seine Kräfte sind sehr selten in der Galaxie. Sie können sich freuen, ihn als Unterstützer des Neuen-Imperiums gewonnen zu haben.«

»Kommen wir zurück zu der Zentralwelt der Raguner«, sagte General Poison. »Die Flüchtlingstore zu unserer Station im Kombrogi-Gebirge in Wales müssen abgeschaltet werden. Wie können wir das am besten hinbekommen?«

Die Aller-Ersten und die restlichen Zuhörer blickten ihn an. Major Travis nickte zustimmend.

»Deswegen sitzen wir hier«, sagte er. »Dieser Einsatz kann nicht mehr lange vor uns hergeschoben werden. Vermutlich werden die Raguner diese nach der Vernichtung ihres Forschungsplaneten intensiv bewachen?«

»Sie haben den Vorteil ihrer Tarntechnologie«, entgegnete Geoffwan. »Hierüber verfügen die Raguner nicht. Das sollten sie bei ihren Planungen berücksichtigen.«

»Erzählen sie uns etwas hierüber«, sagte Admiral Tarin. »Befinden sich die Tore alle an dem gleichen Standort?«

Nadewan, der Befehlshaber der Wolkenstädte der Aller-Ersten ergriff das Wort.

»Der Aufbau der zeitgesteuerten Wurmloch-Tore auf Ragun erfolgte nach unseren Bauzeichnungen«, erklärte er. »Wissenschaftler unseres Volkes unterstützten die Raguner hierbei. Die Durchgänge wurden während den großen Flüchtlingsströmen konzipiert. Sie ermöglichten den schnellen Abfluss dieser Flüchtlinge durch das Tor. Aber auch kleine Gleiter können das Tor passieren, wie sie bei dem Angriff der Raguner auf ihre Station bemerkt haben sollten. Entgegen unseren Vorgaben verwendete der Zentralrat für den Bau der Tore ihr spezielles Metall Tiziranium. Die Rohstoffe für dieses Material stammen nicht aus der Milchstraße.

Wir wissen nicht, wo die Raguner es abbauen und wie sie es bearbeiten. Uns fiel ein Artefakt in die Hände, das aus diesem Material gefertigt wurde. Es zeichnete sich durch eine optimale Korrosionsbeständigkeit und durch eine extreme Härte aus. Erst nach einem mehrfachen Laserbeschuss auf der stärksten Stufe eines unserer Induktivstrahler, konnten wir das Material zerstören. Ein weiterer Punkt dieser Legierung bestand darin, dass es von Scannern nicht erfasst werden konnte. Während ihrer erfolgreichen Expansionspolitik bezeichneten sich die Raguner selbst als Götter. Die nach unseren Zeichnungen erbauten Wurmlochdurchgänge, bezeichneten sie nach der Fertigstellung als Götter-Tore.«

»Worauf wollen sie hinaus?«, fragte Major Travis. »Das will ich ihnen sagen«, antwortete Nadewan. »Diese Tore lassen sich nicht so einfach mit ein paar Schüssen aus unseren Lasergeschützen vernichten. Das Material ist widerstandsfähig. Es muss durch mehrere Sprengladungen in seinem inneren Bereich vernichtet werden.«

»Wollen sie damit andeuten, dass wir die Tore nur mit Bodentruppen ausschalten können?«, erkundigte sich General Poison.

Nadewan nickte.
»Sie vermuten es richtig«, antwortete er. »Die äußere Legierung lässt keinen anderen Weg zu. Es gibt 12 von diesen Toren, die in einem gewissen Abstand voneinander errichtet wurden. Sie alle stehen im Zentrum des Regierungsviertels ihrer Zentralwelt. Um die geheime Abwehr des Zentralrates nicht zu früh zu informieren, halten wir die gleichzeitige Sprengung von allen Toren für dringend erforderlich.«

»Wir brauchen 12 eigenständige Bodeneinheiten, die sich um jedes einzelne Tor kümmern? «, sagte Major Travis.

Nadewan nickte.

»Jedes Einzelne von ihnen muss mit genügend Sprengstoff versehen werden, damit es zerstört werden kann«, erklärte er. »Durch die Extensivität dieser Sprengungen, werden im großen Umfeld der Tore alle Gebäude, Hallen und Einrichtungen dem Erdboden gleichgemacht. «

»Das heißt, wir können die Bevölkerung nicht warnen«, sagte Sirin. »Alle Bewohner, die sich in der Nähe der Tore aufhalten, werden unweigerlich umkommen. «

»Der Plan gefällt mir nicht«, sagte General Poison. »Es ist nicht unsere Art, Unschuldigen das Leben zu nehmen. «

»Das ehrt sie«, sagte Geoffwan. »Doch es wird keine andere Möglichkeit geben. Das sollten sie wissen. «

Der General lehnte sich zurück. Er blickte seine Untergebenen an.

»Ihre Meinungen bitte«, sagte er. »Mir gefällt dieser Plan nicht im Geringsten. «

»Eine Frage stellt sich noch«, bemerkte Heran. »Die Raguner haben die Tore nach ihren Bauzeichnungen erstellt. Falls es uns gelingt die Tore zu vernichten, ist es dann nicht den ragunischen Wissenschaftlern möglich direkt neue zu erbauen?«

»Das glauben wir nicht«, antwortete Talswan. »Viele sensible Arbeiten bei dem Aufbau dieser Tore wurden von unseren Wissenschaftlern durchgeführt. Die Raguner haben zwar genau zugesehen, doch ich glaube nicht, dass sie diese Arbeiten selbstständig ausführen könnten.«

»Glauben ist nicht Wissen«, bemerkte General Poison. »Es bringt uns nichts, wenn wir die Tore vernichten, diese aber in einigen Jahrhunderten wieder auf ihrem Platz stehen, weil die Raguner es gelernt haben, sie selbstständig zu erneuern. Wo werden die Bauzeichnungen aufbewahrt? Die Raguner dürfen nicht länger über sie verfügen. Die Unterlagen müssen zerstört werden.«

»Die Welt der Raguner steht vor ihrem Untergang«, sagte Geoffwan. »Vergessen sie das nicht. Diese Rasse hat nicht mehr einige Jahrhunderte Zeit, um diese Technik zu erlernen.«

»Trotzdem müssen wir sicher gehen«, sagte der General. »Die Bauzeichnungen der Tore und der Wurmloch-Forschungsanlage müssen gefunden und vernichtet werden. «

»Die Raguner haben sich von uns abgewandt«, erklärte Geoffwan. »Obwohl wir ihre Schöpfer waren, hielten sie sich für etwas Besonderes. Zu den Hochzeiten ihrer Expansionspolitik für Götter. Das erwähnte ich bereits. Aber auch ihr Auftreten gegenüber anderen Völkern, war ein Grund für uns sie zu rügen. «

Geoffwan blickte die Offiziere es NI an. »Leider ging der Schuss nach hinten los«, ergänzte er. »Die Raguner wollten nichts mehr mit uns zu tun haben.«

»Wo könnten sie die Bauzeichnungen zu den Wurmlochtoren aufbewahren? «, fragte Admiral Tarin. » Es sollte doch möglich sein, diese zu erbeuten. «

Geoffwan schüttelte seinen Kopf. »Das kann ich ihnen nicht beantworten«, erwiderte er. »Nach unseren Erkenntnissen wurden die Pläne bei dem Angriff des Arthropoden auf ihre Zentralwelt mit ihrem Planeten vernichtet. So gesehen erledigt sich alles von alleine. Eine Suche nach den Plänen scheint uns nicht erforderlich zu sein. «

Admiral Tarin blickte Major Travis an.

»Ich wüsste eine Person, die uns das beantworten könnte«, bemerkte er.

Major Travis nickte.

»Sie haben Recht«, antwortete er. »Ranus, unser ragunischer Gefangener. »Vielleicht zeigt er sich kooperativ. Er sollte in seiner komfortablen Zelle erkannt haben, dass wir nichts von ihm wollen. «

Der Major griff nach seinem Communicator. Er drückte eine Taste.

Noel meldete sich.

»Hier ist Major Travis«, sprach er in das Gerät. »Noel, würden sie mir einen Gefallen erfüllen? «

»Jeden«, antwortete der Klon der natradischen Groß-Hypertronic-KI. »Was brauchen sie? «

Können sie uns durch einige Marines den ragunischen Gefangenen bringen lassen? «, fragte Major Travis. » Wir haben einige Fragen an ihn. «

»Ich kümmere mich persönlich hierum«, antwortete Noel. »Geben sie mir etwas Zeit. Ich komme zu ihrem Anwesen.«

»Danke«, antwortete der Major.

Er blickte die Gäste an.

»Der ragunische Gefangene wird von Noel zu uns gebracht«, bestätigte er. »Ich hoffe, er ist gesprächsbereit.«

Das Essen wurde serviert. Die mitgebrachten Köche von General Poison hatten frische Salate, Steaks und geröstete Kartoffelscheiben vorbereitet.

Heran lief das Wasser im Munde zusammen. Er blickte auf die Steakteller, welche die Service-Roboter herantrugen. Er zeigte auf ein besonders großes Stück Fleisch. »Das da, bitte«, sagte er.

Der Service-Roboter stellte es vor ihm auf den Tisch. »Noch ein Bier?«, erkundigte er sich blechern.

»Dieses Mal ein Großes«, antwortete Heran sichtlich erfreut.

Der Robot bediente die weiteren Gäste und eilte zu dem Ausschank zurück.

Die Aller-Ersten blickten skeptisch auf den Teller.

»Es ist alles aus einem kontrollierten Anbau«, bemerkte Major Travis, der die Blicke der Gäste richtig eingeordnet hatte.

»Einen guten Appetit«, sagte General Poison. Geoffwan blickte Heran an, der sich genussvoll ein Stück Fleisch in den Mund schob.

Vorsichtig schnitt er ein kleines Stück ab und nippte hieran. Sein Gesicht hellte sich auf. Er steckte die Gabel mit dem Stück Fleisch in den Mund und zerkaute es.

Seine Begleiter beobachteten ihn. »Köstlich«, sagte Geoffwan. »Das habe ich lange nicht mehr gegessen. Woraus wird das zubereitet. Sind das frische Algen?«

»Darüber sprechen wir später«, antwortete Major Travis. Er hob sein Glas Wein.

»Lassen sie uns auf die letzte Mission anstoßen«, sagte er. »Gemeinsam erreicht man mehr?«

»Gemeinsam erreicht man mehr«, wiederholten die Gäste und nahmen einen Schluck aus dem Glas.

»Das ist Ambrosia«, sagte Talswan. »Das Getränk der Götter. Wie kommen sie hierzu?«

»Ambrosia ist es nicht«, antwortete Sirin. »Es nennt sich Wein. Es wird aus Trauben hergestellt. Es freut mich, dass es ihnen schmeckt. Es ist ein besonderes Getränk, der nur zu einem besonderen Anlass serviert wird.«

»Es schmeckt wie Ambrosia«, sagte Geoffwan. »Sie haben eine gute Wahl getroffen.«

Heran hatte sein Steak bereits aufgegessen. Der Service-Roboter trat an seine Seite.

»Darf ich ihnen noch etwas Salat servieren?«, erkundigte er sich.

Heran blickte ihn entgeistert an. »Hast du noch ein Steak?«, fragte er.» Das würde ich nehmen. Salatblätter sind für mich uninteressant.«

Der Robot drehte sich ab. »Bring noch ein Bier mit«, schrie Heran ihm hinterher. Major Travis blickte ihn an und lachte.

Er wusste, dass Bier und Steak das Leibgericht seines Freundes waren.

Major Travis blickte auf. Aus dem Haus kamen Noel und der ragunische Gefangene getreten. Der blieb stehen und blickte sich in alle Richtungen um. Bisher war er noch nie auf Tarid gewesen. Er schaute in die Sonne und erkannte, dass sie viel näherstand, als er sie von Ragun her kannte. Vier Marines und vier Kampfroboter begleiteten ihn. Langsam kam die Gruppe auf den Tisch der EWK-Offiziere und der Gäste zugeschritten.

»Unser Gefangener kommt«, flüsterte der Major Geoffwan zu. Beide Personen standen auf. Verdutzt blickte Ranus die Aller-Ersten an. Er verbeugte sich vor ihnen. Sein Blick fiel auf Major Travis.

»Bringt uns einen Translator«, bat dieser.
»Nicht nötig«, antwortete der Gefangene. »Ich habe ihre Sprache in meiner Zelle erlernt. «

»Das ging aber schnell«, erwiderte Major Travis. »Sie verdienen meinen Respekt. «

»Wo bin ich hier? «, fragte er. » Das ist nicht Ragun.«

»Das ist Tarid«, antwortete der Major. »Der dritte Planet ihres Sonnensystems. Jedoch 500.000 Jahre in ihrer Zukunft. «

Die Augen von Ranus wurden groß.

»Dann stimmt es also, was sie mir berichtet haben«, erwiderte er. »Es wird eine neue humanoide Rasse in unserem Sonnensystem geben. «

»Alles, was wir ihnen mitgeteilt haben, entspricht der Wahrheit«, antwortete der Major. »Sie wollten es uns nicht glauben. «

»Ragun wird untergehen«, bemerkte Geoffwan. »Wir haben ihren Zentralrat immer wieder gewarnt. Doch seine Mitglieder wollten nicht auf uns hören. Die Arthropoden werden ihre Welt vernichten. «

»Sie können nichts dagegen machen? «, fragte Ranus. »Es muss doch einen Weg geben? «

»Nicht ohne massive Veränderungen für alle nachfolgenden Lebewesen«, antwortete der Aller-Erste. »Auch diese haben ein Recht auf ihr Leben. Es ist nur noch eine Frage der Zeit, bis sich ihre Zentralwelt in ein Asteroidenfeld verwandelt. «

»Ihnen könnten wir Asyl anbieten«, teilte Major Travis mit. »Es wäre ihnen möglich, ihr Leben in Freiheit zu beenden. Doch dafür bräuchten wir einige Informationen von ihnen.«

Ranus blickte den Major fragend an. »Möchten sie etwas essen und etwas trinken? «, erkundigte sich der Major. » Wir haben gegrilltes Fleisch.« Der Geruch betörte die Nase des Gefangenen. Seine gelben Augen waren zu kleinen Schlitzen geworden.

»Gerne«, antwortete er. »Warum werde ich als ihr Gefangener so gut behandelt? «

»Bei uns gibt es Gesetze, wie mit Gefangenen umgegangen wird«, antwortete General Poison. »Wir betrachten Lebewesen von anderen Planeten nicht als Tiere. «

»Das habe ich bemerkt«, antwortete Ranus. »Vielen Dank hierfür. Meine Zelle ist wesentlich angenehmer als unsere feuchten Arrestkammern auf Ragun«.

Ein Service-Roboter servierte ein knuspriges Steak. Er stellte den Teller vor dem Gefangenen hin. Eine Schale enthielt etwas Salat. Dann reichte der Robot Ranus ein Glas mit roter Flüssigkeit.

»Was ist das?«, fragte der Raguner.

»Es ist vergleichbar mit Ambrosia«, teilte Geoffwan mit. »Genießen sie. Es schmeckt gut und ist nicht vergiftet.«

Er hob sein Glas und zeigte es Ranus.

»Wir trinken es auch«, lachte Talswan.

Ranus nickte und probierte einen Schluck. Sein Gesicht erhellte sich.

»Ambrosius«, bestätigte er. »Es ist tatsächlich wunderbar, wie sich alles immer wiederholt.«

Ranus stieß mit der Gabel in das Fleisch und schnitt mit dem Messer ein Stück ab. Das steckte er sich in den Mund. Langsam kaute er darauf herum.

»Tier«, sagte er. »Das ist Tierfleisch.«
Geoffwan und seine Begleiter blickten sich entsetzt an.

»Das ist richtig«, antwortete Major Travis. »Es ist aus einem speziell hierfür gezüchteten Weiderind.«

»Köstlich«, bemerkte Ranus. »So etwas habe ich lange nicht mehr gegessen. «

Er schnitt sich ein weiteres Stück ab und steckte es sich in den Mund.

Dann hob er seinen Kopf und musterte die Offiziere des Neuen-Imperiums.

»Warum bin ich hier? «, erkundigte er sich schließlich. » Doch nicht, weil sie ihren Gefangenen einmal die frische Luft genießen lassen wollten. «

»Nein«, antwortete Major Travis. »Wie sie schon feststellten, behandeln wir sie gut. Im Gegenzug erhoffen wir uns einige Antworten auf unsere Fragen? «

»Was sind das für Fragen? «, stutzte Ranus. » Sie wissen doch, dass ich mein Volk nicht verraten kann. «

»Das verlangen wir auch nicht«, erwiderte der Major. »Verstehen sie bitte, dass wir keinen Krieg gegen ihr Imperium führen. Ihr Hoheitsgebiet existiert in unserer Zeitepoche nicht mehr. «

Heinze hatte seine Parasinne auf den Gefangenen gerichtet. Vorsichtig tastete er sich in sein Gehirn vor. Er kontrollierte die Richtigkeit der Antworten.

»Wo könnten auf ihrem Planeten die Bauzeichnungen der ragunischen Wurmloch-Forschungsstation aufbewahrt werden? «, erkundigte sich der Major. » Gibt es hierfür einen besonderen Ort? «

Ranus blickte die Offiziere an. »Solche wertvollen Dokumente werden in dem Zentralarchiv auf Ragun archiviert«, antwortete Ranus. »Das ist aber kein wirkliches Geheimnis. «

»Für uns ist das neu, weil wir ihren Planeten nicht kennen«, antwortete der Major. »Wo ist das Zentralarchiv zu finden. «

»Es das das höchste Gebäude in unserer Regierungszone«, antwortete Ranus. »Hier tagt auch der Zentralrat mit den Systemräten. Alle Gesetze unseres Imperiums werden hier beschlossen. Es wird durch drei Garnisonen Soldaten beschützt. Sie besitzen Quartiere in den Untergeschossen des Gebäudes. «

Major Travis blickte die Aller-Ersten an.

»In welchem Stockwerk befindet sich das Archiv? «, fragte er.» Wissen sie das? «

»Es ist in einem Untergeschoss des Gebäudes eingerichtet «, antwortete der Gefangene bereitwillig. »Es bietet Wissenschaftlern, Politikern, oder auch interessierten Personen des öffentlichen Lebens nach einer vorherigen Terminvereinbarung die Möglichkeit, alte Informationen nachzuschlagen. Es ist öffentlich, jeder Angehörige unseres Volkes kann es nutzen. Das Archiv ist in dem 25. Untergeschoss zu finden, vom Erdgeschoss des Gebäudes ausgerechnet. Mehrere Anti-Gravitations-Lifte führen dorthin. Auf der Türe ist ein Hinweisschild angebracht. Hierauf steht Imperiales Archiv. Dort finden sie alles, was jemals in unserem Imperium aufgezeichnet wurde. «

»Danke«, für ihre Unterstützung«, sagte General Poison. » Das hilft uns weiter. «

»Kann ich noch etwas Ambrosio bekommen? «, fragte Ranus und hielt sein Glas hoch.» Er schmeckt wirklich sehr gut. «

»Roboter«, befahl der Major.»Bring den Wein bitte an unseren Tisch. «

Der Service-Roboter kam mit einer Flasche und füllte das Glas von Ranus nach.

Der blickte den metallischen Bediensteten an und nickte. Der Roboter wollte sich mit der Flasche wieder zurückziehen.

»Lass bitte die Flasche auf dem Tisch stehen«, sagte Major Travis.

Der Roboter kehrte sich um und knallte die Flasche vor Heinze auf den Tisch.

Dieser zuckte zusammen und verzog sein Gesicht.
»Wir sprechen uns noch«, flüsterte er dem Service-Roboter zu.

Erstaunt blickte Ranus ihn an.
»Ihr pelziger Freund kann sprechen? «, fragte er verwundert.» Von welcher Rasse stammt er ab. «

»Ich bin ein Ro«, antwortete Heinze direkt.»Durch meinen Pelz halten mich viele humanoide Lebewesen für ein Tier. Doch merken sie sich das. Ich bin kein Tier, sondern ein besonderes Lebewesen. «

»Du kannst Gedanken lesen«, fluchte Ranus.

»Das kann manchmal hilfreich sein«, schmunzelte Heinze ihn an. »Seien sie ohne Sorge. Nur die Personen haben etwas zu befürchten, die Schlechtes für unser Imperium wollen. Ich erkenne, dass sie in ihrem Inneren ernsthaft über einen Asylantrag nachdenken. Auch ich stamme nicht von dieser Welt. Doch ich habe sie lieben gelernt. Denken sie darüber nach. Hier stehen ihnen alle Möglichkeiten offen, sofern sie ihre Zugehörigkeit ändern und sich als Bürger und Mitglied unseres Imperiums betrachten können.

Unsere Zielrichtung ist anders als von ihrem Zentralrat befohlen. Wir verfolgen keine Expansionspolitik. Die Welten unseres Imperiums schließen sich uns freiwillig an, oder sie lassen es bleiben. Ein Zwang besteht nicht. «

»Ich verstehe«, antwortete der Raguner. »Ein loser Planetenverbund, der in Krisensituationen zusammensteht und sich ansonsten frei und selbstständig entwickeln kann.«

»Das haben sie richtig erfasst«, bestätigte Major Travis. »Doch auch wir möchten nicht durch die ragunischen Zeitexperimente von der Bildfläche verschwinden. Aus diesem Grunde versuchen wir zu verhindern, dass Halswan und ihr Zentralrat ein Wurmloch in die

Vergangenheit öffnet, um dort die dortigen Ereignisse zu manipulieren.«

»Das verstehe ich nicht«, antwortete Ranus.

»Das will ich ihnen kurz erklären«, sagte Geoffwan. »Die Zeit ist ein fließender Begriff. Besitzt man eine Technik, um in die Vergangenheit zu reisen, dann könnte ich dort die Geburt ihrer Mutter verhindern. Was wäre die Folge?«

»Ich würde nicht geboren«, antwortete Ranus. »Es würde mich einfach nicht geben.«

»Das haben sie richtig erkannt«, bestätigte Geoffwan. »Das gleiche würde mit uns passieren, wenn es Halswan und ihrem Zentralrat gelingen würde, die Rasse der Arthropoden in ihrer frühen Existenz zu vernichten. Die Folge wäre erschreckend. Das ragunische Imperium würde weiter existieren. Nachfolgende Lebensformen könnten sich nicht entwickeln. Die Ereignisse wären zu komplex, um sie exakt vorhersagen zu können.«

»Langsam verstehe ich es«, sagte Ranus. »Jetzt macht alles einen Sinn. Der Ablauf der Geschichte sollte sich selbst überlassen werden. Wenn Ragun es aus eigener Kraft nicht schaffen sollte, die Angreifer aufzuhalten, dann hat es seine Daseinsberechtigung in der Geschichte verspielt. Es wird untergehen und nachfolgenden Rassen Platz machen.«

»Sie haben es verstanden«, lächelte Geoffwan. »Das ist der Lauf der Geschichte.«

»Je länger ich darüber nachdenke, um so wichtiger erscheint es mir, sie zu unterstützen«, sagte der ragunische Truppenführer. »Die militärischen Befehlshaber werden das vermutlich anders sehen. Sie werden einen Eingriff in die Zeit unterstützen, um unseren Zentralplaneten zu retten.«

»Deswegen ist Halswan auf ihrem Planeten«, betonte Geoffwan. »Er hat ihrem Zentralrat diesen Vorschlag unterbreitet. War das nicht auch ein Grund, warum ihre Truppe unsere Flüchtlings-Station vernichten sollte?«

»Wir erhielten unsere Befehle von Lenus, unserem Oberkommandeur«, antwortete Ranus. »Er war von dem Zentralrat für diese Mission als Oberbefehlshaber eingeteilt. So wie ich es mitbekommen habe, war der Angriff auch einer von mehreren Vorschlägen von Halswan, um den Angriff der Arthropoden abzuwehren. Leider ohne einen Erfolg. Vermutlich wird der Zentralrat keine Truppen mehr zu ihnen senden. Ich kann mir gut vorstellen, dass er befehlen wird, mit ferngelenkten

Bomben und Explosivgeschossen ihre Station zu vernichten. Die Personen-Tore geben ihm diese Möglichkeit.«

»Die Tore haben wir verschlossen«, antwortete Major Travis. »Direkt hinter dem Ereignishorizont stehen harte Natrid-Stahlwände. Nichts kann hier noch materialisieren.«

Ranus dachte nach.

»Eine gute Entscheidung«, nickte er. »Hierdurch wird es unmöglich, die Station durch die Tore einzunehmen. Ich muss ihnen meinen Respekt zollen. Auf diese Idee muss erst jemand kommen.«

»Die Gefahr ist erst für uns beseitigt, wenn die Tore auf Ragun geschlossen sind«, ergänzte Major Travis. »Aus diesem Grunde werden wir nochmals zu ihrer Zentralwelt fliegen.«

»Ich kann sie führen«, schlug Ranus vor. »Es gibt geheime Gänge des Widerstandes unter den Toren. Sie sind dem Zentralrat nicht bekannt. Vielleicht ist das der Beweis für sie, dass ich die Wahrheit spreche. Sie werden die Tore nur durch Bodentruppen vernichten können. Es sind mehrere Sprengsätze nötig, um das Tiziranium von innen heraus zu zerstören.«

Major Travis blickte Heinze an.

Dieser bestätigte, das Ranus es ernst meinte.

»Das ist uns bereits bekannt«, antwortete Admiral Tarin. »Wer sagt uns denn, dass sie uns nicht in eine Falle führen?«

»Niemals«, antwortete Ranus. »Mein Ziel ist es, meine Familie, Angehörige und Freunde auf eine sichere Welt zu führen, die von den Arthropoden nicht angegriffen werden kann.«

Er blickte die Aller-Ersten an.
»Das haben sie uns zugesagt«, ergänzte er.

»Die Flüchtlingsströme wurden auf verschiedene Planeten weitergeleitet«, bestätigte Talswan. »Wir haben intensiv darauf geachtet, dass unterschiedliche Völkerstämme zusammenbleiben konnten. Familien, Angehörige und Freunde wurden auf die gleiche Welt evakuiert. Sie alle liegen jedoch weit voneinander entfernt. Leider werden sich die unterschiedlichen Stämme nicht mehr treffen können.«

»Das ist mir gleichgültig«, antwortete Ranus. »Wichtig ist nur, dass sie evakuiert wurden.«

»Die Alternative wäre ein Asylantrag bei uns«, bemerkte General Poison. »Wir haben schon vielen unterschiedlichen Rassen eine neue Heimat gegeben und gute Erfahrungen hiermit gesammelt. Wir erkennen in vielen Rassen eine Bereicherung für unser Imperium. Es wäre schade, wenn keine Angehörigen des ragunischen Volkes mehr in der Milchstraße leben würden.«

»Ich denke darüber nach«, antwortete der Truppenführer einer ragunischen Spezialeinheit. »Falls ich ihnen helfe die Tore auf unserem Zentralplaneten zu verschließen, dann brauche ich ihre Zusage, dass mein Clan durch ein Tor auf eine neue Welt gehen kann, oder durch ihre Schiffe evakuiert wird.«

»Über wie viele Lebewesen reden wir?«, erkundigte sich Major Travis.» Wie groß kein ein ragunischer Clan sein?«

Ranus blickte ihn an.
»Die aktuelle Personenzahl meines Clans kann ich ihnen derzeit nicht aktuell nennen«, antwortete er.»Doch vor vier Wochen lag sie bei 7.890 Leben.«

»Dafür benötigen wir ein Transportschiff«, lachte Admiral Tarin.»Das wird ja immer besser. Haben sie einmal über die Rahmenbedingungen nachgedacht?«

»Das habe ich«, erwiderte Ranus. »Ich hatte in meiner Zelle genügend Zeit hierfür. Insbesondere der Bericht über die Worgass-Ansiedlung hat mich sehr beeindruckt. Ich halte eine Evakuierung in die Milchstraße für wesentlich besser, weil wir ansonsten von unseren Schöpfern auf Planetensysteme verteilt werden, in denen sich weit und breit nichts befindet. Hier in dem Sol-System können wir möglicherweise auf Hilfe hoffen, wenn wir ein Problem zu lösen haben.«

Er blickte Geoffwan an.
»Gehe ich richtig in der Annahme, dass ihre Flüchtlingsplaneten über viele Sternensysteme verstreut liegen?«, erkundigte er sich.

»Ihre Vermutung ist korrekt«, antwortete Geoffwan. »Unser Ziel war es, die Clans der Raguner derart zu verstreuen, dass sie in kurzer Zeit kein Neues-Imperium gründen können. Die Expansionspolitik ihres Zentralrates ist alleine für den Untergang ihres Hoheitsgebietes verantwortlich. Warum mussten sie sich immer weiter ausdehnen. War es für sie nicht klar, irgendwann auf eine vergleichbare starke Species zu stoßen? Die Raguner waren zu keiner Zeit alleine im Universum. Das alles hätte vermieden werden können, wenn ihre Regierung auf uns gehört hätte.«

»Das ist erst jetzt vielen von uns das klar geworden und wir verteufeln die Politik unseres Zentralrates«, antwortete Ranus. »Für ihn ging es nur um Gewinne, nicht um die Lebewesen. Ich gehöre dem Untergrund an. Auch unsere Organisation hat stetig versucht ein Umdenken in unserer Regierung zu bewegen, doch leider ohne Erfolg. Ich weiß von ihren Fähigkeiten und habe sie nie angezweifelt. Aus diesem Grunde glaube ich ihnen, dass sich unser Imperium dem Ende zuneigt. Das Einzige, das ich noch für meinen Clan tun kann, ihn auf eine neue Welt und in eine bessere Zeit zu evakuieren. Aus diesem Grunde möchte ich das Angebot von Major Travis annehmen und um Asyl für meinen Clan bitten. Machen sie es möglich, dass zumindest ein Teil unserer Species überlebt und sich eine neue Zukunft in der Milchstraße aufbauen kann. Zusammen mit allen anderen geschundenen Rassen.«

»Das war eine beeindruckende Rede«, lächelte Major Travis. »Heinze hat die Wahrheit ihrer Worte bereits bestätigt. Wir müssen uns beraten, ob und wie wir ihren Wunsch umsetzen können. Dann unterhalten wir uns weiter. «

Major Travis ließ eine kleine Pause vergehen.

»In wenigen Tagen werden wir nach Ragun fliegen und werden die 12 Wurmloch-Tore, die ausschließlich für die Flüchtlingsströme erbaut wurden, vollständig abschalten«, erklärte er. »Sie sollten bis dahin überlegen, ob sie uns unterstützen möchten. Ihre Entscheidung hat keinen Einfluss auf unser Asylangebot. Das sind zwei verschiedene Dinge. «

»Würde das bedeuten, wenn ich eine Beteiligung aus Sicherheitsgründen ablehne, dass sie meinem Clan trotzdem Asyl anbieten würden? «, erkundigte sich der Raguner.

»Natürlich«, antwortete General Poison. »In diesem Fall geht es um viele Lebewesen. Sie dem sicheren Tod durch die Flotten der Arthropoden zu überlassen, kann nicht in unserem Interesse liegen. «

Noel hatte zugehört und alle Daten an seine Mutter weitergeleitet. Ihre Auswertung ergab, dass der ragunische Clan eine Bereicherung für die Milchstraße darstellen könnte.

»Wie werden sie mit ihren Leuten Kontakt aufnehmen? «, erkundigte sich Noel. » Vermutlich können wir uns nicht lange auf ihrem Zentralplaneten aufhalten. Wir rechnen mit einer massiven Gegenwehr. «

Truppenführer Ranus blickte die Gestalt in dem weißen Gewand an.

»Wie ich schon mitteilte, werden sie Bodentruppen einsetzen müssen«, sagte er. »Anders lassen sich die Tore nicht zerstören. Die äußere Schale des Tores wurde aus Sicherheitsgründen in 50 Zentimeter starkem Tiziranium eingebettet. Dieses Material hält selbst dem Beschuss von mehreren Lasersalven ihrer Schiffe stand. Lediglich die Innenseiten wurden nicht beschichtet. Hier laufen zahlreiche Energieverbindungen durch das Tor, die mit den sechs Energie-Zapfern des Zwischenraumes verbunden sind. Diese sorgen dafür, dass immer eine Minimalenergie die Funktion der Tore aufrechterhält. Diese Maßnahme dient zur einfacheren Wartung der Tore. Zerstört man ein Tor, dann gibt es eine Rückkopplung auf die Zapfstellen. Die Detonation der Anlage würde ein großes Loch in den Erdboden reißen. «

Die Zuhörer blickten Ranus an. Doch sie konnte keine Veränderung in seinem Gesicht erkennen.

»Können sie uns etwas über die Bewachung der Tore mitteilen? «, erkundigte sich Major Travis.» In welchen Abständen müssen wir mit ragunischen Patrouillen rechnen? «

»Das ist schwer zu sagen«, erwiderte Ranus. »Als die Tore noch in Betrieb waren, wurden sie von 36 Einheiten unserer Sicherheitssoldaten bewacht. Alle zur Evakuierung vorgesehenen Personengruppen wurden einer intensiven Kontrolle unterzogen. Jeder Flüchtling wurde gescannt, ob einer von ihnen mit einem arthropodischen Parasiten infiziert war. Als der Krieg den Rand unserer Milchstraße erreicht hatte, wurden immer häufiger Personen auffällig, die ein sogenanntes Kind der Arthropoden in sich trugen. «

»Was geschah mit ihnen? «, erkundigte sich Sirin.

Ranus blickte sie an.
»Was sollten wir mit ihnen machen? «, erwiderte der Truppenführer. » Chirurgisch konnten unsere Mediziner den Parasiten nicht entfernen. Irgendwann gaben sie ihre Versuche auf. Die infizierten Lebewesen wurden zusammengetrieben und in einer Großfeueranlage getötet. Nichts blieb von ihnen übrig. «

»Grausam«, antwortete Sirin.

Ranus nickte.
»Sie haben Recht«, bestätigte er. »Ich weiß nicht, was ihre Regierung befehlen würde, wenn sie keinen Weg

erkennen könnte, um die Parasiten aus den befallen Körpern zu entfernen. Es bestand die Gefahr, dass diese Wesen hochrangige Offiziere und Mitglieder des Zentralrates befallen würden. Nur durch die Abtötung konnten wir sie unschädlich machen. Sehen sie den Befall als eine Krankheit an, die nicht mehr zu heilen war.«

Ranus blickte die Offiziere des NI an. »Doch ich habe ihre Frage noch nicht vollständig beantwortet«, ergänzte er. »Irgendwann wurden die Flüchtlingstransporte eingestellt. Die zahlreichen Evakuierungsschiffe wurden zu Kriegsschiffen umgebaut und an die Front zur Verteidigung unseres Imperiums geschickt. Ab diesem Zeitpunkt blieben die Tore verschlossen.«

»Ihr Zentralrat hat die Flüchtlinge sich selbst überlassen? «, fragte General Poison.

Ranus nickte. »Sie mussten sich selbst einen Weg suchen, um sich zu retten, falls ihr Planet von der Allianzflotte der Arthropoden angegriffen wurde«, teilte er mit. » Es waren zu der Zeit noch viele Zivilschiffe auf den Kolonien vorhanden. Die angegriffenen Planeten mussten ihre Evakuierung eigenständig planen. Es gab keine andere Lösung mehr. Die Feindflotte sollte mit allen zur

Verfügung stehenden militärischen Kräften aufgehalten werden. Ich vermute stark, dass bald auch noch die Zivilschiffe von dem Zentralrat konfisziert werden, um hiermit die Flotten der Militärschiffe zu verstärken. Ab diesem Zeitpunkt können die Kolonialisten nur noch auf ihren Tod waren.«

»Eine schreckliche Vorstellung«, bemerkte Sirin.

Sie blickte die Abordnung der Aller-Ersten an. »Können sie nichts dagegen tun?«, fragte sie.

»Ihr Mitgefühl ehrt sie«, erwiderte Geoffwan. »Doch wir dürfen nicht vergessen, dass sich diese Geschichte bereits abgespielt hat. Alle Raguner von den zahlreichen Kolonien, die sich nicht retten konnten, sind bereits lange tot. Eine Hilfe würde einen Eingriff in die Zeit bedeuten. Das können wir nicht zulassen. Die Auswirkungen auf unsere Realzeit sind nicht absehbar.«

»Verfluchte Arthropoden«, schimpfte Heran. »Je länger ich diesen Namen höre, je mehr Abscheu macht sich in mir breit.«

»Mir geht es nicht anders«, ergänzte Admiral Tarin. »Diese Rasse ist für den Untergang vieler humanoider

Rassen verantwortlich. Eigentlich hat sie ihr Recht verspielt, in diesem Universum leben zu dürfen.«

»Um dieses Thema werden wir uns noch kümmern«, versuchte Major Travis die Gemüter zu beruhigen. »Wir haben uns hier versammelt, um einen Eingriff in die Zeit durch Halswan und den ragunischen Zentralrat zu verhindern. Hierzu müssen die 12 Tore auf ihrer Zentralwelt zerstört werden und die Konstruktionspläne erbeuten.«

Er blickte den ragunischen Truppenführer an. »Sprechen sie weiter«, sagte Major Travis. »Sie wollten uns etwas über mögliche Patrouillen an den Toren mitteilen.«

Ranus nickte.

»Mit dem Abschalten der Tore wurden auch die Kontrollen zurückgefahren«, teilte er mit. »Nach meinen letzten Informationen, werden täglich nur noch zwei Überprüfungen durchgeführt. Eine Einheit von Sicherheitssoldaten kontrolliert zeitversetzt alle Tore. Das auch nur, weil der Zentralrat vermutet, Flüchtlinge könnten das Tor selbstständig in Betrieb zu nehmen. Diese Überprüfungen finden vormittags und nachmittags statt. Die genaue Kontrollzeit kann variieren. Sie hängt von der Auslastung der Sicherheitspolizei ab.«

»In Ordnung«, bemerkte Geoffwan. »Wir hätten dann genügend Zeit die Sprengsätze anzubringen, ohne dabei aufzufallen.«

Ranus nickte. »Wenn die Sicherheitskontrolle gerade erfolgt ist, dann in jedem Fall«, bestätigte er. »Das sollte für ihren Zweck ausreichen. Doch denken sie bitte daran, dass die Überprüfung der Tore zeitversetzt durchgeführt wird. Die gleiche Einheit wird nach und nach alle 12 Tore überprüfen. Sie werden also nicht zur gleichen Zeit die Sprengsätze anbringen können.«

»Das heißt für uns, dass wir ermitteln müssen, wie lange eine Kontrolle für jedes Tor dauert«, sagte Noel. »Erst danach können unsere Truppen aktiv werden.«

»Das ist richtig«, antwortete Ranus. »Dabei besteht die Gefahr, dass ihr Spähkommando entdeckt wird.«

»Das können wir ausschließen«, sagte Major Travis. »Unsere Schiffe und unsere Truppen verfügen über energetische Tarnschirme. So wie ich informiert bin, besitzt das ragunische Imperium diese Technik nicht?«

Ranus gelbe Augen wurden zu kleinen Schlitzen.

»Über diese Technik verfügen sie? «, fragte er erstaunt. » Das vereinfacht natürlich viele Maßnahmen. Es scheint, dass ich die richtige Entscheidung getroffen habe. Ihr Imperium ist technisch wesentlich weiterentwickelt, als das unsere. «

»Es ist vieles möglich, wenn man starke Freunde besitzt«, antwortete Major Travis. »Das meinte ich mit einem losen Planetenverbund. In Krisensituation steuert jede Zivilisation seine technischen Möglichkeiten bei, um ein bestehendes Problem zu lösen. «

»Ich glaube, ich habe den Vorteil jetzt verstanden«, nickte Ranus. »Diese Freunde hat unser Imperium nie besessen. Unsere Expansionspolitik wurde auf der Stärke unserer Kriegsflotten aufgebaut. Alle Planeten, die sich widersetzt hatten, wurden angegriffen und ihre Bevölkerung unterworfen. Dann wurde ihre Welt zwangsweise unserem Imperium einverleibt. Einen Unterschied gab es jedoch. Alle widerspenstigen Welten wurden mit einem militärischen Protektorat belegt. Ihre Regierungen mussten sich sämtliche Entscheidungen absegnen lassen.«

»Das ist bei den meisten diktatorischen Imperien so«, betonte der Major. »Ich verweise nur auf das Imperium der Zierrakies. Geoffwan und seine Begleiter hatten Gelegenheit es eine längere Zeit zu studieren.«

»Diese Rasse kenne ich nicht«, bemerkte Ranus.

»Dann haben sie nichts verpasst«, lächelte Major Travis. »Es handelte sich bei dieser Rasse um Methan-Atmer, die durch eine Anomalie in der 2. Dimension in der Lage waren, ganze Planeten einzufangen und von ihrem Kurs abzubringen. Diese Welten mit ihren unterschiedlichen Zivilisationen dienten ihnen als Musterplaneten für ihre eigenen Nachkommen. Doch das ist eine andere Geschichte. Wir konnten eingreifen und die Planeten und ihre Bewohner wieder befreien. Die Anomalie wurde zerstört. Jetzt werden die Planeten langsam wieder ihre ursprünglichen Positionen einnehmen.«

»Warum sagen sie mir das?«, fragte Ranus.

»Damit sie versehen, dass viele Species unter einer Knechtschaft leiden müssen«, erklärte Major Travis. »Sie alle dienen einer Regierung, die sich als göttliche Macht versteht. Das ist bei den Arthropoden nicht anders. Selbst ihr Zentralrat war mit dem Erreichten nicht zufrieden. Er wollte immer mehr. Bis zu dem Zeitpunkt, als sich die Arthropoden ihm in den Weg stellten.«

»So gesehen haben sie Recht«, bestätigte Truppenführer Ranus. »Unser Imperium war zum Schluss unüberschaubar und schwer zu kontrollieren. Überall brachen Revolten von unzufriedenen Rassen aus. Diese wurden in der Regel durch unsere Eingreiftruppen niedergeschlagen. Die verantwortlichen Rädelsführer ohne ein Gerichtsverfahren hingerichtet.«

Ranus hob sein Glas und trank es aus.
Er blickte Major Travis an.

»Darf ich noch etwas Wein bekommen?«, erkundigte er sich.» Den gibt es in meiner Zelle leider nicht?«

Sein Gesicht mit den gelben Augen schien erstmals zu lächeln.

Major Travis stand auf und griff nach der Flasche. Er füllte das Glas von Ranus halbvoll auf.

»Sonst noch jemand?«, fragte er.

Sirin und Admiral Tarin nickten.
»Auch diese Gläser füllte der Major nach. Dann stellte er die Flasche auf den Tisch und setzte sich wieder.

Major Travis hob sein Glas.
»Auf unsere Zusammenkunft«, sagte er.»Zum Wohl.

»Zum Wohl«, wiederholten die Gäste.

Der Major nahm einen Schluck und stellte sein Glas vor sich auf den Tisch. Er blickte den ragunischen Truppenführer an.

»Der letzte Punkt wäre noch zu besprechen«, sagte Major Travis. »Unsere Kampfgleiter sind zwar getarnt, doch auch getarnte Schiffe müssen landen. Gibt es einen geeigneten Landeplatz in der Nähe der Tore? «

Ranus blickte ihn an.

»Sie werden wissen, dass unsere Zentralwelt eine dichte Industrialisierung aufweist. Ein Landeplatz zu finden, das wird äußerst schwierig werden. Die Landung außerhalb unserer vorgesehenen Raumhäfen ist von unserer Regierung nicht vorgesehen. «

»Es muss sich doch ein geeigneter Platz finden lassen«, rief Heran. »Notfalls auf dem Dach einer Produktions-Firma?«

»Dort befinden sich Sensoren und Sicherungen«, teilte Ranus mit. »Diese wurden angebracht, um anschleichenden Untergrundgruppen oder Regimegegnern das Leben zu erschweren. Auch wenn sie sich getarnt nähern, würden sie irgendwann auf eine Alarmvorrichtung treten. «

Ranus überlegte intensiv. »Die unterirdischen Verbindungsgänge enden in einem verfallenen Industriebereich«, teilte er mit. » Dort befinden sich einige verlassene Gebäude, die einen großen Innenhof besitzen. Vermutlich wurde hier früher angeliefertes Material gelagert. Diese Bereiche konnten schon lange nicht mehr genutzt werden, weil das ganze Areal als baufällig deklariert wurde. Hier finden keine Kontrollen mehr statt. Das wäre der ideale Landeplatz für ihre Truppengleiter. Von hier wäre es auch möglich, die Angehörigen meines Clans aufzunehmen. Ich sehe lediglich ein einziges Problem. Dieser Bereich liegt 18 Kilometer von dem Regierungsviertel der Hauptstadt entfernt. Diese Wegstrecke müssten wir durch die Gänge unterhalb der Stadt zurücklegen. Leider habe ich keine Informationen darüber, ob sie alle noch frei zugänglich sind. «

»Besitzen sie Hinweise, ob in diesen Gängen auch Sicherheitssysteme installiert wurden? «, fragte Commander Brenzby.» Falls ja, dann könnten wir in einen Hinterhalt geraten. «

»Darüber besitze ich keine Informationen«, antwortete der Truppenführer.»Wie ich schon erklärte, sind uns die geheimen Gänge nur durch Zufall bekannt geworden. Sie wurden von Einheiten der Sicherheitssoldaten nie genutzt. Es ist möglich, dass dem Zentralrat keine Informationen über die alten Verbindungsgänge vorliegen.«

»Das wäre eine Möglichkeit«, bemerkte Admiral Tarin. »Für den Transport könnten wir eine entsprechende Anzahl von Anti-Gravitations-Transportplattformen mitnehmen. Wenn ich richtig informiert bin, dann finden 12 Personen Platz auf einem Garver.«

Major Travis nickte. »Sie sind leicht und lassen sich von einer Person tragen«, erklärte er. »Nach Beendigung unserer Mission lassen wir diese einfach zurück.«

»Führen die geheimen Gänge zu den 12 Wurmloch-Toren?«, erkundigte sich Heran.» Ich hoffe nicht, dass wir auch noch durch die Stadt schleichen müssen?«

»Sie haben Glück«, antwortete Ranus. »Die Gänge wurden von unserer Untergrundbewegung erweitert. Es gibt Zugänge zu der Kanalisation unserer Stadt. Von dort aus können sie die regulären Ausstiege nutzen, die sich im Umkreis von 30 Metern um alle 12 Tore befinden. So kommen sie unbemerkt in die Nähe der Personen-Tore.«

»Dann wäre das geklärt«, sagte Major Travis. »Wie informieren sie ihre Leute? Wird es den ragunischen Sicherheitsorganen nicht auffallen, wenn 7.890 Personen durch die Stadt laufen?«

Ranus blickte ihn an.

»Vermutlich wird es das«, antwortete er. »Daran habe ich bisher nicht gedacht. Unser Clan müsste einen Antrag auf Evakuierung stellen. Dann könnte mein Clan durch ein Tor in die Flüchtlingsstation der Aller-Ersten wechseln.«

»Wenn wir ein Tor aktivieren, dann wird das erst recht die Sicherheitssoldaten des Zentralrates auf den Plan rufen«, bemerkte Geoffwan. »Ganz zu schweigen von irgendwelchen Kampfgleitern, die sich unserem Standort nähern werden.«

»Wir können uns leider nicht an dem Bodeneinsatz beteiligen«, sagte Nadewan. »Halswan würde unsere Gegenwart spüren, so wie wir ihn auch spüren könnten. Er wird davon ausgehen, dass wir gekommen sind, um ihn zu ergreifen. Wir werden in dem Orbit von Ragun hilfreicher sein, gegebenenfalls den Einsatz beobachten, oder die Heimatflotte des Imperiums ablenken «

Major Travis schüttelte seinen Kopf.

»Wir können es drehen und wenden«, sagte er. »Ein Vorauskommando wird den Clan von Ranus informieren müssen. Seine Leute sollten sich vorbereitet und zeitnah nach unserem Eintreffen an einem noch zu bestimmenden Ort einfinden.«

»Dann hoffen wir einmal, dass sich kein Informant des Zentralrates unter diesen Leuten befindet«, bemerkte Heran. »Das könnte unsere ganze Mission gefährden.«

»Hieraus ergibt sich ein ganz neuer, gefährlicher Auftrag«, monierte General Poison. »Ich weiß nicht, ob ich für diesen Einsatz grünes Licht geben werde. Es steht zu viel auf dem Spiel. Bei aller Liebe zu ihnen, Ranus, eines sollte ihnen klar sein. Bei der Evakuierung ihres Clans darf es nicht zu unvorhersagbaren Situationen kommen.«

Major Travis blickte General Poison, Noel, Admiral Tarin und Heran an.

»Es wird keine andere Möglichkeit geben, als Ranus zu vertrauen«, erklärte er.

Er schaute den Truppenführer der Raguner an.
»Ist es ihr eindringlicher Wunsch, für sich und ihren Clan um Asyl zu bitten? «, fragte Major Travis. » Denn nur

wenn sie mit uns kooperieren, werden wir diese Möglichkeit in Betracht ziehen.«

»Ich habe mittlerweile verstanden, dass unser Imperium vor seinem Ende steht«, antwortete Ranus. »Die Nachrichten unseres Flottennetzes lassen keinen Zweifel mehr hieran, dass die Allianzflotte der Arthropoden nicht mehr zu stoppen ist. Sie verfügen über nicht endende Ressourcen an Nachschub, die unsere Flottenverbände aufreiben.

Es ist nur noch eine Frage der Zeit, bis die Schiffsverbände unserer Feinde vor unserem Zentralplaneten stehen. Welche Möglichkeit hätte ich sonst noch, die Familien und Angehörige meines Clans zu retten. Es ist mir klar, dass sie nicht unseren ganzen Planeten evakuieren können. Doch dieser Strohhalm könnte die lang ersehnte Hoffnung sein, zumindest meinen Clan als Teil der ragunischen Bevölkerung zu retten. Würden sie in meiner Situation nicht danach greifen?«

Die Offiziere des NI blickten sich an.
»Doch«, antwortete Sirin. »Das würden wir ebenfalls. So kann ein Teil ihrer Rasse eine neue Zukunft erhalten. Schmerzt es sie nicht, dass alle anderen Clans mit ihrem Planeten untergehen?«

»Darüber darf ich nicht nachdenken«, antwortete der Truppenführer. »Schuld an diesem Dilemma ist unser Zentralrat. Ihm weine ich keine Träne nach. Unter seiner Herrschaft mussten wir viele Opfer beklagen, die an vorderster Front tapfer gegen die Feinde gekämpft und ihren Tod gefunden haben. Niemals wurde uns ein Dank für unsere Loyalität ausgesprochen. Es war selbstverständlich für die Zentral- und Systemräte. Ich habe ihnen jetzt meine innerste Einstellung offenbart. Glauben sie mir bitte, dass ich sie und die letzte Chance für meinen Clan nicht leichtfertig aufs Spiel setzen werde.«

Major Travis blickte Heinze an.

Dessen Gesicht hatte sich zu Falten verzogen. Der Ro hatte die Aussagen von Ranus überprüft.

»Er meint es ehrlich«, flüsterte er Major Travis zu. »Ich habe keine Hinweise gefunden, dass er uns hintergehen will. Wir können ihm vertrauen. Das Wohl seiner Angehörigen ist ihm äußerst wichtig. «

»In Ordnung«, lächelte Major Travis den Gefangenen an. »Wir glauben ihnen. Die Extensivität meiner Fragen war notwendig, um ihre wahre Einstellung offenzulegen. Stellen sie sich darauf ein, dass sie von uns mit einem Vorauskommando nach Ragun geschickt werden, um ihren Clan auf unser Eintreffen vorzubereiten. Ein getarnter Gleiter mit einer Spezialeinheit bringt sie hin und wartet auf ihre Rückkehr. Eine andere Lösung wird es nicht geben. Ferner untersucht das Kommando die Gänge unterhalb ihrer Hauptstadt auf ihre Nutzbarkeit hin. Wenn wir unsere Mission durchführen, dann darf es keine Überraschungen geben.«

»Sie wollen mir ein Kommando anvertrauen? «, staunte Ranus.» Das hätte ich nie zu wagen gehofft. Vor wenigen Stunden war ich noch ihr Gefangener.«

»Sie waren kein Gefangener«, antwortete General Poison.»Ihr Status wurde als Gast unseres Imperiums eingestuft. Das sollten sie auch an ihrer Unterbringung bemerkt haben. Die bestehende Gefahr der Wurmloch-Personen-Tore auf Ragun veranlasste uns zu diesem Handeln. Es kann nicht hingenommen werden, dass diese Technik der Aller-Ersten möglicherweise gegen uns eingesetzt wird.«

»Aus heutiger Sicht war es ein Fehler, die Steuerung dieser Tore in die Hände des Zentralrates zu legen«, bemerkte Geoffwan.»Zu der Zeit, als unsere Wissenschaftler diese Tore auf Ragun aufbauten, konnten wir noch nicht die späteren Folgen erkennen, welche diese Technik mit sich bringen sollte. «

»Sie werden den Einsatz der Vorausmission leiten«, sagte Major Travis. »Führen sie unsere Soldaten. Es ist ihre einzige Chance ihren Clan in Sicherheit zu bringen und uns bei dem Schließen der Tore zu helfen. Sollten sie sich während dieses Einsatzes zu Maßnahmen entschließen, die sich gegen die Personen unseres Einsatztrupps richten, oder gegen die Intervention des Neuen Imperiums auf Ragun, dann verspielen sie automatisch ihr Recht auf Asyl und die Evakuierung ihres Clans. Habe ich mich klar ausgedrückt?«

»Völlig klar«, antwortete Ranus. »Ich kann sie gut verstehen. Auch ich würde nach so kurzer Zeit den Angehörigen einer fremden Species nicht vertrauen. Doch so fremd sind wir nicht. Auch wir wurden in diesem kleinen Sternensystem geboren, dass sie Sol-System nennen. Das alleine wäre schon ein Grund, gemeinsam gegen Angreifer vorzugehen. «

»Das würden wir«, entgegnete Admiral Tarin. »Doch in ihrem Fall steht die Geschichte zwischen einer militärischen Hilfe. Wir können nicht absehen, welche Veränderungen ein Eingriff in die Zeit verursachen würde. Aus diesem Grunde ist eine solche Maßnahme nicht diskutierbar. «

»Das habe ich akzeptiert«, erwiderte Ranus. »In ihrer Zeit gibt es keine Raguner mehr. Unser Planet wurde vernichtet. Alle nachwachsenden Rassen erinnern sich nicht mehr an das göttliche Imperium der Raguner. Alles, was uns bleibt, ist ein trauriger Abschied.«

»Gehen sie jetzt zurück in ihre Unterkunft und kommen sie mit sich ins Reine«, beschloss Major Travis. »Wir werden sie informieren, wie wir vorgehen werden. Falls sie ihren Entschluss revidieren sollten, lassen sie es uns rechtzeitig wissen. Wenn sie unser Vorauskommando führen, dann gibt es kein Zurück mehr. Wir erwarten dann von ihnen ihre volle Konzentration und den Erfolg ihres Kommandos. Bringen sie unsere Leute wieder gesund nach Hause.«

Ranus verbeugte sich. »Mein Entschluss steht fest«, bestätigte er. »Vertrauen sie mir, so wie ich ihnen vertrauen werde. Sie können davon ausgehen, dass mir das ebenfalls schwerfällt. Doch unser göttlicher Zentralrat hat uns bereits mehrmals Versprechungen gemacht, die er im Nachhinein nicht eingehalten hat.«

»Wir sind nicht der ragunische Zentralrat«, korrigierte General Poison den Raguner. »Unsere Zusagen werden immer eingehalten.«

Major Travis winkte den Anführer der Marines zu sich. »Begleiten sie Ranus wieder in sein Quartier«, sagte er. »Seine Befragung ist beendet. «

»Wir bringen den Gefangenen zurück«, antwortete der Marine und salutierte.

Ranus stand auf und verbeugte sich. »Danke für ihr großes Entgegenkommen«, sagte er. »Sie werden es nicht bereuen. «

Die Marines und die Kampfroboter führten Ranus zu dem Transmitter, der in Major Travis Haus stand.

Major Travis blickte seine Zuhörer an. »Was halten sie von unserem Gefangenen? «, erkundigte er sich.

Heran zuckte mit seinen Schultern. »Heinze hat ihn überprüft«, antwortete er. »Bisher hat der Ro immer Recht behalten. Er konnte nichts in dem Unterbewusstsein von Ranus finden. Demnach sollten wir ihm vertrauen können. «

»Das denke ich auch«, antwortete Major Travis.

Er blickte Geoffwan und seine Begleiter an. Diese hatten sich gedanklich bereits ausgetauscht.

Geoffwan blickte den Major an. »Wir wundern uns über die Bereitschaft von Ranus mit uns zusammenzuarbeiten«, teilte er mit. »Bei vielen Ragunern haben wir immer wieder den großen Fanatismus festgestellt, sich als Göttervolk zu betrachten. Diese Personen würden niemals den Untergang ihres Imperiums akzeptieren.«

General Poison und Noel blickten den Sprecher des Regierungsrates der Aller-Ersten an.

»Was wollen sie hiermit andeuten? «, fragte Noel.» Haben sie Bedenken?«

»Wir können nicht wie Heinze die Gedanken einer fremden Person lesen«, antwortete Nadewan. »Es ist uns lediglich möglich, ihre Aura zu spüren. Sollten wir hier einen Raguner gefunden haben, der vollständig unserer ersten Konzeption entspricht?«

»Er empfindet keinen Hass auf sie, obwohl sie nicht seiner Art entsprechen«, bemerkte Geoffwan.» Scheinbar ist er dankbar für ihre Hilfe, seinen Clan in Sicherheit zu bringen. Ein solcher Angehöriger der ragunischen Species ist uns noch nicht begegnet. «

»Was aber verständlich ist«, antwortete Major Travis. »Er sieht eine neue Zukunft für seine Angehörigen. «

»Scheinbar ist es ihm egal, was mit den restlichen Ragunern passiert«, bemerkte Talswan. »Wie kann ich das interpretieren? Rechnet er sich eine Möglichkeit aus, sein ganzes Volk in Sicherheit zu bringen? «

»Ihre Äußerungen irritieren mich«, entgegnete General Poison. »Halten sie diesen Einsatz für zu gefährlich? Dann sprechen sie es bitte offen aus. Rechnen sie mit einer Falle? «

»Wir wissen es nicht«, antwortete Geoffwan. »Von dieser Situation werden wir völlig überrascht. Es stehen keine Hinweise in dem Buch des großen Aahnn. Bitte entschuldigen sie, dass wir ihnen in diesem Fall keine Empfehlung aussprechen können. «

General Poison schlug mit seiner Hand auf den Tisch. Ein lautes Knallen war zu hören. Die Aller-Ersten zuckten zusammen.

»Dann werden wir uns nach allen Seiten absichern müssen«, betonte er. »Geoffwan und seine Begleiter haben Bedenken. Trotzdem können sie es nicht ausschließen, dass Ranus es ehrlich meint. Wie sollen wir mit solchen Hinweisen planen? «

»Die Wurmloch Tore auf dem Zentralplaneten Ragun müssen vernichtet werden«, erklärte Major Travis. »Sie stellen eine Bedrohung für Tarid dar. Es ist nicht zu ermessen, ob die Raguner über kurz oder lang eine Möglichkeit finden werden, trotz unserer Natrid-Stahl-Barrieren durch die Tore in die Flüchtlingsstation einzudringen.«

»Wir können ihnen mitteilen, dass die Wurmloch-Personen-Tore standortgebunden und fixiert sind«, teilte Geoffwan mit. »Falls sie aktiviert werden, kann man mit ihnen nur unsere Flüchtlings-Station erreichen. Die Tore besitzen kein individuelles Anwahl-Programm. Was auch zwecklos wäre, weil sie eine Gegenstation benötigen. «

»Das ist schon einmal ein Vorteil«, bestätigte Heran. »Wir haben die Tore abgesichert. Wissen die Raguner, dass die Öffnung auch von der Flüchtlingsstation aus erfolgen kann? Wäre es dann nicht sinnvoll, auch für eine Absicherung auf Ragun zu sorgen? «

Die Zuhörer sahen sich an.

»Sinnvoll wäre es«, antwortete Geoffwan. »Doch ich bezweifle stark, dass den Raguner der Kopf hiernach steht. Sie werfen ihre ganzen Ressourcen in den Krieg mit den Arthropoden. Sicherlich haben sie keine Produktionskapazitäten frei, um kurzfristig Tore für ihre Personenausgänge zu fertigen.«

»Wieder ein Punkt, der in jedem Fall überprüft werden muss«, bemerkte Major Travis. »Wir können keine Truppen durch ein Tor schicken, das möglicherweise auf der anderen Seite verschlossen ist.«

»Eine getarnte Drohne wäre sicherlich hilfreich«, bemerkte Commander Brenzby. »Sie könnte uns die erforderlichen Informationen mitteilen.«

»Das würde bedeuten, dass wir das Tor eine gewisse Zeit öffnen müssten, um die erforderlichen Daten zu empfangen«, antwortete der Major. »Nach meiner Meinung ziehen wir hiermit die Aufmerksamkeit der ragunischen Sicherheitssoldaten auf das Tor.«

»Nicht wenn Ranus aus Tor kommt«, sagte Geoffwan. » Er kann den Sicherheitssoldaten mitteilen, dass es ihm gelungen ist zu fliehen. Sie werden ihm das glauben und ihn vor den Zentralrat führen. Der wird ihn befragen.

Gleichzeitig werden Ranus neue Informationen mitgeteilt, worüber er uns später informieren kann.«

»Das wäre eine Möglichkeit«, antwortete Major Travis. »Der Ereignishorizont des geöffneten Tores gerät in Schwingungen, wenn Personen, oder etwas anderes austreten. Unser Vorausteam sollte getarnt, aber zeitgleich mit Ranus das Tor verlassen. Dann wird kein Verdacht geschöpft.«

»Wir brauchen in diesem Fall eine Karte von dem Raguner«, bemerkte Heran. »Wie soll unser Team ansonsten den späteren Treffpunkt in dem Industrieareal und den Zugang zu den unterirdischen Gängen finden.«

»Die ganze Mission ist mir zu viel auf unseren ragunischen Gast zugeschnitten«, monierte General Poison. »Falls wir in eine Falle tappen, muss eine zweite Fluchtmöglichkeit offenstehen.«

»Ich schlage folgende Vorgehensweise vor«, schaltete sich Admiral Tarin ein. »In der ragunischen Zeitepoche spielt Tarid keine Rolle. Wir öffnen auf der abgewandten Seite von Tarid ein großes Wurmloch und fliegen unsere getarnte Flotte in die Zeitepoche der Raguner. Ich sage bewusst abgewandte Seite, weil ich nicht weiß, ob die ragunische Raumaufklärung ein geöffnetes Wurmloch registrieren kann. Um das zu verhindern, werden wir die von ihrem Planeten nicht einsehbare Seite für unser zeitgesteuertes Wurmloch wählen. Unsere Schiffe fliegen im Tarnmodus hindurch und nähern sich dem Orbit des Zentralplaneten. Wir suchen uns Koordinaten aus, die nicht den An- oder Abflugkorridor ragunischer Schiffe behindern. Dann setzen wir das Einsatzteam ab. Ich denke, dass sich hierfür ein Schiff der Naada-Klasse anbietet. Es bietet ausreichend Platz für alle Einsatzteams und es kann sich im Fall eines Angriffes entsprechend wehren. «

»Unsere Einsatzkommandos könnten mobile Transmitter mitnehmen, der sie nach der Zerstörung der Personen Tore auf das Schiff zurückbringt«, sagte Major Travis. »Hiermit ersparen wir ihnen den langen Fußmarsch. Die mobilen Transmitter werden nach dem Einsatz von jeder Truppe auf Selbstzerstörung programmiert. «

»Es wäre in jedem Fall sicherer«, antwortete Noel. »Die ragunischen Sicherheitsorgane werden wie Ameisen ausschwärmen und nach den Verursachern suchen. «

»Vielleicht wäre es besser die Tore mit Zeitzündern zu versehen«, bemerkte General Poison. »Hierdurch hätten unsere Teams mehr Zeit zur Flucht. «

Major Travis nickte.

»Alle Zünder sollten auf die gleiche Zeit eingestellt werden«, sagte er. »Identisch mit Selbstzerstörung der mobilen Transmitter.«

»Ist ein Schiff dieser Naada-Klasse groß genug, um 7.890 Flüchtlinge aufzunehmen?«, fragte Nadewan. » Auch die Evakuierung von Ranus Clan sollte zeitgleich erfolgen. «

»Wenn wir auf die regulären Beiboote und die Tarin-Jets verzichten, dann könnten die Evakuierten in dem Hangar des Schiffes Platz finden«, antwortete Noel. »Das sollte für einen kurzen Flug ausreichen. «

Geoffwan blickte die Führung des Neuen-Imperiums an. »Was gedenken sie mit den Flüchtlingen zu machen? «, fragte er.

»Wir würden für sie einen lebenswerten Planeten suchen«, erklärte der Major. »Dann unterstützen wir sie mit dem Notdürftigsten, damit sie sich einrichten können. Alles Weitere wird sich ergeben. Damit wäre das Problem gelöst. «

Major Travis blickte Geoffwan an. »Falls Ranus uns unterstützt, dann stehen wir in der Pflicht ihn und seinen Clan auf einen Planeten in der

Milchstraße zu evakuieren«, erklärte er. »Das haben wir ihm versprochen. Ich habe vor, unser Wort zu halten. Noel wird mit seiner Mutter-KI nach einem geeigneten Planeten des kaiserlichen Imperiums scannen. Es gibt viele urwüchsige Welten, auf den kein Leben mehr existiert. Es wurde seinerzeit durch den Angriff der Rigo-Sauroiden vollständig ausgelöscht. Die Fauna dieser Planeten hat sich nach den vielen Jahrtausenden wieder erholt. Doch das Leben auf ihnen ist nicht zurückgekehrt. «

»Wir werden eine geeignete Welt finden«, bestätigte der Kunstklon der natradischen Hypertronic-KI.» Das dürfte unser geringstes Problem sein. Ich kümmere mich später hierum. «

»Ein Einsatzteam wird sich um die Konstruktions-Zeichnungen der Wurmlochanlage kümmern, die sich im Regierungspalast des Zentralrates befinden«, bemerkte General Poison.» Welche Personen könnten das erledigen? «

»Ein kleines unauffälliges Team«, antwortete der Major. »Ich schlage hierfür Heran, Heinze und mich selbst vor. Wir werden uns getarnt Zutritt verschaffen und in das Archiv vordringen. Laut Aussage von Ranus ist es öffentlich. Es sollte daher nicht stark gesichert sein. «

Sirin hatte ihr Gesicht verzogen. Sie schaute Marc ärgerlich an.

»Diesem Vorschlag kann ich nicht zustimmen«, erwiderte General Poison. »Falls ihnen etwas passiert, dann haben wir keinen Zugriff mehr auf die natradischen Hinterlassenschaften. «

Major Travis hob seine Hand.
»Was soll uns passieren? «, fragte er. » Wir haben einen mobilen Transmitter dabei. «

Er blickte Heinze an.
»Schaffst du es, dich und zwei weitere Personen über eine große Wegstrecke zu teleportieren? «, fragte der Major.

Heinze blickte ihn an.
»Das bereitet mir keine großen Schwierigkeiten«, antwortete der Ro.

Er stand auf und schritt auf den Major und Heran zu.
»Gebt mir eure Hand«, sagte er.

Die Angesprochenen taten wie befohlen. Die restlichen Gäste beobachten sie.

»Steht bitte auf«, sagte Heinze. »Dann ist es angenehmer für euch. «

Major Travis und Heran erhoben sich.
Dann kniff Heinze seine Augen zusammen. Blitzschnell, ohne dass es die anderen Offiziere erfassen konnten, entmaterialisierten die drei Personen aus dem Blickfeld der Zuschauer. An der Türe zu Major Travis Haus tauchten alle drei Personen wieder auf, als ob nichts geschehen wäre.

»Hast du etwas bemerkt? «, fragte der Major seinen pelzigen Freund.

Dieser schüttelte seinen Kopf.
»Ich muss nur wissen, wohin ich teleportieren soll«, antwortete er. »In unbekannte Räume, oder fremde Gebiete ist das schwierig für mich. «

»Es kribbelt in den Händen«, lachte Heran. »Das war eine neue Erfahrung für mich. «

»Das kommt von der blitzschnellen Entstofflichung«, antwortete Heinze. »Man gewöhnt sich schnell hieran. «

Die drei kamen zu dem Tisch zurück, an dem immer noch die staunenden Gäste saßen.

»Respekt«, sagte Geoffwan. »Das Gleiche können wir auch, aber nicht per Teleportation, sondern auf reiner Energiebasis. Wir öffnen so einen Durchgang in unterschiedliche Dimensionen. «

Heinze nickte.

»Meine Dimension reicht mir aus«, antwortete der Ro.

Die Aller-Ersten schmunzelten.

Admiral Tarin blickte immer noch verwundert Heinze an. »Du imponierst mir immer mehr«, sagte er. »Wenn wir früher solche Freunde gehabt hätten, dann wäre vieles anders verlaufen. «

Major Travis blickte den Ro an.

»Kannst du uns gegebenenfalls auch auf ein startendes Raumschiff bringen, oder auf eines, das sich bereits im Orbit eines Planeten befindet? «, erkundigte er sich.

»Das sollte funktionieren«, antwortete der Ro. »Es ist lediglich etwas Vorarbeit nötig. Ich müsste erst einmal das Schiff mental lokalisieren. Der Name des Commanders wäre hilfreich. Ich würde seine Gedanken erfassen. Danach wäre der Sprung nur noch Routine. «

»Gibt es einen Haken bei diesem Zauber?«, erkundigte sich General Poison.

»Nicht das ich wüsste«, erwiderte Heinze. »Bisher hat es immer funktioniert.«

Er blickte den General an.

»Es ist auch kein Zauber«, ergänzte er. »Verstehen sie es als eine Fähigkeit meiner geistigen Kräfte.«

Geoffwan blickte den Ro an und schmunzelte.

»Du bist ein gutmütiges Lebewesen «, sagte er. »Immer zu neuen Abenteuern bereit. Doch du solltest hier nichts verschweigen. «

Heinze blickte Geoffwan an.

Er wusste, was ihm der Aller-Erste mitteilen wollte.

»Ihr Verbündeter will sie nicht beunruhigen«, sagte Geoffwan. »Sie können sich glücklich schätzen ihn und seine Fähigkeiten nutzen zu können.«

Er blickte Heinze an.

»Seine Fähigkeit ist mit einem Personen-Transmitter vergleichbar, so wie sie zahlreiche einsetzen«, sagte er. »Doch wie auch bei einem Transmitter, kann ein Transport nicht durch einen aktivierten Schutzschirm erfolgen. Hier treffen unterschiedliche Energien aufeinander. Ihr Freund würde zwangsweise an einen Ausgangsort zurückgeschleudert werden.«

»Was wollen sie hiermit andeuten?«, stutzte General Poison.

»Das kann ich ihnen sagen«, erwiderte Geoffwan. »Falls die Soldaten in dem Gebäude des Zentralrates einen Verdacht schöpfen, dann werden sie sofort einen Schutzschirm aktivieren, der den Regierungspalast aus Sicherheitsgründen abschirmt. Dann ist es Heinze nicht mehr möglich zu teleportieren. Er ist seiner Fähigkeiten beraubt.«

»Das Risiko müssen wir eingehen«, bemerkte Major Travis. »Falls wir nicht an die Konstruktionszeichnungen der Wurmloch-Tore gelangen, dann sind unsere Bemühungen umsonst. Die Raguner könnten, ohne dass wir es mitbekommen, eine neue Anlage bauen und in Betrieb nehmen. Sie werden uns sicherlich nicht über ihren Eingriff in die Zeit informieren.«

»Wie sieht es mit ihren Fähigkeiten aus?«, erkundigte sich Heran. »Können sie bei einem aktivierten Schutzschirm ein Strukturloch öffnen?«

Geoffwan und seine Begleiter blickten sich an. »Das könnten wir«, antwortete der Sprecher der Aller-Ersten. »Doch wie ich ihnen schon mitteilte, ist das keine Option. Halswan würde sofort unsere Aura spüren und wissen, dass wir uns in seiner Nähe aufhalten. Wir würden ihr Team unweigerlich in Gefahr bringen. «

»Mit den Halsmanschetten der Kon-Ra-Tak sollte es gehen«, bemerkte Nadewan.

Geoffwan blickte einen Kollegen ärgerlich an. »Diese Technik wurde noch nicht ausreichend getestet«, monierte er. »Wir wissen nicht, wie sich die Manschetten bei einem längeren Einsatz verhalten. «

»Was ist das für eine Technik? «, erkundigte sich Major Travis. » Kann sie uns bei dieser geheimen Mission hilfreich sein? «

»Diese Technik wurde uns von den Kon-Ra-Tak anvertraut«, erklärte Geoffwan. »Sie teilten uns mit, dass sie keinen Bedarf hierfür hätten und dieser Technik bereits entwachsen wären. Auf den Wunsch einer befreundeten Species hin, hätten sie die Manschetten eine lange Zeit aufbewahrt, damit sie nicht in falsche Hände gerieten. Sie erklärten uns, dass diese Technik von einem hochentwickelten, aber leider ausgestorbenen befreundetem Volk stammt. Laut den Übermittlungen der Kon-Ra-Tak können diese Manschetten humanoiden Lebensformen enorme Kräfte verleihen. Sie übertragen eine unbekannte Energieform auf den Träger, welche die Körperzellen modifizieren und neue zusätzliche Fähigkeiten bilden. Hierzu gehört auch das unbeschadete Durchschreiten von Energiefeldern.«

»Das wäre eine unbekannte Technik, die wir verwenden müssten?«, bemerkte der General mit einem Blick auf Major Travis.» Bei diesem Gedanken ist mir nicht ganz wohl.«

Major Travis erwiderte den Blick des Generals. »Das ist nicht das erste Mal, dass wir auf die Technik einer fremden Zivilisation zurückgreifen«, erwiderte er. »Denken sie an unsere Großduplikatoren, an die lantranischen Schutzschirme und die Wurmlochantriebe. Diese Technik funktioniert einwandfrei. Es wäre noch genügend Zeit vorhanden, um die Halsmanschetten einem Test zu unterziehen.«

»Hiermit bin ich einverstanden«, antwortete General Poison. »Falls die fremde Technik jedoch eine Gefahr für die Gesundheit der Träger erkennen lässt, dann verzichten wir hierauf.«

»Wie viele Manschetten brauchen sie?«, fragte Geoffwan.» Sie werden in unserer Wolkenstadt Zandrockia in einem Museum aufbewahrt. Das ist der Ort, an dem wir viele technische Entwicklungen fremder Zivilisationen ausstellen, die uns anvertraut wurden. «

»Ein Technik-Museum«, staunte Major Travis. »Das ist nicht schlecht. Vermutlich archiviert es viele hochstehende Entwicklungen, die uns noch blass aussehen lassen würden? «

Geoffwan lächelte ihn an.
»Das ist gut möglich«, antwortete er verlegen. »Viele der jungen Zivilisationen wären hiermit überfordert. Es gibt genügend Beispiele in der Geschichte des Universums, wie sich nicht hochentwickelte Rassen durch die ihnen überlasse Technik zugrunde gerichtet haben. Nur aus diesem Grunde sichern wir diese Technik-Artefakte, um einen Missbrauch zu verhindern. «

Er blickte die Zuhörer an.
»Das war auch ein Grund, warum Halswan Zandrockia zerstören wollte«, fuhr Geoffwan fort. »Er wusste, dass die dort von uns eingelagerten Entwicklungen anderer Species, seine Pläne durchkreuzen könnten. Nicht nur die zeitgesteuerte Wurmloch-Anlage in der Stadt, war der Grund seines Angriffes. «

»Ich verstehe«, antwortete der Major.

Er blickte Heran und Heinze an.
»Wen nehmen wir noch mit?«, fragte Major Travis.» Wer könnte uns hilfreich bei der Mission sein? Tart 1 und Tart 2 fallen dieses Mal aus. Die Manschetten wurden für humanoide Lebewesen konzipiert.

»Sergeant Hardin und zwei seiner Marines wären hilfreich«, antwortete Heinze.» Sie könnten uns den Rücken freihalten, während wir nach den Konstruktionszeichnungen suchen.«

Heran nickte.
»Dem stimme ich zu«, antwortete er.»Dann wären wir sechs Personen.«

Major Travis blickte den Sprecher der Aller-Ersten an.
»Wäre es zu viel verlangt, wenn sie uns 14 dieser Manschetten zur Verfügung stellen würden?«, fragte er.» Dann könnten wir mit 7 von ihnen Übungen durchführen. Vielleicht lässt sich ermitteln, wie hoch der Energiebedarf dieser Manschetten ist und wann die Kristalle ausgewechselt werden sollten.«

»Das wurde noch nicht getestet«, antwortete Geoffwan. »Wir wissen jedoch von unseren Wissenschaftlern, dass die Manschetten über drei reguläre Energiekristalle gespeist werden.«

Major Travis blickte General Poison und Noel an. »Ich möchte die Technik gerne ausprobieren«, sagte er. »So wie Geoffwan sie darstellt, könnte sie uns hilfreich sein.«

»Ihre Entscheidung«, erwiderte der General. »Testen sie die Manschetten, danach reden wir noch einmal hierüber.«

»Wie schnell können sie uns die Manschetten zur Verfügung stellen?«, erkundigte sich Major Travis bei dem Sprecher des Ältestenrates der Aller-Ersten.

»Das ist eine Sache von wenigen Stunden«, antwortete Geoffwan. »Ich werde Dalswan bitten die Halsmanschetten zu holen.«

Geoffwan zog ein weißes Gerät aus seiner Tasche und klappte es auf. Er malte mit seinem Finger ein Zeichen auf das Display und drückte fest hierauf. Dann hielt er das Gerät an sein Ohr.

»Dalswan«, tönte es aus dem Gerät.

»Hier spricht Geoffwan«, meldete er sich. »Wie läuft es bei der Einweisung des Stationspersonals?«

»Das wird noch eine langwierige Prozedur werden«, antwortete der Techniker. »Das Personal des Neuen-Imperiums stellt sehr viele Fragen. Vermutlich setzen wir zu viel technisches Verständnis voraus.«

»Bemühen sie sich weiterhin um eine gewissenhafte Schulung des Personals«, erwiderte Geoffwan. »Sie wissen, dass unser Rat einheitlich beschlossen hat, die Flüchtlingsstation in andere Hände zu übergeben. Sie ist für uns nicht mehr von Interesse.«

»Ich habe verstanden«, entgegnete der Techniker. »Wir versuchen unser Bestes. Was ist der Grund ihrer Kommunikation?«

»Würde sie bitte nach Zandrockia wechseln und uns aus dem Schulungsmuseum 14 Halsmanschetten bringen?«, fragte Geoffwan.

»Sie sprechen von den Multifunktionsbändern der Kon-Ra-Tak?«, erkundigte sich Dalswan. »Was wollen sie hiermit?«

»Das ist korrekt«, antwortete Geoffwan gelassen. »Wir brauchen sie für eine geheime Mission. «

»Diese Technik wurde von uns noch nicht getestet«, warnte Dalswan. »Wir wissen nicht, ob sie nach der langen Zeit immer noch reibungslos funktionieren? «

»Das ist uns bewusst«, erwiderte Geoffwan lächelnd. »Die Bänder werden von uns getestet. «

»Sollten wir das nicht lieber machen? «, fragte Dalswan. » Wir sind mit dem Metier besser vertraut? «

»Wir machen das«, antwortete Geoffwan etwas energischer.

»Ich bringe 14 Stück zu ihnen«, replizierte der Techniker. »Darf ich ihre Aura anpeilen, um ihren Standort zu ermitteln? «

»Machen sie das«, bestätigte Geoffwan. »Danke für ihre Unterstützung. «

»Gerne«, antwortete Dalswan und unterbrach die Verbindung.

Geoffwan lächelte Major Travis an.
»Auch bei uns geht es nicht ohne Diskussionen«, erklärte er. »Die Jüngeren unseres Volkes glauben immer, dass wir Ältere nicht in der Lage sind die Technik perfekt zu beherrschen. Sie vergessen dabei, dass wir es waren, die sie erschaffen haben.«

»Das kennen wir auch«, schmunzelte General Poison. »Vermutlich ist das die Ungeduld und der Tatendrang der jungen Generation.«

Er blickte Major Travis an.
»Fassen wir alles nochmals zusammen, so dass wir eine fertige Einsatzplanung haben«, ergänzte der General. »Diese lasse ich dann von meinem Büro schriftlich fixieren.

1. Die Halsmanschetten von Geoffwan werden auf Eignung geprüft. Erst dann wird entschieden, ob wir diese auch einsetzen.

2. Falls diese Technik funktioniert, wird eine Vorausmission von Major Travis, Heran, Heinze und Ranus, Sergeant Hardin mit 2 seiner Marines durchgeführt. Diese Gruppe klärt die Tauglichkeit der alten Gänge unter der Hauptstadt der Raguner. Unter der Führung von Ranus versucht die Gruppe, sich Zugriff auf

das Archiv der Raguner zu beschaffen. Die Konstruktionszeichnungen der Wurmloch-Tore müssen in unsere Hände gelangen. Danach wird Ranus seinen Clan über die geplante Evakuierung informieren und ihn instruieren zu dem Innenhof der alten Produktionshalle zu kommen.

3. Öffnung eines geheimen zeitgesteuerten Wurmloches auf Tarid, jedoch auf der von Ragun abgewandten Seite. Unsere getarnte Flotte durchquert es, um in die Zeitepoche des ragunischen Imperiums zu gelangen. Zwei Naada-Schiffe landen in dem Innenhof, des von Ranus für diese Mission genannten alten Industriebereiches. Eines hiervon dient als Evakuierungsschiff, das zweite befördert unsere Kampftruppen, die für die Vernichtung der Personen-Wurmloch-Tore vorgesehen sind. Die Schiffe werden von einer getarnten Schutzflotte von 5.000 Kampfschiffen, unter dem Befehl von Admiral Tarin begleitet. Sie beobachten die Mission aus dem Orbit des Zentralplaneten aus und greifen im Notfall unterstützend ein. «

4. »Wir fliegen ebenfalls mit«, erklärte Geoffwan.» Unser Schiff wird sich entfernt des Zentralplaneten positionieren. Halswan wird unsere Aura spüren und vermuten, dass wir hinter ihm her sind. Er wird die ragunische Heimatflotte auf uns hetzen. Mit dieser Aktion

lenken wir von ihrem Vorhaben ab. Wir beschäftigen die Flotte der Raguner so lange, bis ihre Gruppen den Einsatz erfolgreich beendet haben. Das ist unsere Beteiligung an dem Spiel. «

»Sie halten die Mission für ein Spiel? «, fragte der General. »Bei ihrer letzten Beteiligung mussten unsere Schiffe sie aus einer aussichtslosen Lage befreien. Das brauchen wir nicht noch einmal. «

»Wir haben dazu gelernt«, antwortete Talswan. »Lassen sie uns mit einem 5.000 Meter messenden Schlachtschiff unseres Volkes teilnehmen. Sie können mir glauben, es wird die Schiffe der Raguner auf Abstand halten. Das letzte Mal hatten wir erwartet, sie würden Respekt vor ihren Schöpfern zeigen. Leider irrten wir uns. Das wird nicht noch einmal passieren. «

Die Offiziere des NI hatten interessiert zugehört. »Sie verfügen auch über große Schlachtschiffe? «, staunte Heran. » Das ist neu für uns. «

»Diese Schiffe werden unter Verschluss gehalten«, antwortete Geoffwan. »Daher sind sie den wenigsten unserer Freunde bekannt. Sie wissen, dass wir nicht gerne über unsere technischen Leistungen sprechen. Aber Schlachtschiffe können wir auch bauen. Hieran werden sich die Raguner ihre Zähne ausbeißen. Wir halten nur eine begrenzte Stückzahl aktiv, sie wissen doch, dass wir nicht mehr hierauf angewiesen sind. «

Heran blickte Geoffwan an.

»Sie erstaunen mich immer wieder«, bemerkte er. »Das wussten wir Lantraner wirklich nicht. «

»Ihre Hilfe nehmen wir gerne an«, erwiderte Major Travis. »Wenn sie die Flotte der ragunischen Heimatverteidigung beschäftigen, kann das für unsere Mission hilfreich sein. «

»Dann sind wir uns einig«, bestätigte General Poison. »Nachdem die Halsmanschetten getestet wurden, werden sie die Mission durchführen. Ich bitte sie alles vorzubereiten und ihre Crews auszuwählen. «

Der Communicator des Generals summte. Er zog ihn aus der Tasche und öffnete die Verbindung.

»General Poison«, sprach er in das Gerät.

»Hier ist Oberst Cameron«, meldete sich der Befehlshaber des ISD. »Wir haben die Öffnung eines Tores in unserer Station zu melden. Es wurde von Ragun aus angewählt, jedenfalls wird das auf unseren Monitoren angezeigt. Wir haben die Natridstahl-Abdeckungen direkt an den künstlichen Durchgang gefahren. Irgendwas prallt dagegen und wird zurückgestoßen. Vermutlich beginnen die Raguner mit einem Bombardement unserer Station.«

Das Gesicht des Generals verdunkelte sich.

»Gut gemacht«, sagte der General. »Halten unsere Natridstahl-Abdeckungen? Sind weitere Maßnahmen erforderlich?«

»Erstmals nicht«, antwortete Oberst Cameron. »Doch die Raguner scheinen sehr wütend über die Nutzlosigkeit ihres Versuches zu sein. Sie haben den Beschuss weiter intensiviert. Es schlagen fast jede Sekunde neue Geschosse auf unsere Abdeckung ein. Sie alle werden in das Wurmloch zurückgezogen, weil keine Materialisierung erfolgen kann.«

»Beobachten sie die Situation«, bemerkte der General. »Ich schicke ihnen Major Travis und die Abordnung der Aller-Ersten. Sie werden sich das Tor und die Abdeckung anschauen.«

»Gibt es Probleme?«, erkundigte sich Major Travis.

Der General nickte.

»Eines der Tore in der Flüchtlingsstation hat sich aktiviert«, teilte er mit. » Oberst Cameron hat auf seinen Instrumenten festgestellt, dass es von dem Zentralplaneten angewählt wurde. Die Raguner scheinen Raketen und Bomben von ihrer Seite in das Tor zu schießen. Unsere Abdeckung hält bisher stand. Die Geschosse haben keine Möglichkeit zu materialisieren. Sie werden von dem Wurmloch zurückgezogen.«

»Das ist ein natürlicher Vorgang«, erklärte Talswan. »Die Energie der Geschosse verpufft in dem Wurmloch.«

»Darf ich sie bitten, die Situation vor Ort zu begutachten?«, fragte der General.» Mir ist nicht ganz wohl bei der Geschichte.«

»Das machen wir«, antwortete Geoffwan.»Ich denke, wir sind hier vorerst fertig. Warten wir auf die Halsmanschetten. Dann sehen wir weiter.«

Er erhob sich.
»Ich öffne einen Durchgang zu der Station«, sagte er. »Wer mit uns geht, der schlüpft bitte hindurch. Hinter mir wird sich der Durchgang sofort wieder schließen.«

Major Travis, Heran, Heinze, Commander Brenzby und Admiral Tarin sprangen auf und traten auf Geoffwan zu.

Dieser lächelte.

»Sie alle wollen mit? «, fragte er.» Das soll mir recht sein.«

Von seiner Hüfte aus, hob er seine ausgestreckten Hände über den Kopf und schlug die geöffneten Handflächen zusammen. Aus dem Nichts bildete sich eine fluoreszierende Türe vor ihm in der Luft.

»Bitte durchtreten«, sagte Geoffwan.

Nadewan und Talswan schritten hindurch. Die Offiziere des NI folgten ihnen in einem kurzen Abstand. Als letzter ging Geoffwan hindurch. Er nickte General Poison zu. Dann verschlang ihn der Durchgang. Nach dem Aller-Ersten fiel er in sich zusammen, als ob es ihn niemals gegeben hätte.

Noel schüttelte seinen Kopf.
»Von diesen Fähigkeiten sind wir noch weit entfernt«, bemerkte er.

General Poison blickte ihn an.
»Vielleicht ist das auch gut so«, erwiderte er.» Dieser Zauberei traue ich nicht im Geringsten über den Weg. «

Eine offene Rechnung

Truppenführer Byurka blickte auf seinen Bildschirm und sah, wie die Flotte der verbündeten Raguner in das geöffnete Wurmlochfenster flog. Seine Augen waren zu kleinen Schlitzen geworden. Etwas Schwarzes schimmerte aus ihnen heraus. Niemand nahm es wahr.

»Der Kampf ist für euch nicht zu Ende«, dachte er. »Vielmehr fängt er erst noch an. Wartet ihr Mörder, bis wir euch finden und unsere wahre Stärke zeigen. Dann fordern wir Vergeltung für diese Taten und für eure Unterstützung der Ceshalter. Wir werden euch suchen und finden. Dann seid gewiss, wir lassen keinen Stein auf euren bewohnten Planeten auf dem anderen. Wir werden nicht eher ruhen, bis kein Leben mehr in eurem Volk ist. Das wird nicht Morgen und auch nicht Übermorgen sein. Doch seid gewiss, irgendwann werden wir zu euch kommen und Vergeltung für den heutigen Tag fordern. Ihr werdet unserer Rache nicht entfliehen können. «

Byurka trug ein Kind der Arthropoden in sich. Dieses Wesen hatte Besitz von ihm ergriffen und leitete seine Aktionen. Es hatte die Oberhand in ihm gewonnen. Alles, was er als Ceshalter gelernt hatte, existierte nicht mehr.

Der Truppenführer bemerkte, wie sich die Flotte in Bewegung setzte. Er hatte bereits alles vorbereitet. Jetzt musste er schnell handeln. Byurka drückte einen Knopf auf dem Display seines Schiffes. Der Impuls öffnete das Hangardeck des Schiffes. Byurka setzte einen zweiten Impuls frei. Er sah, wie zahlreiche Suchdrohnen das Schiff verließen und in den kalten Weltraum schossen. Zufrieden lächelte er. Er aktivierte das Triebwerk seines 150-Meter messenden Raumers.

Gekonnt flog er das Schiff aus dem Hangar des großen Flaggschiffes seines Volkes. Gerade noch rechtzeitig, die KI des Schiffes ließ das Ausflugsschott bereits wieder verschließen. In einem ausreichenden Abstand sah er die drei Flottenverbände der Ceshalter in ein geöffnetes Wurmlochfenster fliegen. Dann wurde es still in diesem Sektor des Weltraums. Byurka hatte sich die Wegstrecke eingeprägt. Er würde einige Überlebende Arthropoden finden. Dann konnte er ihnen alles über das Volk der Ceshalter und ihren Verbündeten berichten. Er lehnte sich in der Zentrale seines Schiffes zurück. Die Hypertronic-KI hatte die Kontrolle übernommen. Sie steuerte das Schiff in den Hyperraum, einem weit entfernten Ziel entgegen.

300.000 Jahre später

Exakt 24 Planeten umkreisten zwei Hauptsterne, die ihnen genügend Energie spendeten. Dank ihrer besonderen Konstellation, konnte sich auf allen Welten ein angenehmes Klima entwickeln. In dem Sternensystem der Ceshalter war ein reger Schiffsverkehr zu verzeichnen. Unzählige Transportflotten flogen die einzelnen Welten an und entluden ihre Waren. Es herrschte ein langanhaltender Wohlstand für alle Mitglieder dieses alten humanoiden Volkes. Schon seit vielen Generationen hatten sie ihre Vernichtungs-und Säuberungsfeldzüge eingestellt, die sie im Auftrag anderer Zivilisationen übernommen hatten.

Diese Arbeit hatten ihnen den Wohlstand und die technischen Errungenschaften beschert, auf die sie heute nicht mehr verzichten wollten. Seit sich die Kon-Ra-Tak zu Energiewesen weiterentwickelt und das reale Universum verlassen hatten, verlangte keine alte Species mehr von ihnen, das angrenzende Universum von ausufernden Lebewesen zu säubern. Seit dieser Zeit sorgten die Ceshalter durch intensivere Kontrollen ihres Hoheitsgebietes dafür, dass ihr Einzugsgebiet nicht infiltriert wurde. Andere Sternensysteme interessierten sie nicht mehr. Ihre kostenintensive Raumflotte wurde entsprechend verkleinert und an ihre Bedürfnisse angepasst. Die Regierung der Ceshalter sah sich in ihren Entscheidungen bestätigt.

Bereits seit vielen Jahrhunderten gab es keinen Kontakt mehr zu anderen, unterentwickelten Lebensformen. Die Ceshalter waren zufrieden und gönnten sich einen ausufernden Lebensstil. Die vorgelagerte Ortungsbasis hatte lediglich die Aufgabe, Tiefenscans des umliegenden Weltraums vorzunehmen und Aktivitäten an die zentrale Raumüberwachung zu melden. Die hochentwickelten Sensoren, Peiler und Hochteleskope, konnten tief in die Galaxie hineinschauen.

Ortungsoffizier Myurkat verdrehte halbschlafend seine Augen, als ein heller Signalton einsetzte.

Als der Ton sich wiederholte, er lauter und lauter wurde, richtete sich der Ortungsoffizier widerwillig auf.

»Schalte den Ton aus«, sprach ihn einer seiner Kollegen an. »Vermutlich ist das wieder ein Falschalarm. Es kommt jetzt immer häufiger vor, dass die Instrumente verrücktspielen. Das wievielte Mal ist das jetzt? «

»Das ist das 43. Alarmzeichen«, lachte Myurkat. »Trotzdem werde ich die Daten analysieren. Vermutlich wird bei einer Überprüfung nichts mehr angezeigt werden. «

»Wie sollte es auch«, antwortete ein anderer Offizier. »Hier gibt es keine bewohnten Welten mehr. Sie alle wurden von unseren Vorfahren gesäubert.«

»Daran will ich nicht mehr denken«, antwortete Myurkat. »Damals wurden diese Missionen von der Regierung befohlen. Heute werden sie als Völkermord betitelt und verfolgt.«

»Die Zeiten ändern sich«, lachte ein Kollege. »Ich würde mir ein wenig mehr Abwechslung wünschen. Der trostlose Dienst in dieser Außenstelle ist langweilig.«

»Du kannst bald deinen Urlaub genießen«, lachte Myurkat. »Das wird sicherlich auch dieser Alarm nicht ändern.«

»Soll ich eine Angriffsflotte anfordern?«, fragte der Funkoffizier.» Sie könnte der Sache auf den Grund gehen?«

»Sollen wir uns wieder das Gerede über die Kosten anhören?«, fragte Myurkat.» Die Raumüberwachung hat uns bereits diesbezüglich verwarnt.«

»Wir tun hier nur unsere Arbeit, wie es in den Vorschriften steht«, antwortete der Kollege. »Die Kosten gehen mich nichts an. «

»Gibt es Probleme? «, fragte der Kommandeur des Horchpostens. » Was haben sie für Daten? «

»Kein Grund zur Beunruhigung«, antwortete Myurkat. »Dieser Alarm kommt in unregelmäßigen Abständen bereits seit 7 Tagen. Wir haben 43 dieser Signale registriert. «

»Eine Fehlfunktion? «, erkundigte sich der Kommandeur. »Vermutlich«, antwortete der Ortungsoffizier. »Unsere anschließende Überprüfung der Alarmkoordinaten brachte nichts. Sie waren alle negativ. «

Der Kommandeur überlegte kurz.
»Wir sollten nicht leichtsinnig werden«, sagte er. »KI bitte sofort unseren Schutz-und den Tarnschirm aktivieren. Alle Teleskope bündeln und auf die Koordinaten des letzten Alarmscans richten. «

»Ihr Befehl wird ausgeführt«, antwortete die Hypertronic-KI monoton. »Die Ausrichtung der Teleskope wird neu berechnet. Bitte warten sie einen Augenblick. «

»Sie verstellen alle Teleskope«, fluchte Myurkat. »Wir können dann wieder versuchen, die alte Ausrichtung herzustellen.«

»Die Scans auf den zentralen Schirm senden«, befahl der Kommandeur.

Die Bündelung der zwölf Richtteleskope der Horchstation verstärkte unweigerlich den Tiefenscan. Der Bildschirm übermittelte erste Daten. In der Mitte kaum sichtbar, war ein pulsierender Punkt zu sehen.

Der grelle Alarmton setzte wieder ein. »Da ist etwas? «, fluchte der Kommandeur.» Den pulsierenden Punkt fixieren und versuchen zu vergrößern.«

»Der Tiefenscan wird fixiert«, bestätigte die Hypertronic-KI.

Das Ergebnis wurde auf dem Schirm angezeigt. Den Offizieren der Station verschlug es den Atem. Unzählige Schiffe waren zu erkennen, die ihre Laserwaffen gegen die vorgelagerte automatische Wurmloch-Station richteten. Die runden Weiterleitungs-Tore wurden systematisch vernichtet.

»Schiffszählung durchführen«, befahl der Kommandeur.

»Eine Zählung kann nur ungenau vorgenommen werden«, erwiderte die KI. »Es ist mit einem Flottenauflauf von mindestens 750.000 Schiffen in unterschiedlicher Größe zu rechnen. Ich registriere einen Totalausfall der vorgelagerten Wurmloch-Verteidigungseinheiten.«

Ein rhythmisches Klingen hallte über die Brücke der Horchstation. Sämtliche Abtaster registrierten einen massiven Scan der Station.

»Unsere Koordinaten werden gescannt«, meldete der Ortungsoffizier. »Die fremden Schiffe suchen nach etwas.«

»Ich hoffe nicht, dass wir es sind, nach denen sie suchen«, antwortete der Kommandeur.

Er blickte den Funkoffizier an.
»Melden sie unsere Scans der obersten Raumbehörde«, befahl er. »Ich empfehle, unsere gesamte Flotte zu alarmieren. Es sieht nach einem massiven Angriff auf unser Territorium aus.«

»Ich soll einen vollständigen Systemalarm geben?«, fragte der Funkoffizier nach.» Das gab es noch nie.«

»Tun sie es endlich«, forderte der Kommandant ihn auf.»Ist ihnen nicht klar, was da auf uns zukommt. Das dürfte es gar nicht geben.«

»Ich verstehe nicht«, antwortete der Offizier.»Was meinen sie.«

»Haben sie nicht die Zählung unserer Hypertronic-KI gehört«, fluchte der Kommandeur.» Es werden 750.000 unterschiedlich große Schiffe auf uns zukommen. Hoffen sie inständig, dass man unsere Station nicht orten kann. Wir besitzen keine Verteidigungsanlagen als Schutz.«

Myurkat hatte verstanden.
»Gib die Alarmierung durch«, befahl er dem Funkoffizier.»Beeile dich, wir müssen alle Energieversorger abschalten. Nur der Reflektionsschirm bleibt aktiv. Vielleicht finden uns die Fremden nicht. Noch zerstören sie das alte Wurmloch-Weiterleitungs-Zentrum unserer Vorfahren. Wenn sie damit fertig sind, werden sie sich neuen Zielen zuwenden.«

»Die Alarmierung wurde gesendet«, meldete der Funkoffizier.»Die Bestätigung liegt mir bereits vor.«

»Alle Energieverbraucher abschalten«, befahl der Kommandeur. »Die fremden Schiffe werden sicherlich bemerkt haben, dass wir sie gescannt haben. Sie suchen jetzt nach dem Ausgangspunkt der Ortungsstrahlen. Verhaltet euch ruhig. Wir dürfen nicht auffallen.«

Er drehte seinen Kopf dem Steuermann zu. »Navigator«, sagte der Kommandeur. »Bringen sie uns hinter einen der größeren Asteroiden. Wir nutzen ihn als zusätzlichen Ortungsschutz.«

»Glauben sie, die Fremden können unseren Tarnschirm aushebeln?«, erkundigte sich der Navigator.

»Tun sie es einfach«, schellte ihn der Kommandeur. »Ich möchte jetzt nicht jeden Befehl diskutieren.«

In der obersten Raumüberwachung des Regierungsplaneten des Ceshalter-Sternensystems war Hektik ausgebrochen. Sämtliche Führungsoffiziere waren eingetroffen, um die Lage zu beurteilen.

»Wurde der Angriff bestätigt?«, fragte ein Offizier.

Der Leiter der Raumüberwachung schüttelte seinen Kopf.

»Wie denn, er hat noch nicht stattgefunden«, antwortete er. »Bisher verfügen wir lediglich über die Informationen unserer östlichen Tiefenraum-Frühwarnstation. Sie haben uns informiert, dass die Schiffe von Fremden die alte vorgelagerte Wurmloch-Weiterleitungs-Station unserer Vorfahren vernichten.«

»Also ist ein Angriff auf unser Sternensystem noch nicht bestätigt?«, fragte ein Mitglied der Regierung.

»Wir haben keinen Kontakt registriert«, antwortete ein Offizier der Raumüberwachung.

»Sollten wir nicht verhandeln?«, fragte ein Mitglied der Obersten Weltraumbehörde.

»Die Regierung verhandelt nicht mit Aggressoren«, erklärte eine Person in ziviler Kleidung. »Wir erwarten den sofortigen Start unserer Flotte.«

»Wissen sie, mit wie vielen fremden Schiffen wir es zu tun bekommen?«, fragte der Leiter der Raumüberwachung.

Der Regierungsvertreter schüttelte seinen Kopf.
»Dann will ich sie nicht im Unklaren lassen, antwortete der Leiter der Raumüberwachung. Es nähern sich uns 750.000 Schiffe unterschiedlicher Größe.«

»Das ist ein Schlamassel«, antwortete der Abgesandte der Regierung.

»Diesen Schlamassel haben wir ihnen zu verdanken«, sagte der Admiral des Flotten-Oberkommandos. »Dank ihrer rigorosen Kostenpolitik, verfügen wir lediglich über 10 Geschwader-Verbände mit jeweils 12.000 Groß-Kampfschiffen. Das macht 120.000 Schiffe aus, die sich den Fremden in den Weg stellen können.«

»Bedenken sie bitte, dass es sich hierbei um Groß-Kampfschiffe der 5.000 Meter-Klasse handelt«, antwortete der Vertreter der Regierung. »Noch nie wurden unsere Flotten-Verbände besiegt.«

Der Admiral des Flotten-Kommandos lachte laut auf. »Wann wurde unsere Flotte das letzte Mal in eine Schlacht befohlen?«, fragte er.

Die Offiziere der Raumüberwachung sahen sich betroffen an.

»Das ist mehrere Generationen her«, antwortete der Vertreter der Regierung. »Das tut aber nichts zur Sache. Unsere Raumschiffe sind technisch weit entwickelt.«

»Unser Personal besitzt jedoch keine Erfahrung«, erklärte der Admiral des Flotten-Oberkommandos. »Es sind Kinder von der Akademie, ohne eine lange Praxis.«

»Genug«, antwortete der Vertreter der Regierung. »Wir haben niemand anderen. Sie werden sich jetzt beweisen müssen. Legen sie einen Einflugs-Riegel in unser System. Fangen sie die fremden Schiffe in einem ausreichenden Abstand zu unseren Welten ab.«

»Ich leite alles in die Wege«, antwortete der Flottenadmiral.

»Ich möchte die Bevölkerung evakuiert wissen«, erhob sich der Vertreter des Heimatschutzes. »Welche Schiffe haben sie hierfür vorgesehen?«

Der Admiral des Flotten-Oberkommandos blickte ihn an. »Das wird ihnen der Vertreter unserer Regierung beantworten können«, grinste er. »Sie ist für die Kostenzuteilung an die Raumflotte zuständig.«

Der Regierungsvertreter blickte den Abgesandten des Heimatschutzes an.

»Aus Kostengründen wurde auf die Flottenverbände zur Evakuierung der Bevölkerung verzichtet«, antwortete er.

»Die Schiffe haben eine immense Summe an Instandhaltungskosten verursacht. Glauben sie wirklich, unser Wohlstand fällt aus den Wolken?«

»Sie haben die Flotte zur Evakuierung unserer Bevölkerung eingestampft«, fluchte der Vertreter des Heimatschutzes. »Es ist nicht zu glauben. Das wird sie ihre nächste Wahl kosten. Dafür werde ich sorgen.«

»Falls wir diese noch erleben«, bemerkte ein Angehöriger der Raumüberwachung. »Soeben erhalte ich Notrufe unserer vorgelagerten Station zur Tiefenraum-Überwachung. Trotz des aktivierten Tarnschirmes wurde sie von den fremden Schiffen lokalisiert. Sie wird angegriffen.«

»Auf den Schirm legen«, befahl ein Offizier der Raumüberwachung.

Der Bildschirm erhellte sich. Ein Pulk von Raumschiffen feuerte auf einen Punkt im Weltall. Die aufschlagenden Laserstrahlen produzierten ein fluoreszierendes Energieecho. Der Schutzschirm der Station stand kurz vor dem Zusammenbrechen. Immer mehr fremde Schiffe eröffneten ihren Beschuss auf die wehrlose Station.

»Das Personal soll die Rettungskapsel besteigen«, sagte ein Offizier. »Vielleicht kommen sie durch.

»Durch diese Menge von Schiffen? «, erwiderte ein anderer Offizier. »Sie sind ein Träumer. Die Besatzung schafft es noch nicht einmal aus dem Beschleunigungs-Schacht. «

Der Schutzschirm der Station hatte sich tiefrot verfärbt. Die Offiziere der Raumflotte wussten um diese Bedeutung. Das schützende Feld würde in kurzer Zeit kollabieren. Die Offiziere hielten ihren Atem an, als sie sahen, wie die vorgelagerte Station explodierte und in einer gigantischen Kunstsonne verging. «

Die Offiziere der Raumkontrolle hatten genug gesehen. »Ich ordne eine vollständige Nachrichtensperre an«, sagte der Vertreter der Regierung. »Die Bevölkerung wird die Schutzräume aufsuchen. «

»Alle Raumschiffe erhalten den sofortigen Startbefehl«, befahl der Admiral. »Sie sollen eine Blockadeformation vor den Angreifern errichten. Senden sie Funksprüche an alle außerhalb unseres Systems operierenden Verbände. Sie haben den Befehl sofort ins Heimatsystem zurückzufliegen. Die Verbände unserer Heimatflotte müssen verstärkt werden. Jeglicher Transportverkehr ist einzustellen. Alle zivilen Schiffe sollen ihre Werften anfliegen.«

»Können wir nicht verhandeln?«, fragte ein Offizier.

»Sie haben es gesehen, wie die Fremden verhandeln«, antwortete der Regierungsvertreter. »Wer mit ihnen verhandelt wird als Staatsfeind eingestuft. Die fremden Schiffe sind mit allen uns zur Verfügung stehenden Waffen zu vernichten. Ich bitte die Offiziere der Obersten Raumflotte entsprechende Pläne auszuarbeiten.«

»KI«, sagte der Vertreter der Regierung. »Liegt bereits eine korrekte Zählung der Schiffe der Feindflotte vor? »Die Zählung konnte durchgeführt werden«, antwortete KI monoton. »Es handelt sich um 300.000 Schiffe einer 5.000 Meter Bauweise. Ferner um 250.000 Schiffe einer 3.500 Meter-Klasse und um 240.000 Schiffe einer unbekannten 2.000 Meter-Klasse. Als Gesamtzahl wurden 790.000 unbekannte Schiffe geortet. Ich empfehle dringend, Gegenmaßnahmen einzuleiten.«

»Danke, das wissen wir selbst«, antwortete der Admiral. »Alle bodengebundenen Abwehranlagen unserer Planeten sind zu aktivieren.«

Er blickte die Offiziere an.

»Sie wissen, dass unsere 120.000 Schiffe vor einer schier unlösbaren Aufgabe stehen?«, bemerkte er. » Wir werden nicht alle fremden Schiffe zerstören können. Gehen sie vorsichtshalber von einem Totalverlust unserer bewohnten Welten aus.«

Er senkte seinen Kopf.

»Das meine Herren, ist noch eine sehr mutige Prognose von mir«, ergänzte er. »Falls uns das Abfangen der fremden Schiffe nicht gelingt, wird der heutige Tag mit der Vernichtung unserer vollständigen Zivilisation in die Geschichte des Universums eingehen. Das sollte ihnen klar sein. Ich empfehle die Koordinaten unserer Evakuierungswelt den Schiffsführern zu übermitteln.«

»Jeder weiß, was er zu tun hat«, sagte der Regierungsvertreter. »Ich erwarte einen vollständigen Sieg und die Vernichtung der Angreifer.«

»Die fremden Schiffe konnten identifiziert werden«, meldete die Hypertronic-KI der Raumüberwachung. »Es handelt sich um die gleichen Schiffe, die unter Kommandeur Tuula vor 300.000 Jahren angegriffen und vernichtet wurden. Ihr Heimatsystem wurde auf Wunsch der Kon-Ra-Tak gereinigt. Laut den Berichten von Kommandeur Tuula handelt es sich um eine insektoide Species, die als ausgerottet eingestuft wurde.

«

Die Offiziere blickten sich an. Ihnen war klar geworden, dass es sich bei dem Angriff der Fremden um die Vergeltung einer Vernichtungsmission ihrer Vorfahren handelte.

»Jetzt holt uns unsere Vergangenheit ein«, sagte der Admiral der Raumflotte. »Hoffen sie nicht auf eine Verständigung mit den Fremden. Wir haben es früher auch nicht praktiziert. Warum sollten sie für unsere Species Nachsicht zeigen.«

Die Offiziere rannten aus der Raumüberwachung. Jeder der Führungskräfte kannte seine Aufgaben.

Im Rhythmus von Sekunden starteten schwere Schiffe der Ceshalter von Basen und aus Werften. Die Schiffe formierten sich vor der ersten Welt des Sternensystems. Immer mehr Schiffe schlossen sich dem Abfangverband an. Die Flotte der Fremden rückte unaufhaltsam näher. Eine eiserne Spannung war auf den Schiffen zu spüren. Dann war es so weit. Die großen Flottenverbände der Arthropoden fielen förmlich über die Blockadeflotte der Ceshalter her. Die Hauptflotte von 500.000 Schiffen flog auf einen Kollisionskurs direkt in den Verband der Ceshalter hinein. Das Blitzgewitter aus hellen Laserstrahlen war mit bloßem Auge auf allen Planeten des

Sternensystems zu sehen. Obwohl die Arthropoden mehr Verluste zu beklagen hatten, rückten sie immer tiefer in die Flottenverbände der Ceshalter vor. Mehrere ihrer Schiffe fielen über ein einzelnes Kampfschiff der Ceshalter her. Die Überzahl war erdrückend für die humanoide Species. Ihre Schiffe vergingen nach einem verzweifelten Kampf in einer heißen Explosion.

Den Arthropoden gelang es, die Flotte der Ceshalter in schweren Gefechten zu binden. Die schlimmsten Erwartungen der Verteidiger wurden bestätigt, als 290.000 Schiffe der Arthropoden hinter der Kampflinie materialisierten. Sofort splittete sich der Verband auf. Etwas mehr als 12.000 Schiffe schlugen jeweils einen Kurs auf die ungeschützten Planeten des Systems ein.

Die niederschmetternde Meldung erreichte das Flaggschiff der Blockadeflotte in seiner Abwehrschlacht.

»Jeweils 12.100 Schiffe der Fremden greifen unsere Planeten an«, teilte der Ortungsoffizier mit. »Sie haben sich hinter unserer Flotte einen Flugkorridor zu unseren Wohnwelten gesucht. «

Der Kommandeur der Flotte biss sich auf seine Lippe. Verzweifelt suchte er nach einem Ausweg.

»Was ist mit den bodengebundenen Verteidigungsanlagen?«, fragte er.» Schaffen sie es, die Schiffe auf Abstand zu halten?«

Der Ortungsoffizier schüttelte seinen Kopf. »Die fremden Schiffe schleusen Wellen von Bomben und Raketen aus«, antwortete er. »Die Hälfte unserer Abwehrtürme wurde bereits durch ein massives Laserfeuer ausgeschaltet. Durch den Ausfall der bodengebundenen Abwehrtürme treffen immer mehr Bomben auf die Oberfläche auf. Teile unserer Planeten brennen bereits.«

Der Flottenkommandeur schlug seine Fäuste auf das Display vor ihm.

»Rufen sie einen Verband Schiffe aus der Hauptflotte ab«, befahl er. »Jeweils 500 Schiffe müssen unseren Planeten zu Hilfe eilen. Sie sollen retten, was noch zu retten ist. Die angreifenden Schiffe müssen vernichtet werden.«

»Das sind 12.000 Schiffe, die sie aus unserer Hauptflotte abziehen«, antwortete der 1. Offizier des Schiffes. »Wir können nicht auf sie verzichten.«

Der Kommandeur der Flotte blickte ihn an.

»Unsere Familien und Angehörigen leben auf den Planeten«, sagte er. »Wollen sie ihnen mitteilen, dass wir ihnen nicht helfen wollten? «

Der 1. Offizier blickte seinen Vorgesetzten mit starren Augen an. Dann drehte er sich um und gab den Befehl weiter.

Wieder röhrten die schweren Laser-Geschütztürme des Schiffes auf und verwandelten ein feindliches Schiff in ein Hitzefeuer.

»Ich registriere Atombrände auf allen Planeten«, erklärte der Ortungsoffizier. »Unsere Welten werden mit Atomraketen beschossen. «

»Auf den Bildschirm legen«, befahl der Kommandeur.

Die Crew der Brücke sah mit Schrecken, wie sich auf der Regierungswelt 36 Atompilze ausbreiteten. In kurzen Abständen schlugen weitere Bomben ein. Erneut bildeten sich weitere Atomwolken, die sich bis in die Atmosphäre ausdehnten.

»Es ist auf allen Planeten das Gleiche«, meldete der Ortungsoffizier. »Die 500 Schiffe unserer Flotte konnten zwar die Angreifer reduzieren, doch nicht die Schiffe an dem Abschuss der Atomgeschosse hindern. «

»Ich erhalte keinen Kontakt mehr zu dem Flottenoberkommando«, meldete der Funkoffizier. » Die Verbindung ist abgebrochen. «

Mehrere Treffer ließen das Flaggschiff erschüttern. Der Kommandeur und seine Besatzung hielten sich an Haltestangen fest.

»Den Beschuss der Feindschiffe sofort intensivieren«, befahl der Kommandeur. »Auf Automatikerfassung umstellen. «

Der zentrale Bildschirm schaltete auf die Raumschlacht um. Überall waren Trümmer von vernichteten und brennenden Schiffen auszumachen. Eine Gruppe von 25 Feindschiffen näherte sich einem abgedrifteten Schiff der Ceshalter. Es hatte Probleme seinen Kurs zu halten. Der Raum um das Schiff schien aufzureißen. Unzählige Energielanzen entluden sich in den Schutzschirm des Schiffes. Immer wieder fraßen sich weitere Laserstrahlen an dem Schutzschirm fest. Innerhalb von wenigen Sekunden wurde das ganze Heck des Schiffes abgerissen. Hungrig fraß sich der Atombrand weiter. Das Schiff drehte sich um seine eigene Achse. Die Crew des Flaggschiffes sah, wie die Crew des Schiffes sich bemühte die Brände zu löschen. Doch ihr Versuch war vergebens. Wenige Minuten später explodierte das große Schiff in einer hellen Explosion. Die Druckwelle rüttelte das Flaggschiff der Ceshalter durch.

Der Kommandeur blickte auf den zentralen Bildschirm. Das Aufblitzen in der massiven Raumschlacht zeugte von vernichteten Schiffen.

»Wir schaffen es nicht, die feindlichen Schiffe zurückzudrängen«, registrierte der Kommandeur. »Wie sieht es auf unseren Planeten aus?«

»Katastrophal«, antwortete der Ortungsoffizier. »Alle Welten brennen. Es sieht nach einem Totalschaden aus.«

»Wir waren nicht vorbereitet«, entgegnete der Kommandeur. »Die Regierung hat den gemäßigten Kräften zu lange vertraut. Unserer Warnungen wurden in den Wind geschlagen. Jetzt haben wir unsere Bestätigung.«

»Wir werden neu anfangen«, erwiderte der 1. Offizier. »Die Kon-Ra-Tak werden uns unterstützen.«

»Die Kon-Ra-Tak sind nicht mehr da«, antwortete der Kommandeur. »Nach meiner Meinung sind sie für diesen Akt der Vergeltung verantwortlich. Sie haben uns auf die Mission geschickt, um die Arthropoden zu vernichten. Jetzt erhalten wir unsere Bezahlung hierfür. «

»Erreichen uns noch Nachrichten von den Bodenstationen? «, fragte der Kommandeur.

Der Funkoffizier schüttelte seinen Kopf. »Es herrscht ein heilloses Durcheinander, welches aber von unseren beschädigten Schiffen stammt«, antwortete er. »Von den Planeten erhalte ich seit geraumer Zeit überhaupt keine Funksprüche mehr. «

»Die Insektoiden vernichten unsere Zivilisation«, sagte der Kommandeur. »Ihre Rache ist unbeschreiblich. Die letzte Schlacht unserer Flotte ist angebrochen. Geben sie den Befehl an alle Schiffe aus, sie sollten mit dem Ausschleusen von Antimaterie-Bomben beginnen. Wir müssen einen großen Teil der fremden Flotten ausschalten. «

»Diese Waffen sind unberechenbar«, monierte der 1. Offizier. »Sie werden auch etliche unserer Schiffe mit in den Untergang ziehen. «

»Geben sie mir einen besseren Vorschlag«, forderte ihn der Kommandeur auf. »Auf dem konservativen Wege kommen wir nicht weiter. Die Flotte der Arthropoden ist uns mengenmäßig überlegen. Wir kämpfen ums nackte Überleben.«

Der 1. Offizier nickte verbissen.

»Ich gebe den Befehl sofort weiter«, antwortete er.

»Funkoffizier«, befahl der Kommandeur. »Senden sie einen Notruf an die Aller-Ersten und auf der alten Frequenz zu den Kon-Ra-Tak. Vielleicht hören sie uns und senden uns Unterstützung. Versuchen können wir es. Schalten sie den Ruf auf automatische Wiederholung.«

»Ich sende auf allen bekannten Kanälen«, bestätigte der Funkoffizier.

Die ersten Antimaterie-Bomben wurden von den Schiffen der Ceshalter in Verbände der Arthropoden abgeschossen. Die hochexplosiven Gefechtsköpfe rissen mehr als 130 Schiffe der Angreifer in aufgehende Kunstsonnen. Obwohl die Einheiten der Ceshalter ihre gefährlichsten Waffen einsetzten, wurden die freigesprengten Lücken in der Formation der Angreifer, sofort wieder durch nachrückende Schiffe ersetzt. Immer wieder wiederholte sich das gleiche Szenario. Die

Schiffskommandeure der Ceshalter-Schiffe verzweifelten. Sie feuerten alle Bestände ihrer Antimaterie-Bomben ab, doch es schien den Angreifern nichts auszumachen.

Dem Kommandeur war es unmöglich geworden, die kontinuierlich eintreffenden Verlustmeldungen seiner Schiffe zu überblicken. An allen Seiten brachen die Verteidigungslinien der Ceshalter-Flotte auseinander. In die Lücke preschten neue Schiffe der Arthropoden, welche die vorrückenden Schiffseinheiten ihrer Feinde unter Feuer nahmen. Es schien den Arthropoden nichts auszumachen, dass in kurzen Abständen viele ihrer Schiffe zu hellen Atomfeuern verwandelt wurden. Obwohl ein Teil ihrer Einheiten schwere Schäden erlitten hatten, drehten sie nicht ab, sondern intensivierten ihren Beschuss, bis sie in grellen Explosionen vergingen. Das Flaggschiff der Ceshalter, ein Gigant einer modernen 5.000 Meter-Klasse verwandelte sich in eine feuerspeiende Festung.

Unzählige Geschütztürme feuerten im Automatikmodus auf die anfliegenden Schiffe und vernichteten sie. Raketen und Bomben wurden im Sekundentakt ausgestoßen, die sich alle ein Ziel suchten. Die Raumschlacht wurde zu einer unvergleichlichen Materialschlacht. Immer wieder musste der Navigator des Schiffes seinen Kurs korrigieren, um nicht mit brennenden Wracks zu kollidieren. Die Breitseiten der Schiffe rissen Löcher in die anfliegenden Geschwader des Feindes. Doch diese ließen sich nicht beeindrucken. Immer neue Kampfschiffe füllten die Lücken auf und feuerten auf die verhassten Gegner.

Ungläubig starrte der Kommandeur auf den Bildschirm. Er erkannte, dass seine stolze Flotte immer weiter ausgedünnt wurde. Es war nur noch eine Frage der Zeit, bis die Gegner den Würgegriff zumachen würden. Die Raumschlacht wurde zu einem Massaker. Doch dieses Mal waren die Ceshalter die Opfer.

»Über wie viele intakte Schiffe verfügen wir noch? «, fragte der Kommandeur.

Der Ortungsoffizier blickte auf seine Anzeigen. »17.349 Schiffe melden vollständige Kampfbereitschaft«, erwiderte er.

»Funkspruch an alle beschädigten, aber noch flugfähigen Schiffe«, befahl der Kommandeur. »Sie sollen versuchen sich zum Evakuierungspunkt Alpha-Delta durchzuschlagen. Ihre Schiffe können nichts mehr an der Situation ändern. Sie sollen sich sofort zurückziehen. Wir müssen sicherstellen, dass unsere Zivilisation überlebt. «

»Ihr Befehl wurde durchgegeben«, meldete der Funkoffizier.

»Ein großer Teil unsere Flotte dreht ab«, meldete der Ortungsoffizier.

Der Kommandeur blickte verbissen auf den Bildschirm. »Achtung«, meldete der Ortungsoffizier. »Unsere Regierungswelt und die Nachbarplaneten stehen kurz vor ihrem Untergang.«

Das Bild des zentralen Bildschirms schaltete auf die Planetenansicht um.

Die Crew der Zentrale sah die brennenden und lodernden Planeten. Der Erdmantel der Planeten hatte sich bereits verflüssigt. Dann explodierten die Planeten in einer gigantischen Explosion.

Mit Schrecken registrierten die Ceshalter die Geschehnisse.

»Die Arthropoden haben Planetenkiller-Geschosse eingesetzt«, fluchte der Kommandeur. »Unser Sternensystem ist verloren.«

Die Raumschlacht konzentrierte sich auf die intakten Schiffe der Ceshalter.

Der Kommandeur blickte auf den Bildschirm und analysierte die weiter abnehmende Zahl seiner Schiffe.

»Das macht keinen Sinn mehr«, erkannte er. »Ich befehle, als Kampfhandlungen sind einzustellen. Wir überlassen den Arthropoden unser Heimatsystem. Es gibt Niemanden mehr zu retten auf den Planeten. Wir haben als Heimatflotte versagt. Doch das letzte Wort ist noch nicht gesprochen. Wir werden uns wieder generieren. Jetzt beenden wir, was vor langer Zeit begonnen wurde. «

Er blickte seinen Funkoffizier an.
»Alle Schiffe sollen ihre Kampfhandlungen einstellen«, wiederholte er. »Wir nehmen Kurs auf unseren Evakuierungspunkt. Es wurde vor vielen Jahrhunderten für diesen Moment eingerichtet. Dort errichten wir unsere Zivilisation neu. Es ist ein weiter Weg durch den Hyperraum und durch mehrere Wurmlochtunnel. Die Arthropoden werden uns nicht folgen können. Doch wir wissen, wo sie zu finden sind. Ich verspreche euch allen, wir werden zurückkehren und diesen Tag vergelten. Niemand darf ungestraft die Ceshalter-Zivilisation in den Abgrund stürzen. «

Der Funkoffizier gab den Befehl durch. Sichtbar bereitwillig wurden von den übriggebliebenen Ceshalter-Schiffen alle Kampfhandlungen eingestellt. Viele von ihnen hatten Rettungskapseln anderer Schiffe aufgenommen. Die Schiffe hatten die Evakuierungsdaten programmiert. Nach und nach drehten Flottenteile ab und sprangen in den Hyperraum. Die Flotte der Ceshalter zog sich zurück. Die zahlreichen Schiffe der Arthropoden registrierten den Rückzug ihrer Feinde.

Die Schiffe ihrer gehassten Feinde flüchteten in den Hyperraum. Sie reagierten nicht, um die Schiffe zu verfolgen. Einige Zeit später, als sich die Flotte der insektoiden Species gesammelt hatte, entsandte die Flottenführung Spähschiffe, um Spuren der geflüchteten Ceshalter aufzunehmen. Doch ihre Sucheinheiten konnten keine Hinweise mehr erfassen. Die Kommandoschiffe der Arthropoden riefen den totalen Sieg, über die Vernichter ihrer Welten aus. Sie hatten ihr langersehntes Ziel erreicht.

Rücksturz nach Ragun

Die geheime Wurmloch-Station, tief in der Erde von Vagun, wurde von hochentwickelten ragunischen Hypertronic-KI kontrolliert. Sie wartete bereits eine geraume Zeit auf ihren ersten Einsatz. Ihre Erbauer waren schon lange verstorben. Eine unbekannte Krankheit hatte sie dahingerafft. Sie wusste, dass humanoide Lebensformen anfällig waren gegen fremde Viren. Bevor der Kommandeur dieser Baustelle den Tod fand, hatte er der Hypertronic-KI befohlen, den Bau dieser Wurmloch-Station zu vollenden. Er befahl eine vollständige Funkstille einzuhalten, um den Standort dieser Einrichtung nicht zu gefährden. Die Hypertronic-KI musste sich an die Befehle halten. Auf die empfangenen Hyperkomm-Funkanfragen des ragunischen Zentralplaneten reagierte sie nicht. So lautete ihr Befehl. Sie hielt sich konsequent hieran. Diese Programmierung konnte erst durch neues humanoides Personal in ihrer Station geändert werden.

Ihre Anlage war in ein vorhandenes Höhlensystem integriert worden. Ihre Erbauer hatten diese Höhle in den tiefen Erdschichten von Vagun gefunden. Vermutlich hatte es eine längst ausgestorbene Species angelegt. Der Kommandeur ihrer Bautruppe konnte zahlreiche Artefakte finden, deren Bedeutung seine Wissenschaftler jedoch nicht entschlüsseln konnten. Lediglich die manuelle Bedienung der unterirdischen Anlage wurde ihnen schnell verständlich. In ihren weitläufigen Hallen standen noch die 50 Transport-Raumschiffe ihrer Herren. Diese hatten das vorgefertigte Material geladen, aus dem sie und ihre zeitgesteuerte Wurmlochanlage gefertigt worden waren. Alle weiteren Hangars des großen Höhlensystems waren leer.

Sie errechnete, dass diese Räume die 10-fache Menge an Raumschiffen aufnehmen konnten. Vermutlich wurde diese unbekannte Höhle vor langer Zeit von einer unbekannten Species als geheime Basis genutzt. Die Konstruktionspläne der zeitgesteuerten Wurmloch-Anlage wurden in ihren Speicher eingespeist. Das war die Voraussetzung gewesen, dass ihre metallischen Gehilfen die Arbeit ihrer Erbauer vollenden konnten. Die KI hatte noch viele Fragen, die jedoch durch das Sterben ihrer Herren nicht mehr beantwortet werden konnten. In der langen Zeit ihrer alleinigen Kontrolle über die Anlage, hatte sie unzählige Simulationen durchgeführt und alle Systeme immer wieder auf eine ordnungsgemäße Funktion überprüft.

Sie wusste, dass ihre Station einsatzbereit war. Doch niemand ihrer Herren kam zu ihr, um die Möglichkeiten ihrer Kapazitäten zu nutzen. Lediglich mit ihrem ausgewählten Kommando-Roboter konnte sie sich unterhalten. Er war ihr mobiles Auge, ihr Arm und ihr Kontrolleur. Daher hatte sie ihm den Namen ZWV-1 gegeben. Er war gleichzusetzen mit dem übergeordneten Begriff der **Zeitgesteuerten Wurmlochstation Vagun.** Ihr Kommando-Roboter hatte den zugeteilten Namen ohne einen Widerspruch akzeptiert.

»Alle Systeme wurden von mir überprüft«, teilte ZWV-1 mit. »Einige Energieverbindungen musste ich auswechseln lassen. Unsere Arbeitsroboter haben die Schäden behoben.«

»Gut«, übermittelte die KI. »Weitere Aufgaben stehen im Moment nicht an. Ich registriere keine neuen Energieschwankungen. Die Anlage unserer Station ist vollständig einsatzbereit.«

»Unsere Wissenschafts-Roboter forschen weiter an der Bestimmung des Virus, der unsere Erbauer sterben ließ«, teilte ZWV-1 mit. »Sie können ihn nicht identifizieren, doch sie sind mittlerweile der Ansicht, dass es sich um einen künstlichen Kampfstoff handeln könnte, den die ursprünglichen Erbauer dieser Höhlenanlage hinterlassen haben. Er diente wohl zur Absicherung ihrer Artefakte, um diese nicht in unbekannte Hände gelangen zu lassen.«

»Ihre Vorsichtsmaßnahme hat funktioniert«, antwortete die KI. »Leider hat der fremde Virus unsere ganze Mission zeitlich sehr beeinträchtigt. Unsere Herren haben es bei ihrer Ankunft versäumt, die Höhle auf Fremdstoffe zu scannen. Erst als sie unheilbar krank wurden, konnten sie den Virus feststellen.«

»Dann war es leider zu spät für sie, ein Gegenmittel herzustellen«, antwortete ihr Gehilfe. »Der Virus konnte von unseren Herren nicht mehr isoliert werden.«

»Trotzdem haben wir die zeitgesteuerte Wurmloch-Anlage, gemäß dem Befehl des ragunischen Zentralrates, fertigstellen können«, antwortete die Hypertronic-KI. »Ich muss mich an meine Befehle halten und eine rigorose Funkstille bewahren. Aus diesem Grunde konnten wir die Bereitschaft unserer Station nicht an den Zentralplaneten melden.«

»Ich kenne deine Programmierung«, antwortete ZWV-1. »Es liegt nicht an mir, hieran etwas zu ändern.«

»Wir müssen abwarten«, antwortete die KI. »Der einzige Weg ist unsere vorgegebene automatische Aktivierung, falls wir einen zeitgesteuerten Wurmloch-Impuls einer Flotte unserer Herren empfangen. Hierdurch ist es möglich, ein Wurmloch und den Einflugs-Schacht in unsere Station zu öffnen.«

»Bisher ist das noch nicht erfolgt«, bemerkte ihr mobiler Arm.

»Diese moderne Wurmlochtechnik stammt nicht von unseren Herren«, erwiderte die Hypertronic-KI. »Mir wurden die Konstruktionspläne dieser Station eingescannt. Bei der intensiven Kontrolle dieser Pläne wurde ich auf versteckte Schriftzeichen aufmerksam, die nicht von ihnen stammten. Vielmehr entsprechen sie den Schriftzeichen der Schöpfer.«

»Die Konstruktionsdaten stammen von den Aller-Ersten?«, erkundigte sich ZWV-1.» Das lässt die Funktionsweise unserer Anlage in einem ganz anderen Bild erscheinen. Jetzt wird mir klar, warum kaum Zerfallserscheinungen festzustellen sind.«

»Ich verfüge über das komplette Wissen unserer Erbauer, so wie jede andere Hypertronic-KI des Imperiums auch«, antwortete die KI. »Die Aller-Ersten waren die Schöpfer unserer Herren. Doch das wurde von unseren Herren nicht gewürdigt. Aus meinen Archiven geht hervor, dass sie vor langer Zeit den Kontakt zu dieser alten Species des Universums abbrachen. Seit dem Beginn der Aufzeichnungen in meinen Datenbänken, sahen sich unsere Herren als eine göttliche Rasse an, die sich selbstständig weiterentwickeln kann. Sie ignorierten immer noch alle Warnungen ihrer Schöpfer. «

»Daher die unterschiedlichen technischen Erkenntnisse«, antwortete ZWV-1. »Jetzt verstehe ich die Problematik. «

»Dem Kommandeur unserer Konstruktionsflotte ist Dank auszusprechen«, bemerkte die KI. » Nur durch seine Weitsicht und die Kenntnis von seinem bevorstehenden Tod, wurde ich von seinen Wissenschaftlern auf eine selbstständige Erhaltung und Handlungsfähigkeit programmiert. Ohne diese Entscheidung wären wir heute nicht mehr hier. «

»Wir machen weiter, wie bisher«, antwortete ZWV-1. »Deine Befehle werden ausgeführt. «

Der mobile Arm wollte sich abdrehen und die Leitstelle verlassen.

»Warte noch«, befahl die Hypertronic-KI. »Ich registriere den Anflug von 12 ragunischen Klappflügel-Zerstörern. «

ZWV-1 verharrte einen Augenblick.
»Zerstörer unserer Herren befinden sich im Anflug auf unsere Station? «, fragte er.

»Es ist davon auszugehen«, erwiderte die KI. »Ich habe ihren Kurs analysiert. Derzeit befinden sie sich auf einer Kollisionsroute. «

»Kannst du den Bildschirm aktivieren?«, erkundigte sich der mobile Arm. » Ich möchte mir die Flotte ansehen. «

»Ich leite Minimalenergie in die Überwachungs-Sensoren«, erklärte die Hypertronic-KI.

Ein großer Monitor erhellte sich. Er zeigte eine Flotte von ragunischen Schiffen.

»Es sind modifizierte Klappflügel-Schiffe«, bemerkte ZWV-1. »Ihre Waffentürme sind aktiviert. Kommen sie, um unsere Station zu vernichten?«

»Das kann ich nicht beantworten«, bemerkte die KI. »Doch wir wurden auf Selbsterhaltung programmiert. Ich werde den inneren Schutzschirm aktivieren, sobald es erforderlich wird. Im Moment ist es besser, wenn wir keine Energieemissionen erzeugen. «

»Rechnest du mit unserer Entdeckung?«, fragte der mobile Arm.

»Nein«, antwortete die KI. »Bisher konnten uns die Sensoren der Raumschiffe nicht finden. Ich gehe davon aus, dass es auch heute so sein wird. Ihre Spürsensoren können die erhitzte Erdkruste von Vagun nicht durchdringen. «

»Falls doch, dann werden wir uns zu wehren wissen«, entschied ZWV-1. »Der Erhalt dieser Station ist vorrangig zu bewerten. «

»Sind unsere Bodentruppen einsatzbereit? «, fragte die KI.

Ihr mobiler Arm blickte sie an.
»Sie waren schon immer einsatzbereit«, antwortete er. »Sie warten förmlich auf ihre erste Aufgabe. «

»Noch hat uns die Flotte unserer Herren nicht gefunden«, erwiderte die KI. »Es ist auch möglich, dass sie über den Aktivierungscode meiner Wurmloch-Anlage verfügt. Falls das geschehen sollte, dann muss ich ihnen Einlass in meine Anlage gewähren. «

ZWV-1 blickte auf den Bildschirm.
»Die ragunische Flotte hat die Umlaufbahn erreicht«, meldete er. »Die Schiffe scheinen ihre Geschwindigkeit reduziert zu haben. «

»Das kann ich bestätigen«, antwortete die KI. »Sie scannen die Oberfläche von Vagun. Ich schalte auf energielose Beobachtung um. «

Zahlreiche Taster sprangen an und bestätigten den Scan. der ragunischen Raumschiffe. Das Klicken und Klacken der Orter und Taster wurde zusehends lauter. Die KI und ihr mobiler Arm beobachteten die Situation emotionslos. Nur allmählich wurden die Geräusche leiser.

»Sie haben uns nicht entdeckt«, teilte die Hypertronic-KI mit. »Unsere Abschirmung funktioniert perfekt. «

»Die Technik der Schiffe unserer Herren wurde nicht weiterentwickelt«, antwortete ZWV-1.

»Eingehender Hyperkomm-Funkspruch«, teilte die Hypertronic-KI mit.

Sie stellte ihren Ton-Geber lauter.
»Hier spricht Kommandeur Kuuda«, tönte es aus den Lautsprechern. »Ich rufe die Hypertronic-KI der ragunischen Wurmloch-Station. Bitte melde dich. Es ist von hoheitlicher Notwendigkeit, dass du dich dem Imperium unterwirfst. Deine bisherige Programmierung wird aufgehoben. Melde dich unverzüglich. Das ist ein Sonderbefehl des imperialen Zentralrates. «

»Willst du antworteten?«, erkundigte sich ZWV-1.

Der ordnungsgemäße Aktivierungsimpuls wurde nicht von der Flotte gesendet«, antwortete die KI.» Falls ich mich melde, verrate ich unsere Existenz. Meine Programmierung kann nur durch einen autorisierten Offizier, mindestens im Range eines Systemrates, manuell geändert werden. Eine Antwort würde unseren Standort offenbaren. Das können wir nicht riskieren. Die strikte Geheimhaltung muss beibehalten werden.«

»Die Schiffe haben eine breite Formation gebildet«, sagte der mobile Arm.»Sie scannen jede Koordinate unseres Planeten.«

»Das wurde bereits öfter von ihnen praktiziert«, antwortete die KI.»Es hat ihnen nicht geholfen unsere Station zu finden. Es wird sich auch heute nicht ändern.«

»Ich bewundere deine Selbstsicherheit«, erwiderte ZWV-1.» Warum bist du dir so sicher?«

»Weil ich über alle Möglichkeiten meiner Erbauer informiert bin«, antwortete die KI.»Unser Kommandeur musste ebenfalls diese Funkstille einhalten.»Es hat sich für ihn keine Möglichkeit ergeben, den Zentralrat über unsere tatsächliche Position zu informieren. Zumal seine Flotte zusätzlich in die Vergangenheit geschickt wurde. Es bestand die Gefahr, dass diese Information den Feinden unserer Herren bekannt wurde. Das sollte unter allen Umständen vermieden werden. «

»Du sprichst von den Arthropoden? «, fragte ZWV-1. » Einer fremden Species aus den Tiefen des Weltraumes.«

»Das ist korrekt«, antwortete die KI. »Nach letzten Berichten werden die ragunischen Flottenverbände immer weiter zurückgedrängt. Viele Kolonien des Imperiums wurden bereits von den Arthropoden vernichtet. «

»Woher hast du die Informationen? «, fragte der mobile Arm.» Entsprechen sie den Tatsachen? «

»Ich habe Hyperkomm-Funksprüche von vorbeifliegenden ragunischen Flotten-Geschwadern aufgefangen«, bestätigte die KI.»Sie transportierten viele evakuierte Flüchtlinge. In ihren Funksprüchen wurde von einer verzweifelten und schwierigen Abwehr der Fremden und von vielen Verlusten an ragunischen Schiffen gesprochen. «

»Dann steht das Imperium unserer Herren vor seinem Untergang?«, fragte ZWV-1.

»Meine Analysen bestätigen deine Vermutung« antwortete die KI. »Die Frage stellt sich nun für uns, wollen wir überhaupt eine Entdeckung durch unsere Herren unterstützen?«

Der Kommando-Roboter blickte die KI stumm an. Sein Intelligenzzentrum war nicht für die tiefe Analyse von umfangreichen Daten ausgelegt.

»Das entzieht sich meiner Beurteilung«, antwortete er. »Ich habe der Aufgabe zu dienen.«

»Du wurdest von mir aufgewertet«, erwiderte die KI. »Aktivere dein zusätzliches Intelligenzzentrum und benutze es. Ich brauche deine Einschätzung.«

»Ich habe es zugeschaltet«, bestätigte ZWV-1.
Es verstrichen einige Sekunden, dann fuhr der Kommandoroboter fort.

»Die Programmierung unserer Erbauer ist eindeutig«, sagte er. »Wir halten uns an die Vorgabe. Nur wenn wir gezielt einen Impuls einer Wurmlochflotte aus einer anderen Zeitebene erhalten, öffnen wir unseren Zugang. Eine andere Möglichkeit wurde uns nicht gegeben. «

»Zu dem gleichen Ergebnis bin ich gekommen«, antwortete die KI. »Wir wurden als zeitgesteuerte Wurmlochstation erbaut und mit entsprechenden Aufgaben programmiert. Für eine erweiterte Programmierung reichte die Lebenszeit unseres verstorbenen Kommandeurs nicht mehr aus. «

»Wir bleiben im Ruhemodus«, entgegnete ihr Roboter. »Das verschafft uns Zeit, um uns weiterzuentwickeln. «

»Das ist jedoch nicht unser Ziel«, bemerkte die KI. »Wir wurden als zeitgesteuerte Wurmlochstation gebaut, nicht um in einen Krieg einzugreifen. Hierzu fehlen uns sämtliche Kampf-, Manöver und Verhaltensprogramme. Wir sind für diese Aufgaben nicht prädestiniert. «

ZWV-1 blickte auf den Monitor.
»Die ragunische Flotte hat ihre erste Umrundung beendet«, teilte er mit. »Sie formiert sich jetzt zu einem vertikalen Flug um unseren Planeten. «

»Ich registriere es«, antwortete die KI. »Auch auf diesem Wege können sie uns nicht finden. Wir befinden uns zu tief in der Erde. «

Sie brach ihre Kommunikation ab und lauschte erneut. »Es wird ein weiterer Hyperkomm-Funkspruch gesendet«, teilte sie mit. »Der Kommandeur der Flotte wird langsam ungehalten.«

»Hier spricht Kommandeur Kuuda«, tönte es aus den Lautsprechern. »Ich rufe die KI der Wurmlochstation. Melde dich unverzüglich, ansonsten werden wir mit dem Beschuss deines Planeten beginnen.«

»Was wollen sie ausrichten?«, fragte die Hypertronic-KI. »Sie kennen unsere Position nicht. Ihre Bomben dringen nicht bis zu uns vor.«

»Sie versuchen es mit Einschüchterung«, antwortete der mobile Arm. »Vermutlich haben sie nichts dazugelernt. Immer wenn sie nicht weiterwissen, greifen sie zu den Waffen. Das wird auch der Grund sein, warum sie von den Arthropoden bekämpft werden.«

»Deine Einschätzung ist richtig und erfreut mich«, antwortete die KI. »Dein Intelligenzzentrum entwickelt sich. Irgendwann wirst du für mich ein wichtiger Stellvertreter sein.«

»Danke für die Mühe meiner Aufstockung«, entgegnete ZWV-1. »Das Intelligenzmodul bewährt sich. Doch eine Frage stellt sich hierbei. Welchen Herren werden wir zukünftig dienen? Den Aller-Ersten, den Ragunern, oder den Arthropoden?«

Wieder wurden laute Klicks und Klacks in der Leitstelle der geheimen Wurmlochstation hörbar. Die Peil- und Ortungsgeräte meldeten die Scans der ragunischen Flotte. Die KI konzentrierte sich auf Geräusche der Abtastungen. Ihre Abschirmung verhinderte ein Echo.

Als die Geräusche hörbar leiser wurden, sprach sie weiter. »Wie ich schon erwähnte«, sagte sie. »Die Technik unserer Herren hat sich nicht weiterentwickelt. Sie finden uns auch heute nicht. Bereiten wir uns auf eine weitere lange Zeit der Abgeschiedenheit vor. «

»Noch haben ihre Schiffe nicht abgedreht«, erwiderte der mobile Arm. »Ich bin mir nicht so sicher wie du. Wie konnten unsere Erbauer damals auf dieses Höhlensystem aufmerksam werden? «

»Durch eine Fehlfunktion des Einflugsschachtes unseres Höhlensystems«, antwortete die KI. »Unser Kommandeur ließ Vagun intensiv scannen. Einer dieser Impulse reichte aus, um das defekte Einflugsystem zu aktiveren.

Vermutlich waren die Erbauer dieser Höhle schon lange ausgestorben und ihre Technik über eine lange Zeit nicht mehr gewartet worden. Alle Energieleitungen wurden von uns erneuert. Ein zukünftiges Versagen kann somit ausgeschlossen werden.«

»Ich verstehe«, bestätigte der mobile Arm. »Dann war es Zufall, dass der Kommandeur unserer Erbauer diese Höhlenanlage gefunden hat?«

»Das entspricht meiner Analyse«, antwortete die KI. »Ansonsten wäre es für unseren Kommandeur ein zeitaufwendiges Vorhaben geworden, tief in den Erdschichten von Vagun dieses Höhlensystem zu errichten.«

ZWV-1 blickte auf den Monitor.
»Die Gefahr ist vorüber«, sagte er. »Die ragunische Flotte dreht ab und beschleunigt.«

Kurze Zeit später sprangen die Klappflügelzerstörer in den Hyperraum.

»Gehe jetzt wieder deiner Arbeit nach und kontrolliere alle Systempoints dieser Anlage«, befahl die KI. »Überprüfe auch die manuellen Einstellungen.«

»Das mache ich«, antwortete ZWV-1.

In diesem Moment sprangen zahlreiche Monitore an. Ein heller Alarmton hallte durch die Leitstelle.

»Ich erhalte einen autorisierten Wurmlochimpuls aus einer anderen Zeitebene«, teilte die Hypertronic-KI mit. »Es erstaunt mich, doch alle Voraussetzungen für die Öffnung des Wurmloch Tores und unseren Einflugschacht sind gegeben. Ich kann nicht gegensteuern. Eine spezielle Programmierung fordert meine vollständige Kooperation.«

»Halte dich an die Vorgaben«, antwortete ZWV-1. »Jetzt ist der Zeitpunkt unseres Erwachens gekommen. «

»Ich initiiere den geforderten Wurmlochausgang«, bestätigte die KI.

Starke Energiemeiler koppelten sich mit den gewaltigen Zapfanlagen für die Energie aus dem Zwischenraum und aktivierten sich in Sekundenschnelle. Ein massiver Energiestrahl schoss aus dem Boden von Vagun in die Umlaufbahn. Dort formte er sich zu einem kreisrunden hellblauen Durchgang. Der künstliche Horizont stabilisierte sich.

Gebannt starrte ZWV-1 auf den Monitor. Es vergingen nur wenige Sekunden, dann flogen ragunische Schiffe aus dem Durchgang heraus.

Die Hypertronic-KI startete eine Zählung. Gleichzeitig hob sie ihre Funkstille auf.

»Es sind exakt 5.020 Klappflügel-Zerstörer einer 1.000 Meter-Klasse aus dem Wurmloch gekommen«, informierte sie ihren mobilen Arm. »Sie tragen das Zeichen eines kolonialen Sternensystems«.

»Öffne den Einflugkanal«, erinnerte sie ZWV-1.

»Ich rufe zuvor die ragunische Flotte«, entschied die KI. »Hier spricht die Hypertronic-KI der zeitgesteuerten Wurmlochstation auf Vagun«, sendete sie einen Hyperkomm-Funkspruch. »Gemäß meiner Programmierung öffne ich dem Flaggschiff der ragunischen Flotte einen Einflugkanal in meine Basis. Fliegen sie mit ihrem Schiff in den geöffneten Schacht. Die Basis ist groß genug. Landen sie auf einer der Markierungen. Ich habe Fragen an ihren Kommandeur. Legen sie Schutzanzüge und Atemmasken an, meine Station ist kontaminiert. «

Camaal, der Kommandeur der 5.020 ragunischen Schiffe atmete laut auf, als sein Schiff in den Normalraum austrat.

»Status«, fragte er. »Den zentralen Bildschirm aktivieren.«

Der Monitor zeigte den leeren Raum, um den zweiten Planeten des Sternensystems an. Keine ragunischen Schiffe waren in seiner Nähe auszumachen.

»Wir liegen oberhalb der Umlaufbahn von Vagun«, meldete die Hypertronic-KI des Flaggschiffes. »Es liegen keine Verlustmeldungen vor. «

»Perfekt«, lächelte Camaal. »Die Programmierung des Wurmloch-Tores durch die Ceshalter war präzise. «

»Eingehender Hyperkomm-Funkspruch von der Wurmloch-Station auf Vagun«, meldete der Funkoffizier des Schiffes. «

»Legen sie auf die Lautsprecher«, antwortete der Systemrat.

»Hier spricht die Hypertronic-KI der zeitgesteuerten Wurmlochstation auf Vagun«, hallte es aus den Lautsprechern. »Gemäß meiner Programmierung öffne ich dem Flaggschiff der ragunischen Flotte einen Einflugkanal in meine Basis. Fliegen sie mit ihrem Schiff in den geöffneten Schacht. Die Basis ist groß genug. Landen sie ihr Schiff auf einer der Markierungen. Ich habe Fragen an ihren Kommandeur. Legen sie Schutzanzüge und Atemmasken an, meine Station ist kontaminiert.«

»Bestätigen sie«, befahl Camaal. »Wir leiten das Landemanöver ein.«

Er blickte seinen 1. Offizier an.
»Warum ist die Station kontaminiert?«, fragte er.» Sie ist doch gerade erst erbaut worden?«

Furgun schüttelte seinen Kopf.
»Hierauf habe ich keine Antwort«, entgegnete er.»Doch die Hypertronic-KI möchte ihnen einige Fragen stellen. Sie werden die Antwort sicherlich selbst herausfinden.«

»Teilen sie der Flotte mit, dass wir in der Basis landen werden«, entschied der Systemrat. »Sie wurde als Flottenwerft erbaut. Unsere Flotte möchte in der Umlaufbahn von Vagun auf uns warten. Ich bin gespannt, wer dort unten das Kommando führt.«

»Ihr Befehl wurde übermittelt«, antwortete der Funkoffizier.

»Mit dem Landeanflug beginnen«, befahl Camaal.

Langsam senkte sich das Flaggschiff dem Boden von Vagun entgegen. Die Wurmloch-Station hat einen Leitstrahl gesendet. Schon im Landeanflug konnte auf dem Bildschirm der Einflugkanal, mit einem Durchmesser von 10.000 Metern, registriert werden.

»Der Schacht ist für große Schiffe ausgelegt«, bemerkte der 1. Offizier des Schiffes. »Unsere Techniker haben eine hervorragende Arbeit geleistet. «

Camaal nickte.
Er blickte auf den Bildschirm und erkannte die sauberen Wände des Schachtes.

»Ob die Wände mit einem breiten Laserstrahl geglättet worden sind? «, fragte er sich.

So sehr er sich auch bemühte, er konnte keine Unebenheiten an den Wänden des Einflugschachtes registrieren. Dann wurde helles Licht sichtbar. Das Schiff war in eine unterirdische Halle getaucht, dessen Ende nicht absehbar war. Sauber in einer langen Reihe, standen

50 verstaubte Schiffe, die seinerzeit das Baumaterial für die Wurmlochanlage transportiert hatten.

»Die Höhe dieser Höhle muss mindestens 4.000 Meter betragen«, staunte Camaal. »Sie ist breit genug, um allen Schiffen meiner Flotte Platz zu bieten.«

Der Navigator setzte das Schiff auf eine Markierung und schaltete den Antrieb aus.

»KI«, sagte der Systemrat. »Nehme bitte eine Analyse der Atemluft vor. Suche gezielt nach einer Kontaminierung durch Fremdstoffe.«

»Ich sauge Atemluft zwecks einer Analyse an«, bestätigte die Hypertronic-KI des Schiffes. »Die fremde Atmosphäre wird vorsichtshalber in einem Eindämmungsfeld isoliert.«

»Gut«, antwortete Camaal. »Wir warten auf dein Ergebnis.«

Es vergingen mehrere Minuten. Der Systemrat wurde bereits ungeduldig.

»KI?«, fragte er.» Bist du zu einem Ergebnis gekommen?«

»Die Analyse läuft noch«, erwiderte die KI monoton. »Ich bitte um Geduld. «

Der Flottenbefehlshaber blickte seinen 1. Offizier an. »Das bedeutet nichts Gutes«, sagte er. »Unsere Hypertronic-KI braucht zu lange für dieses Ergebnis. «

»Es werden sich unbekannte Stoffe in der Atemluft befinden«, entgegnete der Offizier. »Unsere KI wird sie nicht zuordnen können. «

Erneut vergingen einige Minuten. Dann konnte die KI des Flaggschiffes ihre Analyse vortragen.

»Die Atmosphäre in der Station besteht zu 75 Prozent aus Stickstoff, zu 21 Prozent aus Sauerstoff, zu 1 Prozent aus Argon und zu 5 Prozent Sysranit«, teilte sie mit. »Meine Analyse ergab, dass die letzte Komponente äußerst gefährlich ist. Vermutlich handelt es sich um einen alten, aber künstlich hergestellten Kampfstoff, der sich mit der Atemluft vermischt hat. Meine Datenbank enthält aktuelle Informationen, dass dieser Substanz erst vor kurzer Zeit auf dem Kolonieplaneten Virgin von Rebellen im Kampf gegen Soldaten der Regierung eingesetzt wurde. Es wird empfohlen, den Ausgangspunkt der Kontaminierung zu ermitteln und ihn einzudämmen. Eine Atemmaske reicht bei diesem Kampfstoff nicht aus.

Er wird auch über die Haut aufgenommen. Aktivieren sie ihren Individual-Schutzschirm. Bereits bei einer Konzentration von zwei Milligramm pro Kubikmeter Luft, zeigen sich nach einer Minute Kontakt erste Vergiftungserscheinungen. Die Pupillen verengen sich, die Sicht wird trüb, das Atmen fällt schwer. Falls sie diese Anzeichen bei ihnen und ihrem Einsatzteam bemerken sollten, kommen sie sofort ins Schiff zur Entgiftung zurück. Nehmen sie chemische Scanner mit, um den Ausgangspunkt der Kontaminierung zu finden. Ich habe die Geräte entsprechend auf diesen Kampfstoff hin programmiert.«

»Danke«, antwortete Systemrat Camaal. »Wir werden vorsichtig sein.«

Er blickte seinen ersten Offizier an. »Sie gehen mit«, befahl er. »Alle anderen Offiziere warten auf unsere Rückkehr. Wir müssen als erstes den Ausgangspunkt der Kontaminierung finden. Ich hoffe, die Crew der Station unterstützt uns?«

Die beiden Offiziere standen auf und verließen die Brücke des Schiffes. Der Anti-Grav-Lift auf dem Verbindungsgang hinter der Leitstelle, beförderte sie auf das unterste Deck. Ein Offizier des Hangars war bereits informiert worden. Er hatte zwei Schutzanzüge bereitgelegt. Der Systemrat und sein erster Offizier stiegen in die Anzüge und legten einen Waffengürtel um.

»Hier sind die modifizierten Scanner«, sagte der Wartungsoffizier. »Ich hoffe, sie leisten ihnen gute Dienste. «

Er reichte dem Kommandeur und dem 1. Offizier die Spürgeräte.

Camaal bedankte sich. Er und sein Begleiter gingen auf die Schleuse zu. Er drückte auf einen Knopf an der Wand. Der Schott öffnete sich. Er blickte sich noch einmal um.

»Vermeiden sie, dass Luft aus der Station in das Schiff eindringt«, sagte er zu dem Wartungsoffizier des Hangardecks. »Wir müssen erst die Ursache der Kontaminierung finden. «

»Das Schott ist dicht«, antwortete der Offizier. »Kommen sie gesund wieder. «

Camaal und sein 1. Offizier aktivierten ihre Helme und den Individualschirm. Jetzt war ihr Schutzanzug luftdicht verschlossen. Zusätzlich schützte ein Energiefeld die Männer.

Camaal und Furgun traten in die Schleuse. Der Wartungsoffizier verriegelte den Schott. Als in der Schleuse ein grünes Licht aufleuchtete, öffnete der Systemrat das Außenschott. Die Ausstiegstreppe fuhr aus.

Langsam schritten die zwei Personen aus dem Schiff. Unterhalb der Treppe warteten ein Kommandoroboter und fünf Kampfroboter auf sie.

Camaal schritt auf sie zu.
»Mein Name ist Systemrat Camaal«, sprach er den Roboter an. »Ich hatte eigentlich gedacht, von dem Kommandeur dieser Station begrüßt zu werden? «

»Ich bin ZWV-1«, antwortete der Roboter. »Kommandoeinheit und mobiler Arm unserer befehlenden Hypertronic-KI«, antwortete er blechern. »Ich begrüße sie im Namen unserer KI. Leider kann unser Kommandeur sie nicht mehr empfangen. Unser Personal ist vor langer Zeit verstorben. Ein unbekannter Virus war schuld hieran. «

»Die Station ist ohne Personal? «, stutzte Camaal. » Wie konnte diese Station denn fertiggestellt werden? «

»Durch den Arbeitseinsatz unserer Arbeitsroboter«, erwiderte ZWV-1. »Die Konstruktionspläne wurden meiner KI eingescannt. Sie wusste was zu tun war, um den Bau dieser Station fertigzustellen.«

Camaal und sein 1. Offizier blickten sich an. »Meinen Respekt an ihre KI«, antwortete er. »Das habe ich auch noch nicht erlebt, dass eine Hypertronic-KI selbstständig Entscheidungen trifft.«

»Es war eine besondere Situation«, antwortete ZWV-1. »Sie wissen, dass wir in die Vergangenheit versetzt wurden. Unsere KI wollte ihren Auftrag nicht gefährden.«

»Wieso ist hier eine Kontaminierung entstanden? «, fragte der Systemrat.» Chemische Kampfstoffe gehörten doch nicht zu der Ausrüstung der Bauflotte?«

»Das ist korrekt«, beantwortete ZWV-1 die Frage. »Doch diese Höhle wurde nicht von Ragunern erbaut. Wir haben sie lediglich genutzt. Sie scheint von einer lange ausgestorbenen Species zu stammen. Wir haben einen Teil von unbekannten Artefakten gefunden, die gut erhalten sind. Andere Gegenstände wiederum sind zu Staub zerfallen. Es ist zu vermuten, dass es sich bei dem Virus um Abwehrmittel dieser Species handelt. Unserem Personal war es nicht möglich, den chemischen Stoff zu isolieren. Das Personal unseres Kommandos war bereits zu stark vergiftet. «

»Ich verstehe«, antwortete Furgun. »Wir haben den Stoff identifiziert. Es handelt sich um Sysranit, einem neuen Kampfstoff. Wir haben ihn erst vor kurzer Zeit auf einem unserer Kolonialplaneten entdeckt. «

ZWV-1 blickte den Kommandeur an. »Dann wäre zu klären, wie dieser chemische Kampfstoff 100 Jahre in die Vergangenheit gelangen und diese Höhle kontaminieren konnte? «, erwiderte der Roboter.

Camaal und Furgun blickten sich an. »Ich bin erstaunt über deine Fähigkeiten, logische Schlüsse zu ziehen? «, erwiderte Camaal. » Du bist den Fähigkeiten eines normalen Kommando-Roboters bereits lange entwachsen. Wie kommt es zu deiner Intelligenzaufstockung? «

»Das war eine logische Entscheidung meiner Hypertronic-KI«, antwortete ZWV-1. »Sie brauchte einen mobilen Arm, welcher die Arbeiten unserer Konstruktions- und Arbeitsrobotern kontrollierte. Ihnen ist bekannt, dass diese Modelle lediglich Anweisungen und Befehle ausführen. «

Camaal nickte.

»Du gefällst mir«, antwortete er. »Wir unterhalten uns über dieses Thema später weiter. Zunächst müssen wir den Ausgangspunkt der Kontaminierung finden. Wir haben modifizierte Scanner dabei. Begleite uns bitte.«

»Wollen sie nicht zuerst mit der Hypertronic-KI sprechen?«, fragte ZWV-1.» Sie erwartet sie.«

»Das muss noch etwas warten«, antwortete der Kommandeur der Flotte.»Informiere sie bitte, dass wir später zu ihr kommen werden.«

ZWV-1 stand regungslos da. Er hatte eine Verbindung zu seiner KI aufgebaut und informierte sie über den Wunsch der Gäste, zunächst nach der Kontaminierung zu suchen.

»Sie wurde informiert und ist einverstanden«, antwortete ZWV-1.»Ich soll sie nach besten Möglichkeiten unterstützen.«

»Danke«, antwortete Camaal.

Er und Furgun aktivierten ihren Scanner. Sie zeigten beide das gleiche Ergebnis an.

»Die Kontaminierung kommt aus nordwestlicher Richtung«, sagte Systemrat Camaal.

»Mein Scanner bestätigt die Messung«, antwortete Furgun.

»Was befindet an dieser Stelle der Höhle? «, fragte Camaal den Kommando-Roboter.

»Dort haben wir mehrere kleinere Kammern gefunden, in denen Artefakte der ausgestorbenen Species gelagert wurden«, antwortete er. »Wir haben alles so belassen. Unser Kommandeur wollte die Gerätschaften erst durch ragunische Wissenschaftler überprüfen lassen. «

»Führe uns bitte dorthin«, erwiderte der Systemrat. »Da muss mehr sein als alte Artefakte einer fremden untergegangenen Species. «

ZWV-1 verharrte in seiner Stellung. Es war sichtbar, dass er Kontakt mit seiner Hypertronic-KI aufnahm.

»Wir bekommen eine Transportplattform geschickt«, antwortete er. »Die Kammern sind ein gutes Stück entfernt. Meine KI möchte ihnen nicht zumuten, den Weg zu Fuß zurückzulegen. «

Die beiden Offiziere wollten antworten, als sie bereits die Transportplattform sahen, die sich ihnen näherte. Ein Serviceroboter steuerte sie. Wenige Meter vor der wartenden Gruppe bremste er das Gefährt ab.

»Bitte sehr«, sagte ZWV-1. »Mein Kollege bringt uns zu dem besagten Teil dieser Höhle.«

Systemrat Camaal und sein 1. Offizier stiegen auf die Transportplatte. Der Kommandoroboter wartete höflich ab und folgte als Letzter auf das Gefährt.

»Halten sie sich fest«, bemerkte ZWV-1. »Diese Transportplattformen können sehr schnell sein.«

»Wir kennen diese Fortbewegungsmittel«, antwortete Furgun. »Sie stammen von unserer Welt.

Das Gefasel des Roboters ging Furgun mächtig auf die Nerven. Er hatte bisher noch keinen Kommandoroboter dieser Art kennengelernt, der sich so eigenmächtig in den Mittelpunkt eines Gespräches drängen konnte.

Systemrat Camaal blickte ihn an und sah das grimmige Gesicht seines 1. Offiziers.

»Wir haben es hier mit einer besonderen Situation zu tun«, sagte er. »Der Hypertronic-KI und diesem intelligenzaufgestockten Kommandoroboter können wir es verdanken, dass unsere Flotte wieder den Weg zurückgefunden hat. Falls diese Station nicht fertiggestellt worden wäre, dann könnte man uns jetzt zwischen den vielen unterschiedlichen Raum- und Zeitebenen suchen. Das dürfen wir nicht vergessen.«

»Ist ja gut«, antwortete ein nervöser Furgun. »In meinem Innern entsteht lediglich der Eindruck, dass sich alles um uns herum verändert hat. Nichts scheint mehr so zu sein, wie früher.«

»Ich empfehle ihnen, ihre Gedanken zu ordnen«, erwiderte Camaal. »Danken sie ZWV-1 für seine gewissenhafte Arbeit. Er ist unser Retter geworden. Denken sie bitte daran, dass uns der Zentralrat opfern wollte. Er hat hinter uns das Wurmloch abgeschaltet. Damit war uns der Rückweg versperrt.«

»Glauben sie wirklich, unsere Regierung hat den Befehl hierzu erteilt?«, fragte Furgun nach.

Systemrat Camaal nickte.
»Ich habe während unserer Rückreise genug Zeit gehabt, intensiv hierüber nachzudenken«, flüsterte er. »Sie sind

der 1. Offizier meines Schiffes und ebenso gut über die ragunische Technik informiert. Ein zeitgesteuertes Wurmloch muss so lange offengehalten werden, bis die Einsatzflotte zurückgekehrt ist. Ansonsten verliert das Tor die Koordinaten-Bezugspunkte. Habe ich das richtig ausgedrückt? «

Der 1. Offizier blickte seinen Kommandeur an. »So wurde es uns beigebracht«, antwortete Furgun. »Die 50 Schiffe mit dem Material zum Bau einer zweiten geheimen Station, wurden erst nach unserer Flotte gestartet«, bemerkte Camaal. »Was schließen sie hieraus? «

»Der Zentralrat war sich über die Konsequenzen seines Befehls bewusst«, antwortete der 1. Offizier. »Er verzichtete bewusst auf unsere Rückkehr. Der Rat war bereit unsere 5.020 Schiffe umfassende Flotte mitsamt der Besatzung zu opfern. Das ist eine große Abscheulichkeit des göttlichen Rates. Der geheime Bau dieser Station war ihm wichtiger, als das Leben unserer Besatzungen zu retten. «

»Wenn wir Ruadan, den Vorsitzenden des Zentralrates hierauf ansprechen, dann wird er uns zu Antwort geben, dass es sich um eine göttliche Entscheidung gehandelt hatte«, antwortete Camaal. »Wir können also nicht viel gegen den Vorsitzenden ausrichten. Die anderen Räte werden auf seiner Seite stehen. Ich frage mich aufrichtig, ob wir dieser Regierung noch vertrauen können. Nur die Gier des Rates nach immer mehr Planeten und Rohstoffe, hat unsere Rasse in den Kampf mit den Arthropoden gezwungen. Das spült Geld in die Staatskassen. Wäre der Rat der Empfehlung unserer Schöpfer gefolgt, dann wäre die Expansionspolitik rechtzeitig beendet worden. Wir wären nicht auf die Arthropoden gestoßen und müssten jetzt keinen Krieg gegen sie führen.«

Furgun blickte auf seinen Scanner.
»Die Stärke der Kontaminierung steigt«, sagte er. »Wir nähern uns dem Ausgangspunkt.«

Der Roboter bremste die Transportplatte merklich ab. Langsam näherte sie sich den Vertiefungen in den Felswänden der Station.

ZWV-1 zeigte auf die Aushöhlungen in den Wänden.
»Zu der Zeit, als wir die Station mit der zeitgesteuerten Wurmlochanlage erbauten, waren die Kammern noch mit Toren eines unbekannten Materials verschlossen«, erklärte er. »Doch nach kurzer Zeit fielen die Tore in sich zusammen. Sie waren korrodiert. Ein kurzer Druck gegen das Material reichte aus, um sie in kleine Stücke

zerbröseln zu lassen. Seitdem ist der Zugang zu diesen Kammern offen. «

»Hat ihr Kommandeur sie untersuchen lassen? «, fragte Camaal.

»Hierüber besitze ich keine Informationen«, antwortete er. »Ich gehe davon aus, dass er eine Inspektion befohlen hatte. Falls nicht, dann ist davon auszugehen, dass er seine vorrangige Aufgabe in dem Aufbau dieser Station und der Wurmlochanlage sah. So lauteten die Befehle des Zentralrates. «

»Ich verstehe«, antwortete Furgun. »Möglicherweise wurden die Kammern nicht überprüft. «

ZWV-1 blickte ihn an.
»Darüber besitze ich keine Informationen«, wiederholte er.

Die Transport-Plattform stoppte. Camaal und sein 1. Offizier sprangen auf den Boden. ZWV-1 folgte ihnen. Die Scanner vor sich haltend, schritten die Offiziere auf die dunklen Löcher in der Felsenwand zu.

»Wir brauchen Licht«, forderte der Systemrat.

ZWV-1 winkte dem Roboter, der die Transportplatte gesteuert hatte. Dieser zog aus einem Seitenfach einen mobilen Strahler hervor und aktivierte in. Er folgte den Gästen und leuchtete in die dunkle Kammer.

Camaal und Furgun gingen langsam vorwärts. Die Roboter folgten ihnen. Die Kammer wurde zu einem schmalen Gang. Die Wände waren unbearbeitet. Nichts deutete daraufhin, dass sie von einer ausgestorbenen Lebensform angelegt wurden.

Camaal blieb stehen und zeigte nach vorne. In etwa 100 Metern Entfernung, sprühten blaue Energiepunkte aus dem Boden.

»Möglicherweise ein defektes Energiefeld? «, fragte Furgun.

Camaal nickte.
Die Gruppe schritt langsam auf die unregelmäßig, aus den Wänden austretenden Energiespitzen zu.

Camaal blieb stehen und blickte sich die Wände an, an denen korrodierte Reste eines Metallrahmens zu sehen waren.

»Das war der Rahmen eines klassischen Energiefeldes«, erklärte er. »Dieser Bereich war früher energetisch verschlossen.«

Furgun schrie auf. Er zeigte auf den Boden. Der Roboterpilot leuchtete mit seiner Lampe auf die Stelle. Dort lagen die versteinerten Überreste einer fremden Species.

Camaal stieß mit seinem Fuß gegen das verstaubte Abbild. Sofort zerfiel eines der versteinerten Körper der fremden Wesen zu Staub.

»Da haben wir unsere ausgestorbene Species«, bemerkte er. »Einige von ihnen konnten sich nicht mehr retten und sind in dieser Kammer gestorben. Vermutlich wollten sie das Eindämmungsfeld reparieren.«

»Das muss viele Jahrtausende her sein?«, vermutete Furgun. »Die Abbilder ihrer Körper bestehen nur noch aus Staub.«

»Sie sehen aus wie Quallen«, antwortete Camaal. »So eine Species habe ich bisher nicht kennengelernt. Was sie wohl auf Vagun wollten?«

»Bestimmt nichts Gutes«, antwortete Furgun. »Das bestätigt der von ihnen mitgebrachte Kampfstoff.«

Er hob seinen Arm und blickte den Roboterpiloten an. »Leuchte den hinteren Raum aus«, befahl er.

Der Roboter hob die Lampe und verstärkte die Leuchtkraft.

Camaal pfiff durch seine Zähne.

Der Korridor zog sich tief in das Gestein von Vagun hinein. Vor ihnen standen Tausende von Container-Behältern. Aus einem Teil tropfte eine dunkle Flüssigkeit.

»Die Spezialbehälter haben die lange Zeit der Lagerung nicht überstanden«, sagte Camaal. »Da haben wir den Ausgangspunkt der Kontaminierung. Die Kammer muss sofort verschlossen werden.«

Er und Furgun schritten aus der Kammer heraus. Außerhalb griff er nach seinem Kommunikator und die Crew seiner Brücke.

Der Navigator meldete sich.
»Flottenführer«, fragte er sich. »Konnten sie die Quelle der Kontaminierung finden?«

»Das haben wir«, antwortete Camaal. »Überprüfen sie bitte, ob wir genügend Rasolzid an Bord haben. Wir müssen mehrere Kammern verschließen und mit einem Eindämmungsfeld sichern.«

»Einen Augenblick«, antwortete der Navigator. »Ich rufe die Bordlisten ab.«

Es vergingen einige Sekunden, dann meldete sich der Offizier des Flaggschiffes erneut.

»Wir haben genügend Rasolzid in den Laderäumen«, antwortete er. »Sie wissen, dass diese Flüssigkeit in Verbindung mit Sauerstoff zu einer undurchdringlichen Masse wird?«

»Das ist uns bekannt«, erwiderte Camaal. »Wir brauchen das Zeug hier vor Ort. Rüsten sie ein Technikerteam aus. Sie sollen unseren Standort anpeilen, eine Füllkanone, zehn Behälter des Rasolzid und fünf mobile Geräte zur Erzeugung von Eindämmungsfeldern mitbringen. Die Angelegenheit eilt sehr. Das Team soll sich beeilen und nicht vergessen ihre Schutzkleidung anzulegen und die Individualschirme zu aktivieren.«

»Ich gebe ihren Befehl sofort weiter«, antwortete der Navigator.

Er hatte in Abwesenheit des Systemrats den Befehl über das Schiff übernommen.

Camaal blickte ZWV-1 an.
»Wir werden die Kammern luftdicht verschließen und die Eingänge mit Eindämmungsfeldern sichern«, erklärte er. »Wenn das geschehen ist, dann muss die Hypertronic-KI die Luft komplett aus der Station absaugen. Erst hiernach kann diese Höhle mit frischer Luft geflutet werden.«

Er blickte seine Begleiter an.
»Es wird noch einige Zeit dauern, bis unser Team eintreffen wird«, ergänzte der Systemrat. »Schauen wir uns die restlichen Kammern an.«

Furgun, der 1. Offizier nickte.
»Ich bin gespannt, was wir dort noch finden werden«, erwiderte er.

Camaal, sein erster Offizier und die beiden Roboter gingen den Weg zurück, zum Ausgang der Kammer. Nur wenige Meter entfernt war ein weiteres Loch in der Felsenwand zu sehen.

Der Systemrat winkte dem Arbeitsroboter.
»Leuchte bitte diese Kammer aus«, sagte er.

Der Roboter trat vor und hielt seinen Strahler in die dunkle Höhle gerichtet.

»Wieder ein Korridor ins Ungewisse«, murmelte der 1. Offizier. »Was waren das für Wesen, die diese Höhlen gegraben haben? Was führten sie im Schilde?«

Camaal zuckte mit seinen Schultern.

»Wir können nicht einmal beweisen, ob es sich bei den ausgetrockneten Kreaturen in der ersten Kammer um die Erbauer dieser Höhle handelt«, sagte er.» Vielleicht waren das auch nur Versuchsobjekte für das Sysranit. «

Der 1. Offizier nickte nachdenklich.

»Testobjekte? «, fragte er. » Dann muss diese Species noch schrecklicher gewesen sein, als sie aussieht. «

»Gehen wir in die Kammer«, sagte Camaal. »Von außen können wir sie nicht untersuchen. «

Die beiden Offiziere aktivierten ihren Scanner. Die Geräte summten leise vor sich hin, zeigten aber keine Besonderheiten an. Der Arbeitsroboter leuchtete tief in die Kammer hinein. Als die Gruppe weiter in die Kammer vorgedrungen war, erfasste das Licht des Scheinwerfers wahllos aufgetürmte Skelette von humanoiden Lebewesen. Die Überreste der Wesen waren achtlos auf einen Haufen geworfen worden. Camaal und Furgun blickten sich an.

»Ich habe da eine schreckliche Befürchtung«, sagte der Systemrat.

Er hob die Skala seines Scanners näher an sein Gesicht. Mit seinen Handschuhen drückte er auf die Taste für fossile Scans. Dann richtete er das Gerät auf die Anhäufung der humanoiden Knochenfunde. Das Gerät piepste sofort laut auf und zeigte das Resultat an. Der Systemrat stand steif auf der Stelle und bewegte sich nicht. Furgun trat neben ihn und schaute auf die Anzeige.

»Das sind Knochen von ragunischen Personen«, fluchte er. »Was ist denn hier passiert? Der Scan ist eindeutig. «

Camaal zeigte auf die untersten Skelette. Ihre Arme und Beine hingen in schweren Ketten, als ob es sich um Gefangene handeln würde.

»Sind das Angehörige des Baukommandos? «, erkundigte sich Furgun.

»Das ist ausgeschlossen«, antwortete der Kommandoroboter. »Alle ragunischen Personen wurden ordnungsgemäß feuerbestattet. Der Kommandeur hat die Personalliste sauber abgearbeitet. «

Furgun hielt ebenfalls seinen Scanner auf die Überreste.
»Die Knochen wurden mit einer unbekannten Substanz konserviert«, bemerkte er. »Sie ist von meinem Scanner nicht zu identifizieren.

»Eine Substanz der fremden Species? «, fragte der Systemrat. » Das wird ja immer kurioser. Ich wundere mich immer mehr, dass diese Kammern nicht von dem Bautrupp untersucht wurden. Es ist doch offensichtlich, dass an den Ragunern Versuche durchgeführt wurden. Ihre Überreste wurden alle achtlos auf einen Haufen geworfen, wie das von uns mit getöteten wilden und aggressiven Tieren auf fremden Planeten gemacht wird. «

Furgun nickte.
»Dafür werden die Fremden die Angehörigen unserer Rasse gehalten haben«, antwortete er.» Ich spüre, wie sich ein großer Hass in mir ausbreitet. «

Camaal hatte seinen Scanner wieder umgestellt und suchte nach weiteren Ungereimtheiten.

»Hier ist nichts anderes mehr zu finden«, sagte er. »Der Scanner zeigt nur die gleiche Kontaminierung in der Luft an, wie in der ersten Kammer. «

»Auch diese Höhle wird von uns versiegelt«, befahl Furgun. »Sie wird das Grab unserer Angehörigen sein. «

Camaal hielt nochmals seinen Scanner auf die konservierten Knochen. Er nahm einige Einstellungen an dem Gerät vor. Erneut summte es laut auf. Der Systemrat las das Ergebnis ab.

»Das Gerät ermittelt ein Alter von knapp 300.000 Jahren für diese Knochen«, bemerkte er. »Das kann stimmen. Die schweren Ketten wurden aus einem hochlegierten aluminiumähnlichen Material gefertigt. Sie haben sich zwar verfärbt, doch das Material ist weiterhin intakt. «

»Was hat hier vor 300.000 Jahren stattgefunden? «, fragte der 1. Offizier. » Welche Rasse hatte zu der damaligen Zeit ein Interesse an der ragunischen Species. Sie mussten gewusst haben, wenn unsere Sicherheitsgarden sie aufspüren würden, dann hätten sie ihre restliche Lebenszeit in feuchten Arrestzellen verbringen müssen. Doch scheinbar wurden sie nicht entdeckt und konnten in dieser Höhle unbeobachtet experimentieren. «

Camaal nickte.

»Die Größe der Höhle ist ausgelegt, um eine ganze Flotte zu beherbergen«, überlegte er. » Sollte es sich hierbei um einen Stützpunkt der fremden Species handeln? «

»Wir haben die Technik es herauszufinden«, antwortete Furgun.

Der Systemrat hob seine Hand.

»Nicht so schnell«, sagte er. »Wir haben vorrangigere Probleme zu lösen. Wir wissen noch nicht, ob unser Eingreifen in die Zeit den Angriff der Arthropoden stoppen konnte. «

»Wir haben ihre Welten brennen sehen«, antwortete Furgun. »Dank der Ceshalter konnten wir die insektoide Rasse vernichten. «

»Das hoffe ich«, entgegnete der Systemrat. »Das hoffe ich wirklich für unsere Zivilisation. Hierüber müssen wir uns noch informieren. Wir werden später das weitere Vorgehen mit den Offizieren unserer Crew und der Hypertronic-KI dieser Station besprechen. «

Der 1. Offizier blickte seinen Vorgesetzten an. Dann lächelte er.

Camaal nickte.

»Wir werden ein Pfand in den Händen halten«, sagte er. »Falls uns der Zentralrat wirklich opfern wollte, dann wird das ein Nachspiel haben. Wir werden den Rücktritt von Ruadan fordern.«

»Das meinte ich nicht«, bemerkte der 1. Offizier. »Ich kenne die Bestimmungen einer herrenlosen Station.«

»Ich auch«, antwortete Camaal. »Wir werden die Hypertronic-KI bitten, uns als Offiziere des ragunischen Imperiums mit dem alleinigen Befehlsrecht über dieser Basis auszustatten. Das wird ausdrücklich in den Statuten des Zentralrates so angeordnet, falls externe Basen keinen ragunischen Kommandeur mehr besitzen. Die Hypertronic-KI wird nur unsere Befehle ausführen.«

»Damit kann der Zentralrat nicht mehr auf uns verzichten«, lächelte Furgun. »Wir besitzen ein Faustpfand, falls der Zentralrat sich unserer Person entledigen möchte.«

Die Gruppe ging in die nächste Kammer. Auch hier waren Knochen von verstorbenen Lebewesen zu finden. Doch dieses Mal waren es nicht Überreste von ragunischen Personen. Die Skelette wiesen lediglich eine Größe von

1.60 Metern auf. Der Körperbau dieser Wesen schien robuster zu sein als der Knochenbau der Raguner. Camaal schaltete seinen Scanner ab.

»Das sind die Überreste einer unbekannten Species«, sagte er. »Die Erbauer dieser Höhle hatten scheinbar mehrere unterschiedliche Lebensformen in diesen Kammern eingepfercht.«

Die nächste Höhle wurde inspiziert. Dort lagerten in verrotteten Behältnissen gut erhaltene Waffen.

»Das sind unterschiedliche Laserstrahler«, sagte Furgun. »Auch einige ragunische Nadelstrahler erkenne ich unter dem Sammelsurium. Es scheinen aber ältere Entwicklungen zu sein, nicht so leistungsstark wie unsere heutigen Ausführungen sind.«

»Vermutlich die Waffen der Gefangenen«, bemerkte Camaal.

»Kommandeur«, meldete sich eine Stimme vom Eingang der Kammer. »Sie haben uns angefordert?«

Camaal, Furgun und die beiden Roboter schritten zum Eingang der Kammer zurück.

Ein Personengleiter stand vor den Hohlräumen des Felsgesteins. Eine Gruppe von 10 Technikern hatte vor der Kammer Aufstellung genommen. Die Soldaten salutierten, als der Flottenkommandeur aus der Kammer kam.

»Ich bin Gaanda«, stellte sich der Anführer des Trupps vor. »Wie können wir ihnen helfen?«

»Haben sie das Rasolzid dabei?«, erkundigte sich Camaal.

»Wie Sie es befohlen haben«, antwortete der Soldat. »Auch die Füllkanone haben wir geladen. Ferner die fünf mobilen Geräte zur Erzeugung von Eindämmungsfeldern.«

»Perfekt«, bedankte sich Camaal.

Er zeigte auf die erste Kammer.

»Dort läuft eine chemische Substanz aus verrotteten Behältnissen aus«, erklärte er. »Vermutlich wird sie hier seit 300.000 Jahren gelagert. Es handelt sich um Sysranit, eine hochgefährliche Substanz, die unsere Wissenschaftler erst vor wenigen Jahren auf der Kolonie Virgin entdeckt haben. Fragen sie mich nicht, wie diese Substanz hierhin gelangt ist. Jedenfalls ist diese Chemie die Ursache für die Kontaminierung der Atemluft in dieser Station. Ich bitte sie diese Kammer als Erstes zu versiegeln.«

Der Soldat bestätigte.

»Die erste Kammer wird versiegelt«, wiederholte er den Befehl. »Ich habe verstanden, Kommandeur.«

Er drehte sich ab und schritt zu dem Gleiter zurück. Er winkte 6 Arbeitsroboter, die beweglich aus dem Gleiter sprangen.

»Baut die Füllkanone vor der ersten Kammer auf«, befahl er. »Richtet das Stativ auf den Eingang. Wir werden die Höhle versiegeln.«

Seine Soldaten schleppten Fässer mit Rasolzid zu dem Eingang der Kammer. Ein Roboter trug einen langen Schlauch zu der Füllkanone, die gerade aufgebaut wurde.

Camaal, Furgun und die beiden Roboter der Station blickten ihnen zu.

Jeder Handgriff des Arbeitsteams war eingespielt. Die Soldaten verbanden den Schlauch mit der Füllkanone und mit dem ersten Fass des Kunstgesteines.

Camaal registrierte, wie seine Techniker die Füllkanone in die Kammer rollten. Der Schlauch wurde ausgerollt. Dann gab der Anführer den Befehl die Füllkanone zu aktivieren.

Der Schlauch wurde prall und leitete das flüssige Rasolzid an die Kanone weiter. Der Soldat, der den Schlauch hielt, spritzte den flüssigen Kunststein in jede Ecke und Nische der Kammer. In der Verbindung mit dem Sauerstoff explodierte die Flüssigkeit förmlich. Sie schäumte sich in Sekundenschnelle auf und wurde zu einem undurchlässigen Kunststein. Das Material versiegelte die Kammer.

»Den Schlauch zurückziehen«, sagte der Soldat, der das Endstück der Füllkanone bediente.

Langsam wurden der Schlauch und die Füllapparatur von den restlichen Soldaten zurückgezogen. Die Kammer füllte sich immer mehr mit dem künstlichen Stein. Dann war es vollbracht. Die Kammer war versiegelt.

Der Techniker gab den Befehl die Füllmaschine abzuschalten.

»Einer von euch muss das Eindämmungsfeld installieren«, sagte der Truppenführer.

Ein Techniker lief in die Höhle und suchte nach einem geeigneten Platz für das Gerät. Dann aktivierte er es. Ein gelbes Energiegitter baute sich auf und schirmte den Inhalt der Höhle nach außen ab.

Der Techniker kam zurück.
»Das Absperr-Eindämmungsfeld ist aktiv«, meldete er. »Es lässt nichts mehr nach außen dringen. «

»Danke«, antwortete Gaanda.

Er schritt auf den Systemrat zu.
»Der Kunststein sollte sich bereits ausgehärtet haben«, teilte der Anführer der Arbeitsgruppe mit. »Die Masse lässt nichts mehr durch. Das Eindämmungsfeld ist aktiv. «
»Perfekt, ich danke ihnen«, antwortetet Camaal. » Ziehen sie sich mit ihren Leuten in den Gleiter zurück. Wir werden jetzt ein Vakuum in der Station erzeugen. Legen sie ihre Sicherheitsgurte an. «

Der Truppenführer salutierte und schritt zu seinen Leuten.

Der Systemrat sah, wie er sie informierte und die Soldaten auf den Gleiter zuschritten.

Er drehte seinen Kopf und blickte ZWV-1 an.
»Die Hypertronic-KI möchte die komplette Luft aus der Station absaugen«, befahl er. »Erst wenn das geschehen ist, möchte sie Frischluft freisetzen. Bitte veranlasse das.«

ZWV-1 bewegte sich nicht. Er unterhielt sich mit seiner KI. »Die Luft wird nach außen gedrückt«, antwortete er nach wenigen Sekunden.

Die Offiziere des ragunischen Flaggschiffes liefen zu dem Transportgleiter, sprangen hinein und suchten sich einen Sitzplatz. Schnell legten sie den Sicherheitsgurt des Sitzes um.

Camaal und Furgun bemerkten, wie ihre Schutzanzüge an ihren Körper gedrückt wurden. Ein Zeichen für das Vakuum, welches in der Station entstand. Die hochsensiblen Sensoren in den Schutzanzügen der ragunischen Offiziere und Soldaten reagierten sofort. Sie fluteten mehr Atemluft in den Anzug. Es verstrichen einige Minuten, bis die Station von der Hypertronic-KI vollständig leer gepumpt war. Aus dem geöffneten Schott sahen die Personen, wie von der Decke der Station weißer Sauerstoff in die Halle geleitet wurde. Die KI hatte begonnen Frischluft in die Station zu pumpen. Die Anzüge der Raguner weiteten sich wieder. Langsam erstarb der Strom an sichtbarem Sauerstoff von der Decke der Halle.

Camaal, Furgun und die Soldaten sprangen aus dem Gleiter. Der Systemrat schaltete seinen Scanner an. Die Werte der Kontaminierung waren auf der Anzeige auf ein

Minimum gefallen. Der jetzige Wert konnte humanoiden Personen nicht mehr gefährlich werden.

»Es hat funktioniert«, sagte er. »Der Wert der Kontaminierung ist unbedenklich. Wir können jetzt unsere Helme öffnen und die Schutzanzüge ablegen. Die Kammer der Kontaminierung wurde erfolgreich versiegelt. «

Furgun überprüfte vorsichtshalber noch einmal die Angabe, doch auch sein Scanner zeigte die gleichen Werte an.

»Die Werte sind unbedenklich«, bestätigte der 1. Offizier.

Systemrat Camaal blickte den Anführer der Soldaten an. »Gut gemacht, die Kammer ist dicht«, lächelte er. »Ihr könnt jetzt weiterarbeiten. Die zweite und die dritte Höhle müssen ebenfalls noch versiegelt werden. Wir haben dort konservierte Skelette und Knochen von Ragunern und von fremden Lebewesen entdeckt. Scheinbar sind sie hier vor 300.000 Jahren verstorben. Diese Kammern werden ihre letzten Ruhestätten sein. «

»Von verstorbenen Raguner? «, fragte der Anführer der Soldaten.

Furgun nickte.

»Wir wissen nicht, wie sie hierhin gekommen sind«, sagte er. »Das werden wir aber noch herausbekommen. Versiegeln sie bitte ebenfalls die Kammer.«

Der Anführer der Soldaten bestätigte den Befehl. Er wollte sich abdrehen und seine Untergebenen informieren.

»Einen Moment noch«, sagte Systemrat Camaal. »Rufen sie bitte ein Team von Wissenschaftlern«, sagte er. »In den restlichen Höhlen liegen Waffen und Ausrüstungsgegenstände fremder Herkunft. Unsere Wissenschaftler möchten sich die Artefakte ansehen. Vielleicht ist etwas Brauchbares hierunter.«

»Ich informiere unsere Wissenschaftler«, antwortete der Truppenführer.

Camaal blickte ZWV-1 an. »Bringen sie uns zu ihrer Hypertronic-KI«, lächelte er. »Sie wird schon ungeduldig sein.«

»Folgen sie mir zu der Transportplattform«, konterte ZWV-1. »Unsere KI wird sich freuen, sie endlich kennenzulernen. Sie hat viele Fragen.«

Camaal und Furgun blickten sich irritiert an. Sie stiegen auf die Transportplattform und hielten sich an einer Metallstange fest. ZWV-1 und der Arbeitsroboter, welcher das Gefährt steuerte, standen bereits auf der Plattform.

Der Arbeitsroboter aktivierte die Servos. Das Gefährt hob sich von dem Boden ab und beschleunigte. Erneut flog es durch den großen Hangar, der eine Flotte von Raumschiffen beherbergen konnte. Zahlreiche Geräte standen an den Wänden. An einem Teil von ihnen blinkten bunte Kontrollleuchten. Erneut flog er an der parkenden Flotte der ehemaligen Baugruppe vorbei.

Die Transportplattform bog nach rechts ab. Schon von weitem sahen Camaal und Furgun die großen Energiemeiler, die für das Energie-Management der zeitgesteuerten Wurmlochanlage notwendig waren. Sie wurden jeweils von 6 seitlich angeordneten Zapfstellen unterstützt, die sich der unerschöpflichen Energie des Zwischenraumes bedienten. Die gleichen Gebilde kannten Camaal und Furgun von der Zentralwelt Ragun. Sie standen auf dem großen Platz der Evakuierung und wurden seinerzeit für die Aktivierung der Flüchtlingstore in eine Station der Aller-Ersten benötigt.

Die Anlage war gewaltig. Die Techniker des Baukommandos hatte ganze Arbeit geleistet. Die technischen Komponenten der Anlage glichen exakt der Wurmlochstation auf dem zerstörten ragunischen Forschungsasteroiden. Weit dahinter war die Leitstelle der Station zu sehen, die als Steuerzentrale fungierte. Der Roboter, der die Transportplattform steuerte, erhöhte nochmals die Geschwindigkeit. Camaal und Furgun hielten sich krampfhaft fest, um nicht ihren Halt zu verlieren. Sie blickten sich irritiert an. ZWV-1 ignorierte es. Lange drei Minuten raste die Transportplattform der Zentrale entgegen. Der Systemrat und sein 1. Offizier ließen sich nichts anmerken. Als die Geschwindigkeit spürbar nachließ, atmeten die beiden ragunischen Offiziere auf.

Der Kommando-Roboter drehte ihnen seinen Kopf zu. »Sie haben die räumliche Ausdehnung dieser Höhle erkannt«, bemerkte er. »Es ist erstaunlich, dass unser Imperium nicht eher etwas hiervon bemerkt hat«.

»Vagun ist nicht direkt ein Planet, der sich für eine Besiedlung durch ragunische Kolonisten anbietet«, antwortete Furgun. »Seine Oberfläche ist zu heiß. Ihm wurde nicht viel Beachtung durch unsere Wissenschaftler geschenkt. «

Die Transportplattform stoppte vor einem großen Schott. Es war mit unbekannten Schriftzeichen verziert.

»Wir sind da«, sagte ZWV-1. »Die Hypertronic-KI erwartet uns. Folgen sie mir bitte. Ich bringe sie hin. «

Camaal und Furgun sprangen von der Transportplatte und folgten dem Kommando-Roboter der Station. Dieser marschierte auf das große mit fremden Schriftzeichen versehene Schott zu. Nirgendwo war ein Öffnungsmechanismus zu sehen. Zu dem Erstaunen der beiden Offiziere befand sich in der Brusthöhe von ZWV-1 das Bild eines dreidimensionalen Sternensystems auf dem Schott. Camaal hatte dieser Verzierung bisher keine besondere Aufmerksamkeit geschenkt. Jetzt erkannten die beiden Offiziere, dass es sich um ein Abbild des heimatlichen Systems handelte.

Der mobile Arm der Hypertronic-KI griff nach dem zweiten Planeten, der scheinbar Vagun darstellen sollte und schob sie beiseite. Ein dunkles Loch wurde hierunter sichtbar. ZWV-1 steckte seinen rechten Arm in den Hohlraum. Auf dem Schott aktivierten sich zahlreiche kleine funkelnde Signalleuchten. Der Roboter zog seinen Arm wieder aus der Vertiefung. Keinen Moment zu früh, der Schott bewegte sich nach oben und verschwand in die Felsenwand.

Camaal und Furgun blickten in eine moderne, große eingerichtete Leitstelle. Sie war mit Geräten förmlich überfüllt. Bildschirme, Monitore und Datengeräte waren an der Decke und an den Wänden montiert. Der Raum war für 25 Personen ausgelegt, die über eigene Systemplätze und Terminals verfügten, um in laufende Prozesse der Station eingreifen zu können. Die zentrale Hypertronic-KI, eine breite Maschinenwand, füllte die rückwärtige Wand vollständig aus. Ihre zahlreichen LEDs leuchteten erwartungsvoll die Gäste an.

»Ich begrüße Systemrat Camaal und seinen 1. Offizier in der Leitstelle der Wurmloch-Station Vagun«, hallte es aus den Lautsprechern. »Ich bin die Hypertronic-KI dieser geheimen Station. Bitte nehmen sie Platz. «

Förmlich aus dem Nichts produzierten sich ein Tisch und mehrere Stühle aus dem Boden der Leitstelle. Der Systemrat und sein 1. Offizier staunten.

»Beeindruckend? «, sagte Camaal. » Handelt es sich hierbei um eine neue Technik? «

»Nein«, antwortete die Hypertronic-KI. »Es ist eine adoptierte Technik der unbekannten Erbauer dieser

Höhle. Ich konnte Programme und Daten ihrer Hinterlassenschaften entschlüsseln.«

»Das wird dem Zentralrat nützlich sein«, bemerkte Furgun. »Die ragunische Regierung ist über unsere Existenz nicht informiert«, antwortete die Hypertronic-KI. » Unser geschätzter Erbauer, Flottenführer Henuar, ist leider an den Folgen des Kampfgiftes verstorben. Er konnte die Fertigstellung seiner Station nicht mehr erleben. Doch er hat einige Sicherungen an mir und der erbauten Wurmlochanlage hinterlassen. «

»Sicherungen? «, erkundigte sich Systemrat Camaal. » Was kann ich hierunter verstehen? «

Die kleinen Signallampen an der KI arbeiteten intensiver. Sie zeigten den Arbeitsprozess der Hypertronic-KI an.

»Nach meiner Einschätzung war Kommandeur Henuar seiner Zeit voraus«, antwortete die KI. »Seine weisen Voraussichten galten immer dem Erhalt dieser Station, für das ragunische Volk und für nachfolgenden Rassen. Aus diesem Grunde hat er meine vorgegebene Programmierung geändert. «

»Er hat deine Programmierung verändert? «, fragte der Systemrat nach. » Zu welchem Zweck?«

»Das will ich ihnen erläutern«, antwortete die KI. »Eine baugleiche Anlage wurde als Forschungsstation auf einem fremden Asteroiden gebaut. Diese war befehlsmäßig dem Zentralrat von Ragun unterstellt. Henuar wusste, dass es nur eine Frage der Zeit sein würde, bis diese Anlage von Feinden des Imperiums entdeckt und vernichtet würde. Gehe ich Recht in meiner Annahme, dass seine Vermutungen eingetroffen sind?«

»Wir können die Vernichtung der Station nicht bestätigen«, antwortete Camaal. » Meine Flotte wurde vorher in die Vergangenheit versetzt, um eine hoheitliche Aufgabe zu lösen. Eine exakte Aussage kann ich erst nach einer Landung auf Ragun und nach meinem Gespräch mit dem Zentralrat machen. Wir wissen lediglich, dass die Anlage unser geöffnetes Wurmlochtor geschlossen hat. Uns war auf dem direkten Weg eine Rückkehr nicht möglich. «

»Das sollte ihnen zu denken geben«, antwortete die Hypertronic-KI. »Der normale Weg zur Ausführung einer Mission besagt eindeutig, dass ein Wurmlochtor so lange geöffnet bleiben muss, bis die ausgesandte Flotte sicher zurückgekehrt ist. Eine Abschaltung des Durchganges würde den Verlust der Wurmloch-Koordinaten bedeuten und möglicherweise eine Rückkehr der Missionsflotte unmöglich machen. «

»Das ist uns bewusst«, antwortete der Systemrat. »Wir wurden ausgesandt, um die Rasse der Arthropoden in ihrer frühen Entwicklung anzugreifen. Mit diesem Befehl wurden wir 800.000 Jahre in die Vergangenheit gesandt. Doch die Informationen unseres Geheimdienstes waren falsch. Auch in dieser Zeitepoche verfügte das insektoide Volk bereits über eine starke Raumflotte. Meine 5.020 Schiffe umfassende Flotte wäre völlig unterlegen gewesen, wären wir nicht auf eine andere humanoide Species gestoßen, die ebenfalls ihr Hoheitsgebiet von dieser Lebensform säubern wollte. «

»Eine unbekannte humanoide Species? «, fragte die Hypertronic-KI. »Ihre Technik war wesentlich höher entwickelt als die von Ragun? «

»Ganz genau«, antwortete Camaal. »Wir halfen diesen Humanoiden bei ihrem Angriff auf die Arthropoden. Sie nannten sich selbst Ceshalter. Mit ihrer Hilfe gelang es, alle Brutwelten der insektoiden Rasse zu vernichten. Später öffneten uns die Ceshalter mit ihrer eigenen Wurmlochtechnik einer Passage zurück in unsere Zeitepoche. «

»Das war ihre Rettung«, antwortete die Hypertronic-KI. »Eine Verquickung glücklicher Umstände, die nicht allen Zeit-Reisenden zuteilwurde.«

Camaal und Furgun blickten ZWV-1 an.

»Meine KI möchte auf die Art ihrer Sicherung zu sprechen kommen«, bemerkte der Kommandoroboter.

»Mein mobiler Arm hat es richtig erfasst«, teilte die Hypertronic-KI mit. »Kommandeur Henuar hat dafür gesorgt, dass die Kommandostruktur meiner Programmierung geändert wurde. Ich kann keine Befehle mehr von dem Zentralrat von Ragun annehmen, sondern bin an einen vor Ort stationierten Kommandeur, oder seinen Stellvertreter gebunden. Dieser Offizier, mindestens im Range eines Systemrats, kann uneingeschränkt über meine Funktionen verfügen.

Er hat die Aufgabe dafür zu sorgen, dass diese Station nicht fremden Mächten in die Hände fällt. Meine Programmierung wurde von Kommandeur Henuar mit einer Sicherung belegt. Sie ist unumkehrbar. Falls gewaltsam gegen mich vorgegangen, oder versucht wird, mein Speicher-und Intelligenzzentrum auszutauschen, hat das unweigerlich die Selbstzerstörung der kompletten Station zu Folge. «

»Ich verstehe«, antwortete Systemrat Camaal. »Kommandeur Henuar, den du als deinen Erbauer verstehst, hat eigenmächtig gehandelt und sich gegen die Befehle des Zentralrates entschieden.«

»Das ist richtig«, entgegnete die KI. »Ich bin ihm dankbar, dass er mich als eigenständige KI, mit besonderen Fähigkeiten zur Weiterentwicklung konzipiert hat. Er hatte rechtzeitig sein Ableben und das seiner Crew erkannt. Nur durch die mir gegebenen besonderen Fähigkeiten, konnte ich diese Station mit meinen Arbeitsrobotern fertigstellen. Es versteht sich von selbst, dass ich der Programmierung und den Befehlen von Kommandeur Henuar Folge leiste.«

»Dann sind wir deine Gefangenen?«, fragte Furgun.

Ein Moment verging, bis die Hypertronic-KI antwortete. »Noch nicht«, sagte sie monoton. »Das hängt von ihren weiteren Entscheidungen ab.«

»Von welchen Entscheidungen sprichst du?«, erkundigte sich Systemrat Camaal.

»Von ihrer allein zu treffenden aufrichtigen Entscheidung«, antwortete die KI. »Ich bin ohne einen Kommandeur nicht vollständig handlungsfähig. Auch das war eine Sicherheitsmaßnahme von Kommandeur Henuar. Wie ich ihnen bereits berichtete, ist unser Erbauer durch das freigesetzte Kampfgas einer ausgestorbenen Species verstorben. Ich benötige einen ragunischen Offizier, mindestens im Range eines Systemrates, den ich als meinen neuen Kommandeur verpflichten kann. Er wird der alleinige Befehlshaber dieser Station sein. Falls sie diese Aufgabe nicht übernehmen möchten, dann bin ich durch meine Programmierung verpflichtet, sie und ihr Personal festzunehmen. Diese Maßnahme ist notwendig, um eine Entdeckung dieser Station vorzubeugen. «

Camaal überlegte einen Augenblick.

»Deine Programmierung mag zwar so ausgelegt sein, doch wie willst du dich gegen meine 5.020 Klappflügel-Schiffe wehren«, lächelte der Systemrat. »Sie kennen meine Position und wissen, dass ich Gast in deiner Anlage bin. Sie werden es nicht hinnehmen, dass du mich an einer Rückkehr zu meiner Flotte hinderst. «

»Ihre Flotte wird es nicht ändern können«, entgegnete die Hypertronic-KI. »Wie sie mittlerweile wissen werden, stammt die Höhle von einer ausgestorbenen fremden Rasse. Meine Leitstelle wurde in ihre Kommandozentrale integriert. Kommandeur Henuar und seinen

Wissenschaftlern gelang es, die fremde Technik in mein System zu adoptieren.«

»Was willst du uns hiermit sagen?«, fragte Systemrat Camaal in einem ruhigen Ton.

»Das ich über alle technischen Möglichkeiten der ausgestorbenen fremden Rasse verfüge«, teilte die KI mit. »Diese Station ist nicht nur eine Wurmloch-Anlage, wie es der Auftrag des Zentralrates vorsah. Meine Leitstelle ist auch ein starkes Abwehrbollwerk mit insgesamt 120 großen Abwehrtürmen, die ich aktiveren kann. Ihre Flotte wurde von mir in ein Tarnfeld gehüllt. Sie kann seit ihrer Ankunft nicht geortet werden. Ein Hyperkomm-Funkkontakt ist nur zu meiner Leitstelle möglich. Das Tarnfeld unterbindet abgehende Hyperkomm-Funksprüche nach Ragun, oder in ihr heimisches Imperium. Haben sie sich nicht gefragt, warum wir noch keinen Besuch von ihrem Zentralplaneten erhalten haben? Die imperiale Raumüberwachung hätte eine Flotte von 5.020 Schiffen doch längst registrieren müssen.«

Der 1 Offizier blickte seinen Vorgesetzten an.
»Die Hypertronic-KI spricht die Wahrheit«, bemerkte er.

»Unsere Raumüberwachung sollte uns längst geortet haben. Die Zeit hätte ausgereicht, um ein Aufklärungsgeschwader nach Vagun zu entsenden.«

Camaal nickte.

»Was erwartetest du von mir?«, fragte er. »Die Vervollständigung meiner Programmierung«, erwiderte die KI. »Nur wenn ich sie, als Systemrat des ragunischen Imperiums als neuen Kommandeur dieser Station verpflichte, dann erhalte ich Zugriff auf alle Funktionen dieser Station.«

Einige Sekunden vergingen, bis sich die KI erneut meldete. »Systemrat Camaal, ich frage sie ein einziges Mal«, tönte ihre Stimme aus den Lautsprechern. »Wollen sie die Aufgaben dieser Station zum Wohle unseres Sternensystems leiten. Bitte berücksichtigen sie meine besondere Wortwahl. Ich sagte zum Wohle unseres Sternensystems, nicht zum Erhalt des ragunischen Imperiums.«

»Das lässt sich nicht voneinander trennen«, sagte Furgun. »Das ragunische Imperium ist ein untrennbarer Bestandteil dieses Sternensystems.«

»Falsch«, antwortete die KI. »Es gab vor den Ragunern bereits Lebewesen in diesem Sternensystem. Es wird auch nach ihnen erneut Lebensformen hier geben. Diese Station hat den Auftrag allen Species zu dienen, die in diesem bedeutenden Sternensystem heranwachsen. «

»Woher weißt du von dieser Bedeutung? «, fragte Camaal. »Hierüber ist dem Zentralrat nichts bekannt. «

»Es gibt höhere Wesen in diesem Universum, die sich zu reinen Energiewesen weiterentwickelt haben«, antwortete die Hypertronic-KI. »Sie halfen Kommandeur Henuar bei der Programmierung, mich als selbstdenkende und weiterentwickelnde Hypertronic-KI zu programmieren. Sie teilten dem Kommandeur mit, dass sich auch in den zukünftigen Zeitepochen intelligente Lebewesen in diesem Sternensystem entwickeln werden. Diese Station wird eine wichtige, unterstützende Rolle bei diesen Schöpfungen spielen. «

»Das ist mir zu hoch«, antwortete Furgun. »Wer waren die Erbauer dieser Basis? Wir konnten in einer Felsenkammer versteinerte Überreste einer quallenartigen Lebensform finden. «

»Das waren Eindringlinge«, antwortete die KI. »Sie hießen Worgass. Seltsamerweise konnten sie die Position meiner Station orten. Die Erbauer dieser Höhlenbasis nannten sich Schablinger. Scheinbar waren es Freunde der Kon-Ra-

Tak, die sich ebenfalls zu Energiewesen weiterentwickelt haben. Sie registrierten das Eindringen dieser Wesen. Wie sie mitteilten, waren die Worgass unterentwickelte Wesen, die von anderen Rassen gerne als Hilfsvolk eingesetzt wurden. In ihren Augen waren die Formwandler die Pest des Universums. In diesem Fall stammten sie aus der Andromeda Galaxie, die von einer Rasse mit Namen Gill-Grimm gelenkt und dominiert wird. Sie trieben die Worgass zusammen und eliminierten sie.«

»Der Name Kon-Ra-Tak ist uns bekannt«, bemerkte Systemrat Camaal. »Während unserer Zeitmission haben wir eine Rasse kennengelernt, die sich Ceshalter nannte. Sie teilten uns mit, dass sie öfter Kontakt zu ihnen unterhielten. Die Kon-Ra-Tak hätten ihnen den Auftrag erteilt, den ihnen unterstellten Hoheitsraum von den Arthropoden zu säubern. Dank ihrer Hilfe und der technischen Überlegenheit ihrer Kampfkreuzer gelang es uns, den Lebensraum der insektoiden Lebensform zu vernichten. «

»Danke für die Informationen«, antwortete die Hypertronic-KI. »Der Name Ceshalter befindet sich nicht in meinem Datenarchiv. «

ZWV-1 trat vor.

»Kommen wir zurück zu unserer wichtigsten Frage «, sagte er. »Systemrat Camaal, Befehlshaber und eingesetzter Rat über 35 ragunische Kolonie-Sternensysteme. Wollen sie die Aufgabe als Kommandeur dieser besonderen Basis übernehmen? Ihnen allein steht das Recht zu, diese Wurmloch-Kampfbasis vollständig zu aktivieren, zu leiten und zu schützen. Nehmen sie diese hoheitliche Aufgabe an? «

»Bleiben mir bei einer Annahme meine externen Aufgaben erhalten, oder bin ich in dieser Basis gefangen? «, erkundigte er sich.

»Sie können weiterhin ihren Verpflichtungen nachgehen«, antwortete ZWV-1. »In ihrer Abwesenheit wird die Hypertronic-KI und ich ihre Aufgaben übernehmen. «

»Hiermit bin ich einverstanden«, bestätigte Camaal.

Sein 1. Offizier blickte ihn skeptisch von der Seite an.

»Es ist nichts anderes, als wir auf unserem Flaggschiff bereits besprochen hatten«, beruhigte er Furgun. »Wir haben ein Faustpfand gegenüber dem Zentralrat in der Hand. Er wird ohne uns, keinen Zugriff mehr auf diese Station erhalten. «

»Hoffentlich geht das gut«, murmelte der 1. Offizier. »Halswan wird außer sich sein. Vermutlich lässt er uns in ein feuchtes Verlies auf Ragun werfen.«

»Damit verliert er den Zugriff auf diese Station«, antwortete der Systemrat. »Er braucht sie, um seine Pläne auszuführen. Ohne diese Station ist er hilflos.«

»Ich hoffe, sie behalten Recht«, erwiderte der 1. Offizier.

»Systemrat Camaal«, sagte ZWV-1. »Treten sie vor die Hypertronic-KI.«

Der Systemrat trat vier Schritte vor. Er stand jetzt genau vor der großen Anlage. Eine 30 Zentimeter große Öffnung bildete sich.

»Führen sie ihren nackten Unterarm in die Öffnung ein«, forderte ZWV-1 ihn auf. »Die KI wird sie mit den erforderlichen Kennzeichen eines Kommandeurs dieser Basis ausstatten.«

Der Systemrat streifte seine Uniformjacke ab und zog den Ärmel seines Hemdes zurück. Dann ballte er seine rechte Hand zu einer Faust und schob seinen Arm vorsichtig in die Öffnung. Diese verkleinerte sich passgenau auf die

Stärke seines Armes. Camaal registrierte, dass er seinen Arm nicht mehr vor, oder zurückbewegen konnte. Er biss seine Lippen zusammen. Es vergingen mehre Sekunden, dann bemerkte er einen leichten Stich in seiner Haut. Ein Instrument setzte sich auf seinen Arm und verharrte einen Augenblick. Dann stank es nach verbrannter Haut.

Die Öffnung vergrößerte sich und gab den Arm des Systemrates frei. Camaal zog seinen Arm heraus und schaute ihn sich an.

Auf der Unterseite seines Armes war ein kleines Sternensystem eingebrannt. Der zweite Planet leuchtet in einem grünlichen Schimmer.

»Das ist die Kennzeichnung eines Kommandeurs dieser Basis«, sagte ZWV-1. »Das Brandzeichen ist für immer mit ihrem Köper verbunden. Ihrer Blutbahn wurden eine große Anzahl von Nanobots hinzugefügt, die ihre Gesundheit kontrollieren und sie erhalten und verlängern. Gleichzeitig registrieren sie ihre Absichten und Pläne. Diese aufgezeichneten Daten werden von Fall zu Fall durch einen für sie nicht spürbaren Impuls an unsere Hypertronic-KI gesendet. Sie ist daher immer über ihre wahren Handlungen und Absichten informiert. Agieren sie gegen unsere Programmierung, werden wir es erfahren. Ihr Zugriff auf diese Station wird unweigerlich gesperrt. Haben sie alles verstanden?«

»Das habe ich«, antwortete Camaal. »Ich kann der Hypertronic-KI versichern, dass ich zu keiner Zeit gegen ihre Programmierung verstoßen werde. Mein Ziel ist es, diese Station erfolgreich gegen Feinde einzusetzen und sie für nachkommenden Generationen und Rassen zu erhalten.«

»Die Programmierung ist erfüllt«, antwortete die KI. »Die Nanobots werden jetzt von mir aktiviert. Sie werden bemerken, wie sie sich innerhalb von Sekunden besser und leistungsfähiger fühlen werden.«

Camaal stand still auf seinen Füßen und bemerkte, wie ein wohliges Gefühl durch seinen Körper floss. Er registrierte die unbändige Stärke, die ihn überflutete. Diese Wahrnehmung hatte er das letzte Mal in einem jugendlichen Alter empfunden.«

»Ich muss nach Ragun, um den Zentralrat über meine Mission zu informieren«, sagte er. » Kommt ihr allein zurecht?«

»Sämtliche gesperrten Funktionen meiner Basis wurden freigegeben«, antwortete die KI. »Ich danke

Kommandeur Camaal für seine Kooperation. Wie lautet ihr Befehl?«

»Sicherung und Abschottung dieser Basis vor jedem unbekannten Zugriff«, befahl er. »Wartet meine Rückkehr ab. Ich fliege nach Ragun und berichte dem Zentralrat. Nach meiner Rückkehr werden wir die weitere Nutzung dieser Basis besprechen.«

»Befehl akzeptiert und verstanden«, antwortete ZWV-1. »Wir werden in der Zwischenzeit sämtliche überfälligen Wartungsarbeiten durchführen und die Anlage an ihre Leistungsgrenze hochfahren. Außerhalb der Leitstelle wartet eine Transportplattform auf sie. Sie bringt sie wieder zu ihrem Schiff.«

»Danke«, antwortete Camaal. »Ich komme schnell zurück.«

Auf seinem Flaggschiff, erreichte den Systemrat ein Hyperkomm-Funkspruch seiner Basis.

»Hier spricht die Hypertronic-KI von Vagun«, hallte es aus den Lautsprechern. »Das Tarnfeld um ihre Flotte wird in wenigen Minuten deaktiviert. Die Raumüberwachung von Ragun kann ihre Flotte in den nächsten Minuten registrieren.«

»Danke«, antwortete Camaal. »Wir beginnen mit dem Rücksturz zu dem Zentralplaneten.«

Die Verbindung brach ab. »Informieren sie unsere Flotte«, befahl der Systemrat. »Wir führen eine Kurztransition durch.«

»Ihr Befehl wurde an die Flotte weitergegeben«, bestätigte der Funkoffizier. »Alle Schiffe starten ihre Antriebe.«

Die aus 5.020 Schiffen bestehende Flotte entmaterialisierte in den Hyperraum. Die Hypertronic-KI der Wurmlochstation registrierte den Abflug und begann mit ihren Wartungsarbeiten.«

Zentralplanet Ragun

In der Raumüberwachung des Zentralplaneten überschlugen sich die Ereignisse. Zahlreiche Sensoren und Orter schlugen aus. Andere lösten einen Signalalarm aus. Die Offiziere der Raumüberwachung liefen zu ihren Geräten. Gerade noch wurde eine nicht identifizierte große Flotte über Vagun registriert. In dem nächsten Moment verschwand sie wieder in den Hyperraum.

»Was haben wir? «, erkundigte sich Commander Ruanda. Er war der diensthabende Befehlshaber der Raumüberwachung von Ragun.

»Soeben hatte ich einen Ortungsreflex oberhalb von Vagun registriert«, antwortete ein Offizier. »Es wurden 5.020 Schiffe angezeigt. Die Zeit hat nicht ausgereicht, um sie zu identifizieren. «

»Sofort einen vollständigen Systemalarm ausrufen«, befahl Huanda. »Wenn wir den Einflug einer Arthropoden-Flotte in unser System registriert haben, dann wird es nicht mehr lange dauern, bis sie mit ihrer Hauptstreitmacht hier auftauchen. Ich will alle verfügbaren Groß-Zerstörer im Orbit von Ragun wissen. «

»Die Heimatverteidigung wurde informiert«, bestätigte der Funkoffizier.» Die Schiffe starten von ihren Basen. Alle im Raum befindlichen Schiffe kehren nach Ragun zurück. «

»Informieren sie den Zentralrat«, befahl der Commander. »Sagen sie Ruadan, dass wir eine unbekannte Flotte von mindestens 5.020 Schiffen über Vagun geortet haben. Ich bitte um weitere Anweisungen.«

Regierungspalast von Ragun

Der Zentralrat tagte in dem Sitzungssaal des großzügigen Regierungspalastes. Ruadan und seine 11 Kollegen des Zentralrates, ließen sich die neuen Berichte von der Front vortragen. Erneut gelang es den Arthropoden, einige vorgelagerten Kolonien des Imperiums anzugreifen und zu verwüsten.

»Unsere Flotte ist trotz der Verstärkung nicht in der Lage das weitere Vorrücken der arthropodischen Allianzflotte zu verhindern«, erklärte Halswan. »Die strategische Kriegsführung der obersten Raumbehörde ist eine Zumutung. Viele unserer schweren Großzerstörer der Raumflotte werden eingekesselt und vernichtet. Ich frage die Offiziere der Raumflotte, welche Strategie beabsichtigen sie mit dieser Vorgehensweise?«

Ruadan, der Vorsitzende des Rates war aufgesprungen und blickte in den vollen Saal der Offiziere und Systemräte.

»Ich bitte die Führung der obersten Raumbehörde vorzutreten und die Frage unseres geschätzten Gastes zu beantworten«, forderte er die Offiziere auf.

Muuda, der Stellvertreter des Vorsitzenden verzog sein Gesicht.

»Unser Vorsitzender ist nicht mehr er selbst«, dachte er. Ruadan führt nur noch Anweisungen von Halswan aus. Irgendetwas ist mit ihm passiert.«

Er hoffte inständig, dass Flottenkommandeur Lenus etwas bei seinen geheimen Recherchen finden würde.

»Das hätte unser alter Vorsitzende niemals zugelassen«, erinnerte er sich. »Die Offiziere der obersten Raumbehörde so zu demütigen und ihre Qualifizierung in Frage zu stellen. Das sollte nicht im Rahmen dieser Sitzung erforderlich sein.«

Zuaran, der Oberbefehlshaber der ragunischen Flottenverbände, bahnte sich einen Weg durch die Zuhörer. Er wurde von Buuda, einem Kommandeur einer starken Eingreifflotte und von Kommandeur Meeda begleitet, dem eine Hilfsflotte von mehreren Hunderten von Klappflügel-Zerstören unterstand. Die drei Offiziere verbeugten sich vor dem Zentralrat.

»Geschätzter Zentralrat«, sagte Oberkommandeur Zuaran. »Wir geben unser Bestes, um die feindliche Allianzflotte an dem Eindringen in unsere Galaxie zu hindern. Die Hauptflotte wird von uns gebunden. Obwohl wir massiv ihre Angriffsreihen ausdünnen, scheinen die Arthropoden über einen unerschöpflichen Nachschub an Schiffen zu verfügen. Wir hingegen, müssen uns mit umgebauten Schiffen der Kolonien herumärgern, die bereits in der ersten Raumschlacht vernichtet werden. Auf diesen Einheiten befindet sich kein ausgebildetes Personal. Die Besatzungen sind an der Front völlig überfordert. «

Ruadan schlug mit seiner Faust auf seinen Tisch.

»Sie sind sehr undankbar«, erwiderte er. »Wir haben alle Hebel in Bewegung gesetzt, um ihnen zumindest diese Schiffe als Verstärkung zu senden. Sind sie denn nicht mit unseren neuesten Waffensystemen ausgestattet? «

»Wir wissen die Bemühungen des Zentralrates zu würdigen«, antwortete Buuda. »Doch wie unserer Oberkommandeur ihnen bereits mitteilte, ist diese Verstärkung lediglich Kanonenfutter für unsere Feinde. Die Besatzungen der Schiffe sind nicht in der Lage, strategische Entscheidungen zu treffen. Ihnen fehlt es eindeutig an einer soliden Praxis. Sobald diese Geschwader auf den Gegner treffen, endet das in einem Fiasko. Besser wäre es, wenn der Zentralrat den Neubau von Schiffen und die Ausbildung von geeignetem Personal beschleunigen könnte. «

Ruadan blickte die Offiziere an.

»Alle Werften arbeiten bereits Tag und Nacht«, teilte er mit. »Wir sind am Ende unserer Kapazitäten angelangt. Ohne den langwierigen Bau neuer Produktionswerften werden wir den Ausstoß neuer Schiffe nicht forcieren können. Das ist der Tatbestand. Der Zentralrat erwartet, dass die oberste Raumflotte geeignete Vorschläge unterbreitet, um die Allianzflotte der Arthropoden abzuwehren. «

Zuaran war außer sich.

»Ihre Befehle bringen uns nicht weiter«, sprach er den Rat an. »Sie verschließen ihre Augen vor den Tatsachen. Ich frage mich wirklich, ob sie über alle täglichen Ereignisse an der Front informiert sind. Es sterben täglich erstklassige ragunische Offiziere. Sie alle stehen für unsere Heimatwelt ein und steuern ihre Geschwader gegen den Feind. Doch die Übermacht an feindlichen Schiffen ist erdrückend. Wir verlieren täglich wertvolle Kampfzerstörer an den Feind. Durch das weitere Vorrücken der Arthropoden ist es uns nicht möglich, die Überlebenden in den Rettungskapseln zu bergen. Die Schiffe der Arthropoden vernichten sie. Es ist ein Spaß für sie. Unterbreiten sie uns ihren Vorschlag, wie unsere imperiale Flotte den Feind aufhalten soll? Die oberste Raumbehörde ist ratlos. «

»Das stellen wir seit geraumer Zeit fest«, fluchte Ruadan. »Bisher haben alle Befehle ihrer Strategen keinen sichtbaren Erfolg gebracht.«

Halswan war auf das erhobene Podest des Zentralrates gestiegen und hob seine Hände in die Luft.

»Gegenseitige Beschimpfungen bringen uns nicht weiter«, sagte er laut. »Jetzt sind gemeinsame Ideen gefragt. Ich rufe die Mitglieder der Versammlung auf, über entsprechende Vorschläge nachzudenken.«

Ein Systemrat war aufgesprungen. »Ich bin Torgon«, sagte er. »Mir sind einige Kolonialwelten unterstellt. Die Front nähert sich immer weiter unserem Hoheitsgebiet. Es dauert nicht mehr lange, dann haben uns die Schiffe der Arthropoden erreicht. Warum nehmen wir keine Verminung des Einflugkorridors der Feindflotte vor. Hierdurch sparen wir an Schiffen und Besatzungen. Die Minen werden zahlreiche Geschwader des Feindes zerstören, oder beschädigen.«

»Dem stimme ich zu«, beteiligte sich ein weiterer Systemrat an der Diskussion. »Mein Name ist Nuada. Wir sollten Kampf- und Abwehrdrohnen mit Antimaterie bestücken. Sie können von uns programmiert werden, um mit den Schiffen des Feindes zu kollidieren. Ferner wünsche ich mir Schiffe, die bis zum Rand mit Raketen, Bomben und Torpedos bestückt sind. Diese waffenstarrenden Festungen können bei einem Feindkontakt ihre vollständigen Bestände an Gefechtskörpern abfeuern. Sobald ihre Munition aufgebracht ist, springen sie zurück zu ihren Basen und werden neu bestückt. «

»Die Schiffe sollen sich keinem Kampf stellen? «, fragte Halswan.» Ich bezweifele, ob wir auf diesem Wege den Feind aufhalten können. «

»Es geht in diesem Fall um eine Dezimierung der Feindflotte«, bemerkte Zentralrat Muuda.»Auch wenn dieser Weg nicht ehrenhaft ist, so kann er doch eine Lösung sein, um die Flottenverbände der Arthropoden zu reduzieren. Wir sollten diese Strategie zumindest ausprobieren. Dann sehen wir das Ergebnis. «

»Werden die feindlichen Schiffe unsere Raketen, Bomben und Torpedos nicht bereits bei ihrem Anflug auf ihre Schiffe zerstören? «, erkundigte sich Halswan.

»Deswegen müssen alle Gefechtsköpfe ohne Zeitverzögerung freigesetzt werden«, antwortete Zuaran.

»Ganze Teppiche mit Tausenden von Geschossen werden sich den feindlichen Schiffen nähern. Ich halte es für ausgeschlossen, dass die Arthropoden und ihre Verbündete alle ausschalten werden. Der Vorschlag unseres Systemrates Nuada ist eine Option. Denken sie bitte daran, Raketen, Bomben und Torpedos lassen sich schneller herstellen als komplett ausgestattete ragunische Kampfzerstörer.«

Halswan nickte und blickte Ruadan an. »Geben sie den Befehl«, sagte er. »Probieren sie diese neue Strategie aus. Schaden kann es nichts.«

Der Vorsitzende des Zentralrates blickte die Offiziere der obersten Raumbehörde an.

»Der Zentralrat von Ragun autorisiert die oberste Raumbehörde, diesen Plan unverzüglich umzusetzen«, sagte er. »Bringen sie uns positive Ergebnisse. Die Produktionswerften werden den Ausstoß von Gefechtsköpfen erhöhen. Die Träger stehen in ausreichenden Mengen zur Verfügung. Wir werden die Außenbasen und Kampfstationen mit entsprechenden Mengen versorgen.«

Zuaran und seine Begleiter verbeugten sich.

»Der Zentralrat ist weise«, sagten sie. »Wir werden alles sofort in die Wege leiten und die entsprechenden Befehle an die Flotte übermitteln. «

Dann drehten sich die Offiziere der obersten Raumbehörde ab und liefen schnellen Schrittes aus dem Sitzungsraum.

Der Geheimauftrag von Lenus

Ein ziviler Gleiter schwebte in der dunklen Nacht die Straße des abgeschiedenen Wohngebietes entlang, in welcher der Vorsitzende des Zentralrates seine Unterkunft hatte. Lenus hatte sich fünf verschwiegene Begleiter ausgesucht, bei denen er sich sicher war, dass er sich auf sie verlassen konnte.

»Ihr kennt die Aufgabe? «, fragte er seine Begleiter. »Wir ermitteln verdeckt. Muuda, der Stellvertreter des Zentralrates vermutet, dass Ruadan von Halswan umgedreht wurde. Laut seinen Informationen hat sich der Vorsitzende verändert. Vielleicht wurde ihm eine Droge, oder einem Serum injiziert, dass er alle Vorschläge von dem Aller-Ersten akzeptiert. «

»Halswan hat einen Angriff auf den Vorsitzenden des Zentralrates durchgeführt?«, erkundigte sich Nudaran erstaunt.

Er war der 1. Offizier eines Schiffes aus der Flotte von Lenus.

»Es ist bisher nur eine unbewiesene Vermutung«, antwortete Lenus. »Doch die Handlungen unseres Vorsitzenden sind seit einigen Tagen sehr fragwürdig.«

»Wir werden es herausbekommen«, flüsterte Stilgaar. »Falls Drogen, oder chemische Kampfstoffe eingesetzt wurden, kann ich das herausfinden.«

»Wichtig ist, dass Halswan und seine Begleiter keinen Verdacht schöpfen«, sagte Lenus. »Ferner ist unser Auftrag nicht von dem Zentralrat abgesegnet. Wir müssen vorsichtig sein. Keine Spuren dürfen auf uns hinweisen.«

»Das hätte fatale Folgen«, lachte Sedaaran. »Unsere Karriere wäre beendet. Vermutlich würden wir die restliche Zeit unseres Lebens auf einem schäbigen Deportationsplaneten verbringen.«

»Schöne Aussichten«, fluchte Jurgun. »Ich weiß nicht, warum ich mich von euch immer wieder zu solchen gefährlichen Aufträgen überreden lasse. Irgendwann fallen wir auf. Aber vermutlich ist das sowieso egal. Aus einer geheimen Quelle der obersten Raumbehörde weiß ich, dass unsere imperiale Raumflotte die Allianz-Armada der Arthropoden nicht aufhalten kann. Es ist abzusehen, wenn unser Heimatplanet in Schutt und Asche gelegt wird.«

Lenus blickte seine Begleiter an.
»Ich habe euch im Vorfeld mehrmals gefragt, ob ihr mich unterstützen wollt? «, fragte er.» Falls ihr jetzt kalte Füße bekommt, dann brechen wir ab und kehren um. Ich suche mir dann andere Gehilfen. «

»Bleib ruhig«, lachte Nudaran.»Wir haben dich bisher immer bei deinen seltsamen Aufgaben begleitet. Falls wir erwischt werden sollten, dann trägst du die alleinige Schuld hieran. Letztendlich ist es egal, ob wir von dem Zentralrat, oder von den Arthropoden getötet werden. «

Lenus blickte seinen Freund irritiert an.
»Warum nimmst du auch immer solche Aufträge an? «, fragte Nudaran.» Kein anderer Offizier der Flotte würde das durchziehen, ohne seinen Vorgesetzten eine Meldung zu geben. «

Die Soldaten in dem zivilen Gleiter lachten laut auf.

Lenus nickte.

»Danke euch«, antwortete er. »Ich hoffe, ich kann das irgendwann einmal bei euch gut machen kann.«

Er blickte auf seinen Bildschirm. »Etwas langsamer«, forderte er Nudaran zu. »Das Anwesen dort links, ist die Unterkunft des Vorsitzenden. Fliege unauffällig vorbei. Wir schauen erst einmal, ob es von dem ragunischen Geheimdienst observiert wird. Stell die Suchtaster an, ob sie Ortungsgeräte oder Sensoren in den abgestellten Gleitern orten können.«

Nudaran drückte auf einige Knöpfe an seinem Cockpit. Ein breiter pulsierender Kreis bildete sich auf einem Monitor. Er blickte auf die Anzeigen suchte nach aktivierten Ortern und Tastern.

Nach einigen Sekunden schüttelte der 1. Offizier seinen Kopf. Der zivile Gleiter hatte das Anwesen passiert und war der Straße weiter geradeaus gefolgt.

»Nichts Auffälliges«, sagte Nudaran. »Es konnten keine Regierungsgleiter erkannt werden.«

»Das ist perfekt«, erwiderte Lenus. »Wende an der nächsten Abzweigung und fliege zurück. Parke unseren

Gleiter in dem Schatten zwischen den Bäumen. Wir legen unsere Gesichtsmasken an.«

Der Gleiter wendete und flog die gleiche Strecke zurück. Kurz vor dem Anwesen parkte der 1. Offizier das Fluggefährt unter mächtigen Bäumen, die einen großen Schatten auf die Straße warfen.

»Habt ihr alles dabei? «, erkundigte sich Lenus.» Wir haben nur einen Versuch.«

»Natürlich«, antwortete Jurgun.»Wir machen das nicht zum ersten Mal. Alle Geräte sind eingepackt.«

Der Schott des Gleiters öffnete sich zu dem stabilen Zaun des Anwesens hin. Die sechs schwarz gekleideten und vermummten Soldaten sprangen heraus und stellten sich an den Gleiter. Zufällige Beobachter hätten sie nicht erkennen können.

Lenus gab ein Zeichen. Gebückt liefen die Personen um den Zaun des Anwesens herum, um an seine Rückseite zu gelangen. Der Anführer der Gruppe schnitt mit seinem Laserstrahler einige Metallstäbe aus dem Zaun. Gerade groß genug, um den Soldaten einen Durchschlupf zu gewähren.

Lenus blickte sich nach allen Seiten um. Nichts war zu sehen. Er winkte seinen Begleitern, weiter zu dem Haus des Vorsitzenden vorzudringen. Vorsichtig schlichen sie dem Eingang der Unterkunft entgegen.

»Die Türe öffnen«, befahl Lenus.

Sedaaran, der Waffenexperte der Gruppe trat vor und steckte einen Gegenstand in den Öffnungsmechanismus an der Wand. Nach wenigen Sekunden piepste dieser auf, die Türe sprang auf. Die Soldaten drangen in das Gebäude ein.

Lenus blickte sich um.

»Das hier ist wirklich ein abgeschiedenes Gebiet«, flüsterte er. »Kein Raguner ist auf der Straße zu sehen.«

Die Gruppe sah sich in dem Haus um. Jurgun, der Technik-und Kommunikations-Experte kramte ein Gerät aus seinem Rucksack und aktivierte es. Es summte leise und piepste nach kurzen Sekunden laut auf.

»Aufnahmesensoren im Bereich der Eingangstüre«, flüsterte er.

Lenus und Jurgun blickte an dem Rahmen der Eingangstüre hoch. Versteckt in der oberen Ecke leuchteten zwei rote Augen der Sensoren.

»Das sind Überwachungssensoren«, flüsterte er. »Falls Ruadan Besuch hatte, sollten sie etwas aufgezeichnet haben.«

»Dann müssen wir nur noch das Aufnahmegerät finden«, erwiderte Lenus. »Wir brauchen den Speicherkristall.«

Er wies seine Kollegen an, nach diesem Gerät zu suchen. Die Soldaten schwärmten aus.

Nudaran hatte ein Gerät aktiviert und hielt es auf dem Boden.

»Hier ist etwas«, sagte er. Lenus und Jurgun traten an seine Seite.

Nudaran leuchtete mit einem Strahler auf den Boden. Eine verbrannte Stelle in den Holzdielen wurde sichtbar.

»Ein Brandfleck? «, sagte Lenus argwöhnisch. » Hoffentlich ist es nicht das, was ich vermute?«

Nudaran schaltete seinen Scanner um und hielt ihn auf die verbrannte Stelle. Das Gerät summte leise vor sich hin und ermittelte Daten. Nach wenigen Sekunden zeigte es das Ergebnis auf dem Bildschirm des Scanners an.

»Ragunische DNA«, flüsterte Nudaran. »Sie stammt von Ruadan. Dieser Brandfleck stammt von einem ragunischen Todesstrahler.«

»Der erste Schuss aus einer solchen Waffe betäubt, der zweite tötet und der dritte löst einen Körper vollständig auf«, sagte der Anführer der Gruppe. »Die Benutzung dieser Waffen sind nur für das Vollziehen von Todesurteilen zulässig.«

»Die DNA ist eindeutig von Ruadan«, sagte Nudaran. »Gemäß der Anzeige meines Scanners wurde der Vorsitzende des Zentralrates an dieser Stelle getötet und durch den Strahler aufgelöst. Ein Irrtum ist ausgeschlossen.«

»Ruadan lebt aber«, entgegnete Lenus. »Er leitet immer noch den Vorsitz des Zentralrates. Wie erklärt sich das?«

Nudaran zuckte mit seinen Schultern.
»Das kann ich dir nicht erklären«, sagte er. »Irgendetwas stimmt hier nicht.«

Die drei Soldaten kamen zu dem Eingang zurück. »Wir haben alle Räume gründlich durchsucht«, erklärte Sedaaran. »Niemand ist zu Hause. In dem Büro des Vorsitzenden haben wir das Aufnahmegerät gefunden. Ich habe den Speicherkristall an mich genommen. Hierauf werden wir die Aufzeichnungen der letzten Tage finden.«

»Auch ein mobiles Datenerfassungsgerät habe ich mitgenommen«, flüsterte Jurgun. »Vielleicht lassen sich wichtige Eintragungen hierauf finden. «

»Gut gemacht«, lächelte Lenus. »Ich konnte in dem Büro des Vorsitzenden keine Drogen, oder chemische Kampfmittel entdecken«, teilte Stilgaar mit. »Alles war sauber. Sein Medizinschrank war lediglich mit den üblichen Schmerzmitteln gefüllt. «

»Das reicht mir«, antwortete Lenus. »Wir verschwinden von hier. Ich möchte in keinem Fall von einer Sicherheits-Patrouille entdeckt werden. «

Die Gruppe schaltete ihre Lichtstrahler aus. Vorsichtig schritten sie aus dem Eingang des Hauses, an den dunklen Außenwänden in den Schatten der Rückseite zurück. Hier schlüpften sie durch den Schlitz im Zaun.

Lenus öffnete den Schott des Gleiters. Die vermummten Raguner sprangen hinein.

»Bringe uns einige Straßen von hier weg«, befahl der Leiter der Gruppe. »Fliege einen öffentlichen Parkplatz in der Stadt an. Dort spielen wir den Speicherkristall ab. «

Nudaran schaltete die Servos des zivilen Gleiters ein. Das Gefährt hob sich vom Boden ab und schwebte langsam vorwärts. Seine abgedunkelten Scheiben ließen einen Blick von außen in sein Inneres nicht zu. Unauffällig verließ der Gleiter das abgeschiedene Wohngebiet von Ruadan. Auf einer Hauptverbindungsstrecke beschleunigte der 1. Offizier das Fluggefährt.

Am Horizont waren bereits die Lichter der ragunischen Hauptstadt zu erkennen. Wie ein Moloch füllte die große Stadt den ganzen Horizont aus.

Lenus überlegte, welches Ergebnis er auf dem Besuch des Hauses ziehen konnte.

»Was kann den Brandfleck auf den Eingangsdielen verursacht haben«, dachte er. »Ruadan konnte es nicht sein. Er sitzt weiterhin dem Zentralrat als Vorsitzender vor. «

Der zivile Gleiter bog in die langen breiten Häuserschluchten der Stadt ein. Nudaran zog den Steuerstick nach rechts und flog eine weitere Verbindungsstrecke entlang. Sie wurden von vielen zivilen und militärischen Fluggefährten genutzt. Das Ziel kam näher. Vorsichtig senkte der 1. Offizier den Gleiter auf einem großen Landeplatz, vor einem belebten Casino ab. Langsam setzte der Gleiter auf dem Boden auf. Hier landeten und starteten in Sekundenabständen zahlreiche zivile Flugmaschinen. Ein weiteres Fluggefährt fiel möglichen Beobachtern nicht auf. Der Antrieb erstarb.

»Lese das Speichermodul ein«, befahl Lenus seinem 1. Offizier.

Dieser steckte den dreieckigen roten Speicherkristall in die Abspielvorrichtung des Gleiters.

»Ich spiele die letzte Speicherung vor«, erklärte Nudaran.

»Stelle auch den Tonmitschnitt an«, bat Lenus.

Bildschirme aktivierten sich an den Wänden des Gleiters. Sie zeigten den Eingangsbereich von Ruadans Unterkunft. Der Lautsprecher des Gleiters vermittelte, wie es an der Türe pochte. Ein sichtlich erstaunter Vorsitzender öffnete sie.

»Was machen sie hier auf meinem privaten Anwesen«, tönte die Stimme von Ruadan aus den Lautsprechern des Gleiters. »Sollten sie nicht in einer unserer Arrestzellen sein? «

Die Kamerasensoren drehten sich und zeigten die Gesichter der Besucher an. Halswan und fünf seiner Begleiter standen vor der Türe des Vorsitzenden des ragunischen Zentralrates.

»Man hat uns gehen lassen«, erwiderte Halswan lächelnd. »Entschuldigen sie bitte, dass wir sie stören. Ich möchte ihnen einen Vorschlag unterbreiten. «

»Das ist der falsche Ort und die falsche Zeit«, erwiderte Ruadan verärgert. »Lassen sie sich einen Termin des Zentralrates geben. Ich brauche meine freie Zeit. «

»Die Angelegenheit kann nicht warten«, antwortete Halswan abwertend.

Ruadan wollte die Türe seines Hauses schließen. Halswan trat plötzlich blitzschnell einen Schritt auf Ruadan zu. Dieser wich nicht von seiner Stelle zurück.

»Verschwinden sie, ansonsten rufe ich meine Sicherheitssoldaten«, warnte er die Eindringlinge. » Die werden sie in den Arrestbereich zurückbegleiten. «

»Da kommen wir gerade erst her«, antwortete Halswan eiskalt.

Seine Augen waren zu kleinen Schlitzen geschmolzen. Mit einer blitzschnellen Bewegung zog er sein Messer aus der Scheide und stach es Ruadan tief in den Hals. Der Vorsitzende hatte den Angriff nicht kommen sehen. Mit aufgerissenen Augen brach er zusammen. Blut sprudelte aus der tiefen Wunde.

»Sie wollten nicht auf mich hören«, flüsterte Halswan ihm eiskalt zu. »Das haben sie jetzt davon. Wir können unseren Plan auch ohne sie umsetzen. «

Lenus und seine Begleiter schrien auf. Hiermit hatten sie nicht gerechnet.

»Verfluchte Mörderbande«, sagte Nudaran. »Halswan hat dem Vorsitzenden des Zentralrates ein Messer in den Hals gestoßen. «

»Wir sehen es«, sagte Lenus. »Ruhe bitte, ich möchte die restlichen Worte des Aller-Ersten verstehen. «

Lenus und seine Begleiter sahen, wie Ruadan auf den Holzdielen des Bodens lag. Sein Herz hatte aufgehört zu schlagen.

Der Lautsprecher des Gleiters tönte auf.

»Oylswan, komm her und versuche seine Gestalt anzunehmen«, befahl Halswan.

Der Angesprochene trat vor.

»Es ist gut, dass niemand weiß, wer du in Wirklichkeit bist«, lachte er. »Ich wusste, dass ich dich irgendwann brauchen würde.«

Der Angesprochene bückte sich und legte seine rechte Hand auf die Stirn des Toten. Ein Zucken zog sich durch seinen Körper. Es schien so, als ob sich sein Körper gegen seine Fähigkeit aufbäumte. Dann zerfloss Oylswan in eine gummiartige flüssige Form, die sich auf dem Boden ausbreitete. Sie brodelte und pulsierte. Das alles dauerte nur Sekunden. Dann hob sich aus der Masse ein dicker Stumpf, der immer mehr die Form des getöteten Vorsitzenden des Zentralrates annahm. Die Gestalt wurde größer und stabiler. Dann festigte sie sich. Der Prozess der Formwandlung abgeschlossen.

»Ich stehe zu ihren Diensten«, sagte der Worgass. »Wie kann ich behilflich sein? «

»Du wirst den Zentralrat der Raguner nach unseren Vorgaben beeinflussen«, freute sich Halswan. »Ab sofort bist du Ruadan, der Vorsitzende des Zentralrates. Dein Wort wird von allen Räten und Offizieren geschätzt. «

Nudaran stoppte die Aufzeichnung.
»Da haben wir die Erklärung«, sagte er. »Halswan hat eine fremde Kreatur zu Ruadan gemacht. Was ist das für ein Wesen? «

Lenus schüttelte seinen Kopf.
»Ich kenne es nicht«, antwortete er. »Es muss ein Lebewesen sein, welches die Körperform anderer Species imitieren kann. Eine Ausgeburt aus den Tiefen des Weltraums. Nur die Aller-Ersten können sagen, mit was wir es hier zu tun haben. Jetzt verstehe ich, warum Ruadan plötzlich ganz anders entscheidet, als er es früher getan hat. Das Wesen ist ein Begleiter von Halswan. Es hat den Vorsitzenden unseres Regierungsrates getötet. «

Er schlug mit seiner Faust auf die Rücklehne des Vordersitzes.

»Wir müssen vorsichtig sein, diese Aufzeichnungen weiterzugeben«, flüsterte er. »Das kann uns Kopf und Kragen kosten, wenn der Speicherkristall den falschen Personen in die Hände fällt.«

»Wir wissen doch gar nicht, ob nicht noch mehr Regierungsmitglieder auf diesem Wege ausgetauscht wurden«, bemerkte Stilgaar.

»Ich wurde von Muuda beauftragt, dem Stellvertreter des Rates«, erklärte Lenus. »Er würde mich nicht mit diesem Auftrag betrauen, wenn er ein Gehilfe von Halswan wäre.«

»Wir sollten vor einem Gespräch seine DNA bestimmen«, schlug der Medizinexperte vor. »Nur so kann ich mit Bestimmtheit sagen, ob Muuda über eine ragunische DNA, oder über eine fremde verfügt. Diese Untersuchung würde uns Sicherheit geben.«

»Einverstanden«, antwortete Lenus. »Das sollten wir hinbekommen.«

Er blickte Nudaran an.
»Bitte lasse den Rest der Aufnahme abspielen«, befahl er. »Vielleicht erfahren wir noch etwas.«

Das Bild fuhr fort, der Lautsprecher übermittelte den Ton.

»Was machen wir mit der Leiche des Vorsitzenden? «, fragte Nylswan, ein Begleiter von Halswan.

»Die brauchen wir nicht mehr«, entschied der Aller-Erste. »Beseitigt ihn für alle Zeiten. «

Nylswan zog seinen Laserstrahler aus seinem Waffengurt. Mit seinem Daumen drückte er den dritten Knopf der Einstellungsskala hinein. Dann richtete er den Strahler auf den toten Vorsitzenden. Er drückte den Abzug. Der Körper des Toten wurde von drei starken Laserstrahlen getroffen. Das Feuer des Strahls fraß sich weiter und breitete sich über den ganzen Körper aus. Die Glut brodelte, der Körper schrumpfte förmlich in sich zusammen. Die Leiche des Vorsitzenden des ragunischen Zentralrates fiel verkohlt in sich zusammen.

Das Feuer brannte weiter, bis nichts mehr von der toten Person übrigblieb.

Der Begleiter von Halswan blickte auf die kleine am Boden züngelnde Flamme und trat sie mit seinen Stiefeln aus. Das Feuer erlosch. Übrig blieb lediglich ein schwarzer Brandfleck auf den Bodendielen.

»Der Vorsitzende wurde dem Höllenbrand übergeben«, sagte er. »Von ihm droht keine Gefahr mehr. «

Halswan nickte seinen Soldaten zu. »Dieser Einsatz wurde erfolgreich beendet«, flüsterte er. »Gehen wir auf unser Schiff zurück. Morgen nehmen wir uns den Zentralrat vor. «

Der Abtrünnige der Aller-Ersten hob seinen Arm und vollführte eine kreisrunde Bewegung. Ein ovaler nebliger Durchgang entstand. Die Schutzsoldaten schlüpften hindurch. Halswan blickte sich noch einmal um. Dann schritt er ebenfalls in den geöffneten Ereignishorizont, der hinter ihm zusammenfiel und erlosch. Die Aufnahme endete.

»Wie kann Halswan eine solche Nebelwand aufbauen? «, fragte Sedaaran. » Über dieses Wissen verfügen wir nicht.«

»Eine Art Wurmloch-Personendurchgang«, vermutete Lenus. »Er ist in der Lage, nur mit der Kraft seines Geistes diesen Durchgang zu öffnen. Das zeigt uns, er ist mit Vorsicht zu genießen. Er kann mehr, als er uns preisgeben will. «

»Er muss ausgeschaltet werden«, sagte Nudaran. »Halswan muss für den Mord an unserem Vorsitzenden zur Rechenschaft gezogen werden. «

»Das ist die Aufgabe des Zentralrates«, antwortete Lenus. »Vorausgesetzt es gibt ihn noch. «

Er blickte seine Begleiter durchdringend an. »Ihr haltet den Mund hierüber«, befahl er. »Nichts darf von unseren Beobachtungen nach außen dringen. Du Nudaran, fertigst bitte zwei Kopien des Speichers an. Einer hiervon bleibt in unserem Besitz. Er ist unsere Versicherung, falls uns die Regierung beseitigen möchte.«

»Rückflug zu unserer Einheit? «, fragte der 1. Offizier.

»Ja«, bestätigte der Anführer der Gruppe. »Ich glaube, wir haben genug gesehen. «

Nudaran startete den Antrieb des Gleiters. Langsam hob er vom Boden ab und beschleunigte in die dunkle Nacht.

***

Einer der Saaldiener kam aufgeregt mit einem mobilen Kommunikationsgerät in den Sitzungsraum gelaufen. Ruadan blickte ihn ärgerlich an.

»Was gibt es so Dringendes?«, erkundigte er sich. » Sie sehen doch, dass wir hier eine dringende Sitzung der Regierung durchführen. «

»Ein dringender Funkspruch der Raumüberwachung«, erklärte der Saaldiener. »Der diensthabende Offizier will sie sofort sprechen. Er teilt mit, dass es von imperialer Wichtigkeit ist. «

»Geben sie mir das Kommunikationsgerät«, entgegnete Ruadan widerwillig. «

Der Saaldiener reichte es ihm und verbeugte sich tief. Dann zog er sich zurück.

Ruadan aktivierte das Gerät.
»Hier ist der Vorsitzende des Zentralrates«, sprach er in den Kommunikator. «

»Commander Huanda spricht«, tönte es aus der Hörmuschel. »Ich bin der diensthabende Befehlshaber der Raumüberwachung von Ragun. Soeben hatten wir einen Ortungsreflex oberhalb von Vagun registriert. Es wurden 5.020 unbekannte Schiffe angezeigt. «

»Waren es Schiffe der Arthropoden? «, fragte Ruadan.

»Wir wissen es nicht«, antwortete Huanda. »Die Zeit hat nicht ausgereicht, um sie zu identifizieren. Ich habe sofort einen vollständigen Systemalarm ausgerufen. Wenn wir den Einflug eines Arthropoden-Verbandes in unser System registriert haben, dann wird es nicht mehr lange dauern, bis sie mit ihrer Hauptstreitmacht hier auftauchen. Ich habe alle verfügbaren Groß-Zerstörer in den Orbit von Ragun befohlen. Die Heimatverteidigung wurde informiert.«

»In Ordnung«, bestätigte Ruadan. »Ich informiere meine Kollegen und die Systemräte. Halten sie mich auf dem Laufenden. Die Schiffe müssen identifiziert werden.«

»Verstanden«, erwiderte Commander Huanda. »Wir halten die Leitung zu ihnen offen.«

Ruadan legte den Kommunikator ab. Langsam stand er auf.

»Geschätzte Offiziere und Systemräte«, sage er. »Unsere Raumüberwachung hat nahe Vagun den Ortungsreflex von 5.020 unbekannten Schiffen registriert. Es ist möglich, dass ein Kampfverband der Arthropoden den Weg in unser Heimatsystem gefunden hat. Falls sich diese Vermutung bewahrheitet, dann wird die Hauptarmada unserer Feinde bald vor unserer Zentralwelt stehen.«

Die Systemräte waren von ihren Stühlen aufgesprungen. »Wir müssen evakuieren«, forderte ein Systemrat. »Es ist unmöglich, die Arthropoden-Flotte aufzuhalten.«

»Wir müssen zurück in unsere Systeme«, bemerkte ein anderer Rat. »Unsere Bevölkerung braucht unseren Beistand.«

Ruadan hatte sich Halswan zugewandt und ihn mit den neusten Informationen versehen.

Der Aller-Erste hob seine Hände in die Luft. »Ruhe bitte«, sprach er in ein Mikrofon. »Noch wurden die Schiffe nicht identifiziert. Es kann sich auch um einen zurückkehrenden Verband unserer eigenen Schiffe handeln. Bleiben sie ruhig. Wir sollten die Informationen unserer Raumüberwachung abwarten. Alle schweren Zerstörer unserer Heimatflotte befinden sich im All. Sie werden die Flotte der Arthropoden beschäftigen, bis wir alle Evakuierungsmaßnahmen abgeschlossen haben. Eines sollte ihnen klar sein.

Wenn es sich um unsere Feinde handelt, dann werden sie mit ihren unbewaffneten Konsulat-Schiffen ihr Heimatsystem nicht mehr erreichen. Die Arthropoden machen keine Gefangenen. Die Allianzflotte wird ihre

Schiffe verfolgen und sie vernichten. Weisen sie ihnen nicht noch den Weg zu ihren Koloniesystemen. «

Raumüberwachung von Ragun

Unter Hochspannung beobachteten die Offiziere alle Monitore. Jeder Winkel des Heimatsystems wurde kontrolliert. Nichts entging mehr den geschulten Mitarbeitern.

»Haben wir neue Daten? «, erkundigte sich Commander Huanda.

»Noch nicht«, antworteten die Offiziere.

»Ich habe etwas«, teilte der Ortungs-Offizier mit, welcher den inneren Bereich des Heimatsystems kontrollierte. »Mein Orter registriert eine Verzerrung des Hyperraumes. Es scheint so, dass gleich eine starke Flotte materialisiert. «

»In Welchem Sektor? «, erkundigte sich der Befehlshaber der Raumüberwachung. »Auf den zentralen Monitor legen. «

»Die Abstandsortung beträgt 380.000 Kilometer Richtung Nord«, antwortete der Offizier.

Commander Huanda blickte seinen Funkoffizier an. »Geben sie die Koordinaten an die Flotte unserer Heimatverteidigung weiter«, sagte er. »Sie sollen unverzüglich den Sektor anfliegen.«

Der Funkoffizier ließ seinen Finger über seine Tastatur fliegen.

»Die Heimatflotte bestätigt«, antwortete er. »Die Schiffe gehen auf einen Abfangkurs.«

»Ich habe einen Eintritt in den Normalraum«, meldete ein Offizier.

Befehlshaber Huanda blickte auf den großen Bildschirm der Raumüberwachung. Immer mehr rote Ortungszeichen füllten den Monitor aus. Die Zeichen wurden zu einer unübersichtlichen Anhäufung von Echos.

»KI, haben wir eine exakte Zählung?«, fragte er.

»Meine Zählung wurde abgeschlossen«, meldete die KI monoton. »Es handelt sich um 5.020 Schiffe. Ich nehme jetzt eine Identifizierung vor.«

Gespannt blickten die Offiziere der Raumüberwachung auf den zentralen Bildschirm. Erleichtert atmeten sie auf, als die roten Impulse sich in grüne Signale veränderten.

»Identifizierung abgeschlossen«, tönte es aus den Lautsprechern. »Es handelt sich um ragunische Klappflügel-Zerstörer der 1.000 Meter Klasse. Die Schiffe tragen das Zeichen des vereinigten Koloniesystems, welches von Systemrat Camaal verwaltet wird.«

»Die Flotte von Camaal ist zurückgekehrt?«, staunte Huanda. »Das zeitgesteuerte Wurmloch wurde doch hinter der Flotte geschlossen.«

»Eine Verwechslung ist nicht möglich«, teilte die Hypertronic-KI mit. »Es handelt sich um die Einsatzflotte von Systemrat Camaal, welche 800.000 Jahre in die Vergangenheit geschickt wurde.«

»Funken sie sein Flaggschiff an«, befahl der kommandierende Offizier. »Es soll seinen Flug stoppen, bis es neue Befehle erhält. Der Systemalarm ist unverzüglich aufheben.«

Commander Huanda griff nach dem Kommunikator. Er drückte auf einen roten Knopf. Die Verbindung baute sich selbstständig auf.

»Ruadan«, tönte es aus dem Gerät. »Gibt es neue Informationen?«

»Ja«, antwortete der befehlshabende Offizier der Leitstelle. »Eine Flotte von 5.020 Schiffen ist 380.000 Kilometer vor unserem Zentralplaneten aus dem Hyperraum gesprungen.«

»Sind es Schiffe der Arthropoden?«, fragte der Vorsitzende des Zentralrates.

»Nein«, erwiderte Commander Huanda. »Es handelt sich um die Einsatzflotte von Systemrat Camaal. Sie ist von ihrem Einsatz zurückgekehrt.«

»Das ist nicht möglich«, widersprach Ruadan. »Die zeitgesteuerte Wurmlochstation mitsamt unserem Forschungsasteroiden wurde zerstört.«

»Eine Verwechslung kann ausgeschlossen werden«, antwortete Huanda. »Die Identifizierung der Flotte ist eindeutig. Camaal ist mit seiner vollständigen Flotte zurückgekehrt.«

Es dauerte einige Sekunden, bis Ruadan antwortete.

»Weisen sie den Systemrat an, sich unverzüglich bei mir zu melden«, befahl er. »Er wird uns direkt berichten. Sein Schiff erhält Landeerlaubnis auf dem Raumhafen der Regierung. Eskortieren sie sein Schiff mit Kampf-Jets der Raumüberwachung zu diesen Koordinaten. «

»Ich habe verstanden«, antwortete Huanda. »Ihr Wunsch wird unverzüglich umgesetzt. «

Die Verbindung brach ab.

Sitzungssaal der ragunischen Regierung

Der Vorsitzende des Zentralrates erhob sich und hob seine Hände in die Höhe. Die Diskussionen der anwesenden Personen verstummten.

»Ich habe neue Informationen aus unserer Raumüberwachung erhalten«, teilte er mit. »Die unbekannte Flotte wurde identifiziert. Es handelt sich um die 5.020 Schiffe von Systemrat Camaal. Sie ist intakt und vollständig von ihrer Mission zurückgekehrt. «

Laute Diskussionen brachen unter den Delegierten aus. »Aber das zeitgesteuerte Wurmloch wurde doch zerstört? «, flüsterte Halswan seinem Mitarbeiter zu. » Wie ist ihm der Rückflug gelungen? «

Ruadan zuckte mit seinen Schultern. Er blickte den Aller-Ersten an.

»Das wird er uns selbst erklären«, antwortete er. »Ich habe ihn auffordern lassen, mit seinem Flaggschiff zu landen und sich unverzüglich bei uns einzufinden.«

Der Geräuschpegel im Saal nahm wieder zu. »Ruhe bitte«, forderte Ruadan die Gäste in dem Saal auf. Nur langsam ebbte der Lärm ab.

»Wir alle sind froh, unseren geschätzten Systemrat zurückzuerhalten«, sagte er. »Doch sie sollten auch erkennen, dass seine Mission ein Misserfolg war. Die Flotte der Arthropoden bedrängt weiterhin unsere Galaxie. Die insektoide Rasse konnte von Camaals Mission in der Vergangenheit nicht vernichtet werden. Er kommt zu uns, um uns Antworten zu geben. Warten wir sein Eintreffen ab. Danach befinden wir über seine weitere Verwendung.«

»Warum sprechen sie seine weitere Karriere an?«, fragte Muuda, der Stellvertreter des Vorsitzenden.» Er wird seine aufgetragene Aufgabe nach bestem Wissen durchgeführt haben.«

Ruadan blickte Muuda ärgerlich an. »Warum hinterfragen sie meine Anordnungen? «, erkundigte er sich. » Meine Entscheidung bedarf keiner weiterer Erläuterung. Die Flotte der Arthropoden existiert immer noch. Das reicht aus, um den Systemrat seines Amtes zu entheben. «

»Diese Entscheidung kann unser Rat nur einstimmig treffen«, erwiderte Muuda. »Das sollten sie nicht vergessen. Bis zu einer eindeutigen Beweislage werden sie meine Stimme nicht bekommen. «

»Verscherzen sie es sich nicht mit mir«, grollte Ruadan seinen Stellvertreter an. »Auch ihre Berufung in diesen Rat kann schnell aufgehoben werden. «

»Aber nicht von ihnen«, antwortete Muuda. »Das ist immerhin ein Vorteil. «

Er blickte seine Kollegen des Rates an, die ihre Köpfe gesenkt hatten und stur auf ihre Unterlagen blickten. Fast so, als ob sie die Worte des Vorsitzenden nicht vernommen hätten.

Front der kämpfenden Parteien

Die breite Angriffswelle der Arthropoden-Armada füllte den ganzen Bildschirm des Flaggschiffes von Oberbefehlshaber Turgan aus. Überall kämpften starke ragunische Verbände gegen das weitere Vorrücken der feindlichen Verbände. Auf dem Bildschirm war ein Wetterleuchten ausgebrochen. Jedes Aufflammen einer kleinen Atomsonne deutete auf ein vernichtetes Raumschiff hin. Wie ein lodernder Brand breiteten sich die Hinweise aus, dass sich beide kämpfenden Seiten nichts schenkten. Der Hyperkomm-Funkverkehr war zu einem nicht mehr erkennbaren Durcheinander geworden. 25 ragunische Strategen saßen in der Leitstelle des Flaggschiffes vor ihren Bildschirmen und beobachteten die Sektoren der Raumschlacht.

Turgan bemerkte, wie auf einem Bildschirm 45.000 Schiffe der Feinde den Abwehrriegel durchbrechen konnten und weiter vorrückten. Sofort materialisierten 82.000 schwere ragunische Kampfzerstörer aus dem Hyperraum und blockierten ihren Weiterflug. Das Stakkato der massiven Abwehrtürme der Schiffe hagelte auf die Angreifer ein. Zahlreiche explodierende Schiffe brachten das Vorrücken der Feindflotte zum Stoppen. Weitere ragunische Zerstörer kesselten die Arthropoden-Schiffe von allen Seiten ein. Aus allen Rohren feuernd, dezimierten die imperialen Schiffe ihre gehassten Feinde. Doch auch immer wieder musste der Oberbefehlshaber schmerzhaft ragunische Schiffe kennzeichnen, die lodernd in grellen Feuern vergingen.

Den im Sekundenrhythmus eintreffenden Verlustmeldungen konnte nicht mehr nachgegangen werden. Es gab keinen einheitlichen Überblick über die Front. Die massive Raumschlacht setzte sich unterdessen fort. Immer wieder tauchte neue Verstärkung aus dem Hyperraum auf, welche die Arthropoden-Allianz unterstützte.

»Sie können auf ausreichende Unterstützung zurückgreifen«, fluchte Oberbefehlshaber Turgan. »Unser göttlicher Zentralrat hat diese insektoide Rasse eindeutig unterschätzt. Sie ist nicht mit einem Handstreich zu besiegen. Vermutlich werden sie uns schlagen, wenn wir nicht noch eine glorreiche Idee bekommen. «

»Die zugesagte Verstärkung ist noch nicht eingetroffen«, erklärte der Ortungsoffizier. »Die oberste Raumbehörde teilte uns doch mit, dass sie 2.000 Schiffe bestückt mit Raketen, Bomben und Torpedos für einen Sonderangriff senden wollte? «

»Vielleicht wurden sie auf dem Flug zu uns bereits von den Arthropoden gestellt und vernichtet«, antwortete Turgan.» Die Front lässt sich nur sehr schwer überblicken.

Das Schlachtfeld ist zu groß. Nach letzten Schätzungen besitzen wir noch 870.000 Schiffe, die sich gegen eine Übermacht von 2.100.000 Schiffen wehren müssen. Das ist eine schier undenkbare Aufgabe.«

Er blickte auf den Bildschirm. Das Leuchtfeuer der explodierenden Schiffe füllte den ganzen Monitor aus. Ortungen bestätigten den Niedergang eines großen Verbandes von Arthropoden-Schiffen. Die Tragödie lag zwar einige Lichtjahre entfernt, doch das Todesfeuer der Schiffe konnte exakt angemessen werden.

»Achtung, wir bekommen Besuch«, meldete der Ortungs-Offizier. »Exakt 46.000 Schiffe der 1.000 Meter-Klasse sind auf dem Hyperraum gesprungen und nähern sich uns auf einem Kollisionskurs.

Der Oberbefehlshaber reagierte sofort. »Unser Verband soll den Feinden ihre Backbordseiten zudrehen«, befahl er. »Alle Waffentürme sind auf Automatikfeuer zu stellen. Zusätzlich befehle ich unsere feinderkennenden Raketen auszuschleusen.«

»Ihre Befehle wurden weitergegeben«, meldete der Funkoffizier.

Die Flotte der 30.000 ragunischen Kampfzerstörer bildete eine neue Formation. Die Schiffe der Arthropoden wussten, dass sie den 5.000 Meter Kolossen unterlegen waren. Doch ihr immenser Hass trieb sie vorwärts.

»Schiffe in Reichweite«, meldete der Ortungsoffizier.

»Feuer frei«, befahl Turgan.

Über 750.000 Energielanzen rasten fast gleichzeitig auf die anfliegenden feindlichen Schiffe zu und hüllten sie ein. Die Schutzschirme der Arthropoden-Schiffe fluktuierten stark und veränderten ihre Farbe. Nur Sekunden später fauchten neue Laserstrahlen aus den 30.000 ragunischen Schiffen heran, die auf jeder Schiffsseite exakt über 25 Lasertürme verfügten. Sie alle feuerten jetzt im Automatikmodus auf die Schiffe der Arthropoden.

Die Angreifer wurden von dem massiven Abwehrfeuer überrascht. Im Salventakt feuerten die ragunischen Zerstörer weiter. Die Schiffsführer erkannten die Instabilität der feindlichen Schirmfelder. In breiter Front explodierten die anfliegenden Arthropoden-Schiffe in hellen Explosionen. Nachfolgende Schiffe flogen in das Atomfeuer hinein. Auch für sie bedeutete es der Untergang. Die nachfolgenden Schiffe konnten ihren Kurs korrigieren und haarscharf an der Feuersbrunst vorbeischlittern. Doch die automatischen Waffentürme der ragunischen Schiffe ließen ihnen keine Verschnaufpause. Sie schwenkten ihre Geschützrohre auf den korrigierten Kurs ein. Der nachfolgende Laserhagel ließ auch diese Schiffe bersten und verglühen. Ihnen erging es nicht anders als den vor ihnen fliegenden Schiffen. Die 30.000 ragunischen Kampfzerstörer ließen den unterlegenen Schiffen der Arthropoden ihre Macht spüren. Reihenweise rissen ihre schweren Lasergeschütze Lücken in die anfliegende Formation.

»Zwei Waffentürme sollen sich jeweils auf ein feindliches Schiff konzentrieren«, kommandierte Befehlshaber Turgan. »KI, synchronisiere die Geschützsteuerung. «

»Das Abwehrfeuer wurde synchronisiert«, teilte die Hypertronic-KI des Schiffes mit.

Das massive Laserfeuer aus zwei schweren Geschütztürmen reichte aus, um bei dem getroffenen Feindschiff den Schutzschirm kollabieren zu lassen. Die nachfolgenden Laserlanzen verwandelte das Schiff in eine grelle Atomsonne.

»Eingehender Hyperkomm-Funkspruch«, meldete der Funkoffizier. »Es ist der Kommandeur der Flotte von 2.000 Schiffen von Ragun. «

»Stellen sie auf die Lautsprecher«, antwortete Turgan.

»Hier spricht Flottenkommandeur Meeda«, tönte es aus den Lautsprechern des Flaggschiffes. »Wir kommen auf den besonderen Befehl des Zentralrates auf Ragun. Unsere Laderäume sind vollgepackt mit Raketen, Bomben und Torpedos. Wir werden einen zentrierten Angriff auf ihre Feindflotte vornehmen. Ziehen sie ihre Schiffe etwas zurück. Jedes meiner Einheiten hat 250.000 Langstrecken-Gefechtsköpfe geladen. Wir werden diese in mehreren breiten Wellen auf die Feindschiffe abfeuern. «

»Ich habe verstanden«, antwortete Oberbefehlshaber Turgan. »Danke für ihre Unterstützung. «

Die Flotte von 2.000 Schiffen, unter dem Kommando von Meeda setzte einen Kurs, der sie oberhalb der Angriffsflotte der Arthropoden in Stellung brachte. Die Abwehrflotte von Oberbefehlshaber Turgan beschäftigte die Feindschiffe weiter, so dass sie sich nicht den neuen Feinden stellen konnte.

»Mit dem Ausschleusen der Raketen beginnen«, befahl Flottenkommandeur Meeda.

Alle 2.000 Schiffe der Hilfsflotte öffneten ihre Abschussschächte. Zischend rasten tausende von Raketen den Arthropoden-Schiffen entgegen. Im Sekundenrhythmus verfließen weitere Bomben und Torpedos die Schiffe.

Unterstützt durch die zahlreichen Laserlanzen trafen die Raketen und Bomben auf die Schiffe der Angreifer. Es brach eine Kettenreaktion aus. Ein Feuerwerk nicht erkennbaren Ausmaßes entstand vor den Schiffen der Raguner. Der Bildschirm des Flaggschiffes war überlastet. Er zeigte nur noch eine helle weiße Fläche.

»Die Sensoren neu starten«, ordnete der Oberbefehlshaber n. »Wie viele Feindschiffe zeichnen wir noch?«

»Das System fährt wieder hoch«, antwortete ein Techniker des Schiffes.

Der Bildschirm erhellte sich. Die Flotte der Arthropoden-Schiffe war verschwunden. Nur noch Trümmer, abgesprengte Teile von Raumschiffen und Gegenständen kreisten auf der Flugbahn, auf der soeben noch die Feindflotte ausgemacht wurde.

»Sie wurde vollständig vernichtet«, meldete der Ortungsoffizier. »Kein Schiff ist mehr übrig.«

Oberbefehlshaber Turgan griff nach dem Kommunikator. »Ich rufe Flottenkommandeur Meeda«, sprach er hinein. »Bitte melden sie sich.«

»Flottenkommandeur Meeda hört«, kam die Antwort aus den Lautsprechern.

»Meinen Glückwunsch«, sagte Turgan. »Sie haben einer Flotte von 46.000 Schiffen der arthropodischen 1.000 Meter-Klasse soeben den Todesstoß versetzt.«

»Es freut mich, dass wir ihnen helfen konnten«, antwortete der Kommandeur der Hilfsflotte. »Wir werden sie jetzt verlassen und die nächste Versorgungsstation anlaufen. Unsere Munition an Raketen, Bomben und Torpedos wurde vollständig aufgebraucht. Weitere Flottenverbände werden ausgerüstet, um sie zu unterstützen. Die oberste Raumbehörde kümmert sich bereits um die Hilfsverbände.«

»Sagen sie der Regierung unseren Dank«, antwortete Turgan. »Ihre Strategie ist voll aufgegangen. Wir hoffen auf weitere Raketen-Zerstörer. So können wir möglicherweise den Angriff der Feindflotte aufhalten.«

»Das höre ich gerne«, erwiderte Kommandeur Meeda. »Wir fliegen jetzt die nächstgelegene Versorgungsbasis an.«

Oberbefehlshaber Turgan verfolgte den Sprung der Hilfsflotte in den Hyperraum. In einer Keilformation entstofflichten Schiffe.

Der Befehlshaber der Arthropoden hatte die Vernichtung von 46.000 Schiffen seiner Flotte durch den Raketenangriff der ragunischen Hilfsflotte registriert. Seinen Wutanfall bekam die Brückencrew seines Schiffes zu spüren.

Er blickte auf die Trümmer, die in dem Kampfgebiet des Sektors kreisten. Wütend sah er seinen 1. Offizier an.

»Die ragunische Hilfsflotte wird ihre ganze Munition ausgeschleust haben«, sagte er. »Sie werden neu laden müssen. Ich möchte, dass sie eine Flotte von 25.000 Schiffen verfolgt und sie an ihrer Versorgungsstation stellt. Dort vernichten unsere Schiffe alle feindlichen Einheiten und ihre Versorgungsstation. Es werden keine Gefangenen gemacht. Töten sie die Humanoiden.«

Der 1. Offizier der Arthropoden grinste teuflisch.
»Ich gebe ihre Anweisung sofort weiter«, antwortete er.
»Die Schiffe werden ihrer gerechten Bestrafung nicht entgehen. «

Auf Ragun

Der Zentralrat war bereits über die gelungene Mission der ausgesandten Hilfsflotte informiert worden. Ruadan gab die Infofolien an Halswan weiter.

»Endlich ein kleiner Erfolg«, lachte er. »Ich habe es doch gewusst, dass die Flottenverbände der Arthropoden zu schlagen sind. «

Ruadan stand auf und schlug mit seiner Metallkralle auf den Tisch. Ein dumpfes Pochen durcheilte den Saal. Die Geräuschkulisse ebbte ab.

»Geschätzte Offiziere und Systemräte«, sprach der Vorsitzende die Gäste in dem Saal an. »Unsere neueste Strategie war erfolgreich. Die von uns ausgesandte Hilfsflotte, ausgestattet mit Raketen, Bomben und Torpedos, konnte Oberbefehlshaber Turgan an der Front hilfreich unterstützen. Es ist ihr gelungen, ein feindliches Geschwader von 46.000 arthropodischen Schiffen vollständig aufzureiben. Wir können uns beglückwünschen. Weitere Hilfsflotten werden derzeit ausgerüstet. Der Zentralrat empfiehlt der obersten Raumbehörde, die Strategie weiter fortzuführen. «

Das Flaggschiff von Systemrat Camaal war auf dem regierungseigenen Landefeld niedergegangen. Die Raumüberwachung hatte dem Schiff einen Leitstrahl gesendet. Dieser Bereich war lediglich Regierungsschiffen und wichtigen Staatsgästen vorbehalten.

Der Systemrat übergab das Kommando des Schiffes an seinen Navigator. Er winkte seinen 1. Offizier zu sich.

»Sie begleiten mich zu dem Zentralrat«, sagte er. »Vier Augen erkennen mehr als nur zwei. «

»Sehr gerne«, antwortete Furgun. »Ich nehme einen Speicherkristall mit, der unsere Arbeit und die Vernichtung der Arthropoden-Welten bestätigt. «

Camaal überlegte kurz.
»Das kann nicht schaden«, entgegnete er. »Der Zentralrat ist zuweilen unberechenbar. Es kann sein, dass er uns Vorhaltungen macht, bezüglich des übertragenen Kommandos der Hypertronic-KI von Vagun. Wir müssen

es so darstellen, dass wir keine andere Wahl gehabt haben.«

»Das entspricht der Wahrheit«, erwiderte der 1. Offizier. »Hätten sie eine andere Entscheidung getroffen, würden wir jetzt nicht auf Ragun stehen.«

»Ein Regierungsgleiter kommt auf uns zu«, meldete der Ortungsoffizier. »Ihr Empfangskomitee ist eingetroffen.«

»Gehen wir«, forderte Camaal seinen 1. Offizier auf. »Den Zentralrat sollte man nicht warten lassen.«

Die beiden Offiziere schritten zu dem Schott der Brücke und durchquerten es. Schnell hatten sie die Ausstiegsbrücke des Schiffes erreicht. In ihrer kolonialen Galauniform gingen sie auf den Gleiter des Zentralrates zu. Zwei grimmig blickende Sicherheitssoldaten stiegen aus.

»Systemrat Camaal?«, fragte einer von ihnen. »Wir sollen sie zu dem Vorsitzenden des Zentralrates begleiten. Waffen sind in dem Gebäude nicht erlaubt.«

»Das ist uns bekannt«, antwortete Furgun. »Wir halten uns an die Vorschriften.«

»Trotzdem muss ich sie kontrollieren«, antwortete der Soldat. Er holte einen Scanner aus seiner Tasche und aktivierte ihn. Hiermit strich er über die Kleidung der beiden Offiziere.

»Alles in Ordnung«, sagte der nach kurzer Zeit. »Sie können einsteigen. Wir bringen sie zu dem Palast der Regierung.«

Camaal bedankte sich. Er und sein 1. Offizier stiegen in den abgedunkelten Gleiter der obersten Raumbehörde ein. Die beiden Sicherheitssoldaten schlossen den Schott und stiegen vorne in die Kanzel ein. Der Gleiter hob ab, beschleunigte und nahm Kurs auf das pompöse Gebäude der göttlichen Regierung.

Es war nur ein kurzer Flug. Das Transportgefährt landete vor dem Hauptportal. Die Sicherheitssoldaten sprangen heraus und öffneten den Schott. Camaal und sein 1. Offizier blickten sich irritiert an. Die Soldaten hatten ihre Lasergewehre auf sie gerichtet. Der Anführer machte eine Bewegung mit dem Gewehr.

»Aussteigen«, sagte er. »Folgen sie uns. Der Zentralrat wartet.«

»Was sollen die Gewehre? «, fragte Furgun.

»Die sind zu ihrer eigenen Sicherheit«, grinste ein Soldat unverschämt.

Dann stießen die Soldaten die beiden Offiziere mit ihren Gewehren vorwärts.

Vor dem Gebäude waren zwölf Gardisten in Stellung gegangen. Sie riegelten den Eingang des Gebäudes ab. Auch in der großen Empfangshalle wimmelte es von Soldaten.

Camaal und sein 1. Offizier wurden die lange Treppe hinaufgeführt, die in das große Sitzungszimmer der ragunischen Regierung führte. Der Anführer der Soldaten informierte den wartenden Saaldiener.

»Wir haben Systemrat Camaal und seinen 1. Offizier mitgebracht«, sagte er. »Ruadan erwartet ihn. «

»Ich melde sie an«, erwiderte der Saaldiener. »Warten sie bitte kurz. «

Der Diener öffnete die Türe und schritt in den Saal. Kurze Zeit später kam er zurück.

»Sie dürfen eintreten«, sagte er. »Gehen sie direkt zu dem Podest des Zentralrates durch. «

Der Soldat nickte und führte seine Gäste in den Saal.

Camaal trat durch die Pforte und blickte sich um. Er erkannte viele Gesichter befreundeter Systemräte. Freudenschreie wurden hörbar und ein tosender Applaus brannte auf. Die Systemräte hatten sich von ihren Stühlen erhoben und huldigten ihrem Kollegen. Camaal lächelte und nickte ihnen zu. Langsam schritt er und sein 1. Offizier auf den ihn anblickenden Zentralrat zu.

Camaal und sein 1. Offizier verbeugten sich tief.

»Sie sind von ihrer Mission zurückgekehrt? «, fragte Ruadan in einem tiefen Ton. » Das erfreut uns sehr. Ihre Aufgabe war es, die Arthropoden in ihrer frühen Entwicklungsstufe anzugreifen und auszurotten. Haben sie diesen Auftrag zu unserer Zufriedenheit erledigen können? «

»Ja«, lächelte Camaal. »Der Auftrag wurde vollständig ausgeführt. Unsere Flotte hat keine Verluste zu verzeichnen. «

Erneut tönte lauter Beifall auf. Der Vorsitzende des Rates blickte ärgerlich die Systemräte an.

»Ruhe bitte«, sprach er verärgert in ein Mikrofon er. »Vermeiden sie den störenden Applaus, ansonsten lasse ich den Saal räumen.«

Abrupt beruhigten sich die Delegierten.

»Systemrat Camaal«, sagte Ruadan in einem scharfen Ton. »Sie teilten uns mit, dass sie die Arthropoden angegriffen und vernichtet haben. Wie erklären sie sich denn, dass unsere imperiale Flotte immer noch gegen ihre Schiffe kämpft?«

Camaal Gesichtszüge entgleisten. »Haben sie keine Veränderungen bemerkt?«, fragte er. »Wir sind gerade erst zurückgekehrt und besitzen keine Kenntnisse, wie es an der Front aussieht.«

»Das mag stimmen«, erwiderte Ruadan. »Die Situation hat sich nicht geändert. Die Allianz der Arthropoden rückt weiter vor und bekämpft unsere imperiale Flotte. Entsprechend dieser Tatsache muss ich sie als Lügner hinstellen. Ihnen ist es nicht gelungen, die Arthropoden zu vernichten. Vielmehr hat sich ihre Flotte nicht dem Kampf gestellt, sondern sich nur um ihren Rückflug in unsere Zeit bemüht.«

»Das ist eine ungeheuerliche Unterstellung«, antwortete Camaal. »Sie waren doch gar nicht dabei, um solche Anschuldigungen aussprechen zu können. Ich frage mich ehrlich, ob sie das Amt des Vorsitzenden dieses Zentralrates noch unbefangen ausführen können.«

Ruadan war aufgesprungen und schlug mit seiner Faust auf den Tisch vor ihm.

»Wie sprechen sie mit dem Vorsitzenden dieses Rates«, tobte er. »Das wird Konsequenzen für sie haben.«

Halswan war vor das Podest der Regierung getreten. Er hob seine Hände in die Luft, wie er es bereits öfter gemacht hatte.

»Lassen wir doch Systemrat Camaal zu Ende sprechen«, schlug er vor. »Er wird uns sicherlich eine Erklärung geben können, warum wir immer noch auf die Arthropoden treffen.«

»Ich bin über den Empfang durch unseren Zentralrat entsetzt«, antwortete der Systemrat. »Glauben sie wirklich, dass ich als einer der regierungstreuen Räte eine mir anvertraute Mission boykottieren würde?«

Er schüttelte seinen Kopf.

»Dann kennen sie mich schlecht«, ergänzte er. »Nach dem Austritt unserer Flotte aus dem Wurmloch, exakt 800.000 Jahre in der Vergangenheit, machten wir uns auf, um nach Spuren von den Arthropoden zu suchen. Diese erwies sich als sehr schwierig, da wir über keine verlässlichen Koordinaten ihres Hoheitsgebietes verfügten. Doch der Zufall meinte es gut mit uns. Wir orteten weit vor uns eine intensive Raumschlacht.

Eine andere humanoide Species war dabei, den Lebensraum der insektoiden Rasse zu vernichten. Die Informationen unseres Geheimdienstes waren nicht korrekt. In dieser Zeitepoche verfügten die Arthropoden bereits über starke Raumflotten, gegen die wir mit unseren 5.020 Schiffen machtlos gewesen wären. Jedoch konnten wir eine Allianz mit der fremden Rasse schließen. Gemeinsam flogen wir die Welten der Arthropoden an und vernichteten sie. «

Camaal zog einen Speicherkristall aus seiner Uniformtasche.

»Wir haben alles aufgezeichnet«, erklärte er. »Eine kurze Zusammenfassung ist auf diesem Speicherkristall enthalten. Spielen sie ihn ab und zeigen sie allen Anwesenden, wie unser Auftrag umgesetzt wurde. «

»Darauf sind wir gespannt«, grinste Ruadan. »Sicherlich werden wir nicht allzu viel hierauf erkennen. «

Camaal gab den Speicher einem Soldaten, der ihn Ruadan reichte. Ein Saaldiener kam angelaufen.

»Spielen sie die Aufzeichnung ab«, befahl der Vorsitzende. »Wir wollen uns einmal ansehen, was Camaal uns mitgebracht hat. «

Der Raum dunkelte sich ab, die Aufzeichnung begann. Sie vermittelte dem Rat und den anwesenden Räten die Raumschlachten von Camaals Flotte und der humanoiden Species. Brennende Welten, vernichtete Arthropoden-Flotten wurden in den Aufzeichnungen ebenfalls wiedergegeben, wie auch die vielen Brutwelten der insektoiden Rasse, welche durch die befreundete humanoide Species vernichtet wurden. Als dann der finale Angriff auf die Heimatwelt der Arthropoden erfolgte und er sich schließlich als ein brennender toter Planet zeigte, endete die Aufzeichnung.

In dem Sitzungsraum der Regierung war es still geworden. Das Gesicht von Ruadan hatte sich verdunkelt.

»Kennen sie den Namen der Species, die sie unterstützt hat? «, fragte Halswan.» Die großen 5.000 Meter messenden Schiffe sind mir aus der Vergangenheit meines Volkes bekannt. «

Camaal schaute ihn an.
»Das sollten sie auch«, erwiderte er.»Ihr Volk hat diese humanoide Species erschaffen. Sie nennen sich Ceshalter.«

Halswan fiel es wie Schuppen von den Augen.
»Ich erinnere mich«, bestätigte er.»Sie waren eine der ersten Species, die wir erschaffen konnten. Die Ceshalter waren lange Jahrtausende ein gutes Hilfsvolk für uns. Irgendwann baten sie um ihre Entlassung in die Selbständigkeit. Unser Regierungsrat war aufgrund ihrer guten Verdienste einverstanden und hat sie gehen lassen. Sie wollten sich einen geeigneten Planeten suchen und ihre eigene Kultur verwirklichen. Wir haben sie eine lange Zeit aus den Augen verloren, weil sie für die Kon-Ra-Tak und andere ältere Rassen des Universums tätig wurden. Vor 500.000 Jahren erreichten uns schreckliche Informationen, dass ihre Rasse von einer fremden insektoiden Rasse angegriffen und ausgerottet wurde. Ihre Welten wurden verbrannt und atomar verseucht. Seit diesem Zeitpunkt existieren keine Angehörige dieser Species mehr. «

Systemrat Camaal und sein 1. Offizier blickten den Aller-Ersten an.

»Das muss ein Irrtum sein«, bemerkte Furgun. »Ihre Technik war unserer weit überlegen. Sie verfügten über Wurmloch-Weiterleitungsbasen und über Raumschiffe, die einer 5.000 Meter-Klasse zugerechnet werden konnten.«

»Das waren ihre bevorzugten Kampf-Zerstörer«, bestätigte Halswan. »Doch auch diese Schiffe konnten den Untergang ihrer Species nicht abwenden.«

»Das war vermutlich die Rache der Arthropoden«, bemerkte Camaal. »In den 300.000 Jahren, die zwischen unserem Kontakt und dem Untergang der Ceshalter liegen, konnten die Insektoiden ihr Imperium wieder neu aufbauen. Scheinbar vermehren sie sich sehr schnell. Ihr Hass auf humanoide Species muss angewachsen sein. Daher ist es auch zu erklären, dass unser Eingriff in die Vergangenheit zu keinem Erfolg geführt hat.«

»Diese Aufzeichnungen könnten gefälscht sein«, sagte Ruadan. »Sie machen uns hier etwas vor.«

»Seien sie still«, schellte ihn Halswan. »Erkennen sie nicht die Tragweite der Aufzeichnungen. Ich bin mir sicher, wenn wir den Speicher von dem ragunischen Geheimdienst prüfen lassen, wird seine Echtheit bestätigt. Ich glaube unserem Systemrat Camaal. Er und seine Flotte haben beispiellos die Zivilisation der Arthropoden vernichtet. Doch es ist so, wie mit allen Insekten, die wir von unseren Heimatwelten her kennen. Ganz ausrotten kann man sie nicht. Unter irgendeinem Stein verkriecht sich ein Exemplar, das dem Untergang entgeht. So ist das auch mit den Arthropoden. Wir müssen uns bei Systemrat Camaal entschuldigen und ihm für seinen Einsatz danken. Dass die Mission nicht den gewünschten Erfolg gebracht hat, das ist nicht seine Schuld. «

Muuda blickte Ruadan an. Er war irritiert, dass Halswan ihm das Wort verbieten konnte und der Vorsitzende jetzt, wie ein kleines Kind auf seinem Stuhl schmorte. Der Stellvertreter des Zentralrates wurde immer sicherer, dass mit Ruadan etwas nicht stimmte. Er hoffte inständig, dass er bald von Lenus neue Informationen erhalten würde.

»Eines interessiert mich noch? «, fragte Halswan den Systemrat. »Wie ist es ihnen gelungen, den Rückweg in unsere Zeitepoche zu finden? Wir mussten leider das

Wurmlochtor abschalten, um der Bauflotte unter Kommandeur Henuar Gelegenheit zu geben, in die Vergangenheit zu wechseln. Er sollte tief in der Erde von Vagun eine zweite geheime Wurmlochstation aufbauen. Leider wissen wir nicht, ob ihm das gelungen ist. Wir haben seit seiner Entsendung keinen Kontakt mehr mit seiner Bauflotte verzeichnen können.«

Systemrat Camaal blickte ihn an. »Dann haben sie uns opfern wollen?«, fragte er ärgerlich. »Durch die Abschaltung des zeitgesteuerten Wurmloch-Tores war uns die Rückkehr in unsere eigene Zeit verweigert.«

»Wir befinden uns im Krieg«, sagte Ruadan. »Diese Entscheidung wurde einstimmig von unserem Rat beschlossen.«

Muuda schlug mit seiner Faust auf den Tisch. Ruadan blickte ihn an. Sein Gesicht sprach Bände. Muuda verzichtete auf einen Kommentar.

»Ich verstehe«, antwortete Camaal. »Der Angriff der Arthropoden hatte Vorrang, gegenüber einer Flotte von 5.020 Schiffen und seinen Besatzungen.«

»Sie haben die Rückkehr aus eigenen Mitteln geschafft«, sagte Halswan. »Lassen sie uns nicht über die Vergangenheit sprechen. Auch der Zentralrat trifft nicht immer die richtigen Entscheidungen. Wie konnten sie den Weg in unsere Zeitepoche finden?«

»Dank den Ceshaltern«, antwortete Camaal. »Sie verfügten bereits über die Technik der zeitgesteuerten Wurmlochtechnologie. Ihre Techniker haben uns ein Tor nach Vagun geöffnet.«

»Aber wir besaßen doch keine Informationen, ob die Wurmlochstation auf Vagun tatsächlich existierte?«, stutzte Ruadan.

»Wir hofften es«, erwiderte der 1. Offizier des Systemrates. »Als die Ceshalter den Impuls der Gegenstation erhielten, war es für uns eindeutig. Die Wurmloch-Station auf Vagun musste betriebsbereit sein. Wir flogen mit unserer Flotte hindurch und materialisieren exakt über dem zweiten Planeten unseres Systems.«

Ein Raunen ging durch die anwesenden Offiziere und Systemräte des Sitzungssaales.

»Dann können wir jetzt über die zweite Station verfügen? «, fragte Halswan. »Unsere erste Forschungs-Wurmlochstation wurde leider durch einen Angriff fremder Mächte vernichtet. Der ganze Forschungsasteroid wurde gesprengt. «

»Die zeitgesteuerte Wurmloch-Station auf Vagun existiert«, sagte Camaal. »Leider steht sie unter meinem alleinigen Befehl. «

»Sie haben sich imperiales Eigentum angeeignet«, tobte Ruadan. »Das wird Konsequenzen für sie haben. «

Er war kurz vor dem explodieren. »Wachen«, befahl er. »Nehmt den Systemrat und seinen 1. Offizier fest. Sie werden in ein Verlies gesperrt. «

Muuda stand auf. Er hob seine Hand. Die eintretenden Sicherheitssoldaten verharrten auf der Stelle.

»Ich mache den Befehl unseres Vorsitzenden rückgängig«, sagte er.» Diese Entscheidung ist von dem Zentralrat einstimmig zu treffen. Ruadan kann diesen Befehl nicht allein erteilen. «

Er drehte sich seinen Kollegen zu.

»Ich möchte den Bericht von Camaal zu Ende hören«, sagte er. »Es wird einen Grund geben, warum er als alleiniger Kommandeur von der Hypertronic-KI der Vagun-Station angesehen wird.«

Ruadan war erbost aufgesprungen und gestikulierte mit seinen Händen. Nur unverständliche Worte entwichen seinem Mund.

»Setzen sie sich hin«, forderte Halswan ihn an. »Sie haben den Überblick verloren. Ich unterstütze den Vorschlag von Muuda.«

Langsam hoben auch die restlichen Zentralräte ihren Arm in die Luft. Die Entscheidung des Vorsitzenden wurde revidiert.

»Danke«, antwortete Camaal. »Ich möchte ihnen die Geschehnisse unserer Ankunft gerne schildern.«

Er drehte sich zu den Offizieren und Systemräten in dem Saal um. Dann erzählte er ihnen die Geschichte von der kontaminierten Station, dem Ableben von Kommandeur Henuar und dem Bau der zeitgesteuerten Wurmlochanlage in einer vorhandenen Höhlenbasis auf Vagun. Auch den Hinweis auf die Schablinger und die Kon-Ra-Tak teilte er mit, die mit Flottenkommandeur Henuar für die Selbstprogrammierung der installierten Hypertronic-KI und ihrer alleinigen Weiterführung der Arbeiten verantwortlich waren. Camaal erklärte den Zuhörern auch das Prozedere der neuen Kommandoführung, dass von der Hypertronic-KI vorgegeben worden war.

Halswans Gesicht verzog sich.

»Die Schablinger und die Kon-Ra-Tak hatten ihre Finger im Spiel«, bemerkte er. »Das hätte ich mir denken können. Nur sie sind zu solchen Eingriffen in der Lage.«

»Kennen sie diese Species?«, erkundigte sich Camaal. »Sie scheinen über ein enormes Wissen zu verfügen.«

»Das ist nicht verwunderlich«, antwortete der abtrünnige Systemrat. »Ihnen wird nachgesagt, dass sie seit dem Anbeginn der Zeit existieren. Nach unseren Informationen haben sich diese Species schon lange aus unserem Universum zurückgezogen. Ihr Ziel war es, sich zu reinen Energiewesen weiterzuentwickeln. Das scheint gelungen zu sein. Doch bekanntlich ist ihnen öfter einmal langweilig. Von Fall zu Fall nehmen sie ihre alte Erscheinungsform an und legen Rätsel in der Galaxie für nachwachsende Rassen aus. Sie haben unsere Rasse bereits des Öfteren behindert.«

Halswan dachte nach.

»Sie bleiben im Amt«, bestätigte Halswan. »Wie sie wissen, suchen wir einen Weg, um den Angriff der Arthropoden-Flotte zu stoppen. Es wird unumgänglich sein, dass ihre Flotte nochmals eine Mission in der Vergangenheit durchführt. Ich denke an einen Angriff, der 50.000 Jahre nach ihrer letzten Aktion datiert. Die Arthropoden müssen an ihrer erneuten Erstarkung gehindert werden.«

Er blickte Camaal intensiv an.
»Doch vorher haben sie eine andere Aufgabe zu erledigen«, lächelte er.

»Eine neue Mission?«, fragte Camaal.

»Das ist korrekt«, antwortete Halswan. »Die Flüchtlingsstation meiner Rasse besitzt ebenfalls eine zeitgesteuerte Wurmloch-Anlage. Wir haben versucht, sie zu zerstören. Doch Geoffwan, der Sprecher unserer Regierung, hat diese Anlage bereits an die Terraner übergeben. Diese Rasse in der Zukunft, welche nach den Prophezeiungen des großen Sehers unseres Volkes über sehr viel Potenzial verfügt, wird diese Galaxie später zusammenhalten. Sie konnten unsere Angriffe erfolgreich abwehren. Beseitigen wir diese Anlage nicht, dann wird es für die Terraner möglich sein alle unsere Eingriffe in die Zeit rückgängig zu machen. Sie sind strikt gegen eine Zeitmanipulation. Ihnen ist es egal, ob die ragunische Zivilisation ausstirbt, oder auch nicht. Geoffwan und weitere Angehörige unseres Volkes unterstützen sie hierbei.«

»Was kann ich tun? «, fragte Camaal.

»Die Terraner sind eine junge Species«, erklärte Halswan. »Geoffwan und der Ältestenrat meines Volkes sehen in ihnen ein großes Potenzial. Nach meiner Meinung konnten sie nur durch die Hilfe ihre Freunde erstarken, die technisch wesentlich weiterentwickelt sind, als sie selbst. Vermutlich werden sie noch nicht über eine allzu große Flotte verfügen, um einen Angriff ihrer 5.020 Schiffe umfassenden Flotte abzuwehren. «

Camaal blickte Halswan an. »Sind ihre Informationen stichhaltig? «, erkundigte er sich.

»Es sind die einzigen Informationen, die mir vorliegen«, antwortete Halswan. »Ich kann nicht voraussehen, wie schnell die technische Entwicklung der Terraner verläuft.«

»Das kann niemand«, antwortete Camaal.

»Fliegen sie nach Vagun zurück«, ergänzte Halswan. »Lassen sie sich ein zeitgesteuertes Wurmloch, exakt 500.000 Jahre in der Zukunft öffnen. Dann greifen sie den dritten Planeten dieses Sonnensystems an. Es gibt eine große Insel auf diesem Planeten. Hier befindet sich die Flüchtlingsstation meiner Rasse. Zerstören sie die ganze Insel mit der Station und lassen sie diese im Ozean versinken. Die Raketen, Bomben und Torpedos auf ihren Schiffen sollten ausreichen, um die Anlage vollständig zu auszulöschen. Die aktuellen Koordinaten werden auf ihr Flaggschiff transferiert. «

»In Ordnung«, sagte Camaal. »Ich habe den Auftrag verstanden. «

Er überlegte einen Augenblick. »Was ist, wenn ihre Informationen nicht korrekt sind und wir den Angriff nicht durchführen können? «, fragte der Systemrat.

»Dann kann ich nach ihrer Rückkehr vermutlich Ruadan nicht mehr daran hindern, sie in ein ragunisches Verlies zu sperren«, antwortete Halswan. »Für ihn zählen nur Erfolge. Ein Versagen wird von dem Zentralrat nicht länger honoriert. «

Muuda hatte die Worte mitbekommen.

»Ich muss kurz in die Raumüberwachung«, teilte er seinen Kollegen mit. »Es dauert nicht lange. «

Er stand auf und verließ seinen Platz in dem Rat.

Camaal blickte seinen 1. Offizier an. Der zuckte mit seinen Schultern.

»Wir nehmen an«, antwortete der Systemrat. »Was bleibt uns auch anderes übrig. «

»Ich wusste, dass ich mich auf sie verlassen kann«, lächelte Halswan. »Fliegen sie zu ihrer Flotte zurück und warten sie auf weitere Anweisungen. «

»Wir würden gerne noch kurz einen Besuch bei unseren Freunden machen«, sagte der Systemrat. »Ist das möglich? «

»Aber natürlich«, grinste Halswan missbilligend. »Auf einige Stunden kommt es nicht an. Sie sind jetzt der alleinige Kommandeur einer zeitgesteuerten Wurmloch-Anlage. «

Ein Saaldiener kam in den großen Raum gelaufen.

Ruadan blickte ihn an.

»Was gibt es schon wieder?«, fragte er.

»Die Raumüberwachung möchte sie sprechen«, antwortete der Bedienstete. »Es ist sehr dringend.«

Der Vorsitzende blickte Camaal an. »Entschuldigen sie kurz«, sagte er. »Ein dringender Anruf der Raumbehörde.«

Er griff nach dem Kommunikator. »Hier ist Ruadan«, sprach er in das Gerät.

»Hier ist nochmals Commander Huanda«, tönte es aus dem Kommunikator. »Ich muss ihnen leider mitteilen, dass wir zahlreiche Notrufe unserer Hilfsflotte aufgezeichnet haben, ebenso von unserer äußersten Versorgungsbasis. «

»Notrufe? «, fragte der Vorsitzende. » Sind sie in Bedrängnis geraten? «

»Sie waren in Bedrängnis durch einen sehr starken Kampf-Verband der Arthropoden«, antwortete der Leiter der Raumüberwachung. »Eine von mir zu den Koordinaten beorderte Zerstörer-Flotte von 25.000 Schiffen, konnte nur noch unzählige Trümmer orten. Sie erreichte den Sektor zu spät. Es handelt sich eindeutig um die Trümmerreste unserer Hilfsflotte, aber auch um eine große Anzahl von Resten zahlreicher Arthropoden-Schiffe. Wir müssen davon ausgehen, dass unsere mit Raketen, Bomben und Torpedos bestückte Hilfsflotte von den Insektoiden verfolgt und zerstört wurde. Es muss sich um eine ausreichend starke Feindflotte gehandelt haben. Die gesamte 2.000 Schiffe umfassende Hilfsflotte und unsere Versorgungsstation scheint einem massiven Großangriff ausgesetzt worden zu sein. Ich gehe von einer Vergeltungsaktion der Arthropoden aus.«

Das Gesicht von Ruadan verzog sich zu einer Grimasse. Ein lauter tiefer Schrei entwich seiner Kehle.

Schlagartig wurde es still in dem Sitzungssaal. Alle Anwesenden richteten ihre Augen gebannt auf den Vorsitzenden.

Halswan starrte ihn an.
»Schlechte Nachrichten?«, erkundigte er sich.

Der Vorsitzende des Zentralrates stand auf.
»Obwohl wir heute einen Erfolg feiern konnten, holt uns die Realität bereits wieder ein«, erklärte er.»Ich habe vor wenigen Sekunden eine Mitteilung unserer Raumüberwachung erhalten. Unsere ausgesandte Hilfsflotte wurde von den Arthropoden verfolgt. Aufgrund

der aufgezeichneten Notrufe wurde eine starke Eingreifflotte in den Sektor geschickt. Leider kam sie zu spät. Die komplette Hilfsflotte von 2.000 Schiffen und unsere äußerste Versorgungsstation wurden von Feindschiffen vernichtet. Einige Wracks von Arthropoden-Schiffen konnten ebenfalls geortet werden. Wir müssen davon ausgehen, dass unsere Hilfsflotte bei dem Aufnehmen neuer Munition überrascht wurde. Die Schiffe waren nicht mehr in der Lage sich ausreichend zu wehren.«

Halswan schüttelte seinen Kopf.
»Das passiert, wenn man seine Spuren nicht verwischt«, sagte er den Delegierten. »Unsere Hilfsflotte war zu arglos. Sie hätte durch mehrere Sprünge ihre Zielkoordinaten verschleiern müssen. Das ist scheinbar nicht erfolgt.«

Aufgeregte Diskussionen entstanden unter den Offizieren und Systemräten. Sie wussten, dass trotz des heutigen Sieges über eine große Flotte von Arthropoden-Schiffen, sie erneut einen starken Kampfverband von 2.000 Schiffen verloren hatten. Mit ihr auch wertvolles ausgebildetes Personal.

Ruadan blickte Camaal an.

»Sie sehen, wie stark unser göttliches Imperium unter Druck steht«, sagte er. »Unsere Ressourcen reichen nicht aus, um den Angriff der arthropodischen Allianzflotte zu stoppen. Langfristig wird dieser Krieg zu einer Materialschlacht werden. Wer zum Schluss noch über die meisten kampftauglichen Zerstörer verfügt, wird ihn für sich behaupten können.«

»Ruadan hat Recht«, bestätigte Halswan. »Derzeit ist die Geschichte nicht auf unserer Seite. Falls wir keine Lösung finden sollten, dann wird das göttliche Imperium untergehen. In vielen Jahrtausenden erinnert sich Niemand mehr an den Namen Ragun. Wissen sie auch warum?«

Camaal und Furgun blickten den Abtrünnigen der Aller-Ersten an.

»Nein«, antwortete der Systemrat.

»Ich werde es ihnen sagen«, erwiderte Halswan. »Ihre neue Mission führt sie in die Zukunft. Scannen sie mit ihrem Flaggschiff das System. Sie werden erkennen, dass sich zwischen dem vierten und fünften Planeten dieses Sternensystems ein Asteroidenfeld befindet. Diese zahlreichen Gesteinsbrocken sind der Rest ihres Zentralplaneten Ragun. Lassen sie den Eindruck auf sich wirken und entscheiden sie über ihre weitere Vorgehensweise. Verlassen sie uns jetzt. Ich wünsche ihnen viel Erfolg mit ihrem Auftrag. «

Camaal und sein 1. Offizier verbeugten sich stumm. Die Ansprache von Halswan hatte ihnen die Kehlen zugeschnürt.

Die Sicherheitssoldaten brachten die beiden Offiziere zu dem wartenden Gleiter. Dieser flog die Offiziere zurück zu ihrem Schiff.

Als Camaal und Furgun wieder auf die Brücke ihres Flaggschiffes traten, trauten sie ihren Augen nicht. Muuda, der stellvertretende Zentralrat saß in dem Kommandosessel des Schiffes.

»Sie sitzen auf dem falschen Stuhl«, sprach Systemrat Camaal ihn an. »Sollten sie nicht den Entscheidungen des Zentralrates beiwohnen? «

»Ich komme in einer heiklen Sache zu ihnen«, antwortete Muuda. »Sie haben es heute erlebt, unser Vorsitzende Ruadan ist zu einem Lakaien von Halswan geworden. «

Der Systemrat lehnte sich an eine Haltestange der Brücke.

»Ich wollte es nicht aussprechen«, erwiderte er.»Diesen Ruadan kannte ich nicht. Er war voller Gegenwehr zu uns. Hätte sich nicht Halswan eingeschaltet, würden wir jetzt in einem Verlies der Regierung sitzen. «

Muuda nickte.»Heute Abend erhalte ich weitere Informationen«, sagte er.»Ich habe Flottenkommandeur Lenus gebeten, die private Unterkunft von Ruadan zu überprüfen. Möglicherweise ist dort etwas geschehen, das uns nicht bekannt ist. Wir treffen uns heute Abend mit ihm im Casino Kolonial. Darf ich sie bitten an diesem Gespräch teilzunehmen? «

»Was sollen wir dabei? «, erkundigte sich Camaal.» Der Zentralrat hat uns mit einem neuen Auftrag versehen. «

»Falls Ruadan unter Drogen steht, brauche ich Beweise für den Zentralrat«, flüsterte Muuda.»Sie könnten ein Zeuge sein, wenn mir Dinge berichtet werden, die eine Absetzung von Ruadan nötig machen sollten. «

»Sie planen einen Komplott gegen die Regierung? «, sagte der Systemrat.»Hieran werde ich mich nicht beteiligen. «

»Es geht nicht um einen Komplott«, erwiderte Muuda erregt.»Wie sie wissen haben die Arthropoden die

Möglichkeit, andere Lebensformen zu beeinflussen. Dafür setzen sie ihre Kinder ein. Das sind im Labor erzeugte, kleine kriechende Parasiten aus Arthropoden-DNA. Diese Wesen befallen den Gehirnstamm von denkenden Wesen und lenken ab dem Zeitpunkt der Infizierung ihr Handeln im Sinne der Arthropoden. «

»Sie glauben Ruadan wäre infiziert? «, fragte Furgun.

»Nach den irrationalen Handlungen unseres Vorsitzenden gehe ich fest davon aus«, antwortete Muuda. » Anders ist seine Wesensänderung nicht zu erklären. Ich würde sie beide gerne als Zeuge zu dem Gespräch mitnehmen. «

Ruadan blickte seinen ersten Offizier an.
»Wir begleiten sie«, entschied der Systemrat. »Falls Ruadan gegen das ragunische Imperium integriert, muss er aufgehalten werden. Wann treffen wir uns? «

Muuda lächelte dankbar.
»Bei Sonnenuntergang«, antwortete er. »Das Casino wird gerne von Offizieren der Raumflotte besucht. Es ist daher nicht ungewöhnlich, dass wir uns dort einfinden. Kennen sie Flottenkommandeur Lenus? «

Furgun nickte.

»Wir haben bereits öfter mit ihm zusammengearbeitet«, antwortete der 1. Offizier. »Er ist ein Offizier, dem das Wohl unseres Imperiums am Herzen liegt.«

Er ist mir als loyal bekannt«, antwortete Camaal.» »Vermutlich wäre kein anderer Offizier auf meine Wünsche eingegangen«, teilte Muuda mit.

Er stand auf.
»Ich muss zurück in den Zentralrat«, sagte er. »Vermutlich vermisst man mich schon. Seien sie vorsichtig. Der ragunische Geheimdienst ist in diesen Zeiten sehr aktiv. Man weiß nie, wo seine Agenten operieren.«

»Bis heute Abend«, antwortete Camaal. »Wir sehen uns.«

Der Systemrat ließ sich von der Brücke in den Hangar führen. An dem Schott legte er die Kapuze seiner Kutte über den Kopf und schritt die Brücke des Schiffes hinunter. Niemand erkannte ihn. Nur wenige Wartungstechniker liefen auf dem Landehafen der Regierung herum.

Der schwarze Gleiter des Flaggschiffes von Systemrat Camaal setzte auf dem großzügigen Landeplatz vor dem beliebten Casino Kolonial auf. Sieben Personen saßen in dem Fluggefährt und beobachteten den breiten Eingang, des in der Regierung verruchten Gebäudes. Hier konnten wohlhabende Raguner ihre Wünsche ausleben. Neben einem großen Angebot an Getränken, wurden hier auch Glücksspiele und private Arrangements mit ragunischen Damen angeboten. Dem Zentralrat war dieses beliebte Angebot ein Dorn im Auge. Doch Ruadan hatte beschlossen, in den Zeiten des Krieges gegen die Arthropoden, den Soldaten und Offizieren dieses Vergnügen zu lassen. Den Antrag einiger Räte der Regierung auf Schließung des Casinos, hatte er stets abgelehnt.

Camaal blickte den Piloten des Gleiters an.
»Sie warten in dem Gleiter und sichern ihn«, befahl er. »Sprechen sie mit Niemand und warten sie auf uns. Falls sie kontrolliert werden, sagen sie bitte, dass einige Offiziere unserer Crew ihren Abschied von Ragun feiern möchten, weil wir auf eine neue Mission geschickt wurden. «

»Ich habe verstanden«, bestätigte der Pilot.
Camaal, Furgun und der Sicherheitsoffizier Varnus stiegen aus dem Fluggefährt. Er hatte drei ausgebildete Nahkampfsoldaten mitgebracht, welche die Offiziere in brenzligen Situationen schützen sollten.

Die Personen des Flaggschiffes hatten die koloniale Ausgeh-Uniform angezogen. Das Zeichen der 35 Sternensysteme, die von Systemrat Camaal verwaltet wurden, prangerte auf ihrer Brust. Diese Bekleidung war üblich unter den Offizieren der Raumflotte, wenn sie sich unter die Bevölkerung von Ragun mischten.

Varnus blickte seine Soldaten an. »Verteilen sie sich unauffällig im Inneren des Gebäudes«, sagte er. »Behalten sie uns im Auge. Falls eine Gefahr drohen sollte, schießen sie uns einen Fluchtweg offen. Setzen sie im Notfall vorrangig ihre Paralyse-Strahler ein.«

Die Soldaten nickten. »Wir passen auf sie auf«, antwortete einer von ihnen in einem eisernen Ton.

Die Personen des Gleiters schritten die fünf Stufen zu dem Eingang des Casinos hoch. Der Kontrolleur blickte kurz auf ihre Uniformen und winkte sie durch. Camaal und seine Begleiter gingen in das Establishment. Abgestandene Luft und laute Musik hüllte sie ein. Das Licht in dem Casino war gedämmt. Die Gesichter der einzelnen Besucher waren nur schwer zu erkennen.

Zentralrat Muuda saß an einem großen Tisch. Er hatte die neuen Besucher bereits erkannt. Er winkte Camaal und seinen Begleitern aufgeregt zu. Die Sicherheitssoldaten verteilten sich unauffällig an den Wänden des Saales.

»Schön, dass sie kommen konnten«, begrüßte Muuda den Systemrat und seine Begleiter. »Setzen sie sich. Nehmen sie ein Getränk auf meine Kosten.«

»Danke«, antwortete Camaal. »Ich glaube, ich bin zum ersten Mal in diesem Casino.«

Eine junge Bedienung in einem kurzen Rock kam an ihren Tisch getreten.

»Was möchten sie trinken?«, erkundigte sie sich.

Muuda bemerkte, wie seine Gäste zögerten. »Bringen sie uns das beste Beeren-Elixier und ausreichend Wasser«, sagte er. »Wir haben etwas zu feiern.«

»Danke für ihre Bestellung«, antwortete die attraktive Bedienung.

Dann ging sie mit einem wiegenden Hüftschwung an den nächsten Tisch.

Furgun blickte ihr einen Augenblick nach.

»Nicht schlecht«, bemerkte er. »Hier lässt es sich aushalten.«

Camaal schlug ihm auf den Arm.

»Deswegen sind wir aber nicht hier«, erklärte er. »Halte die Augen nach Agenten des Geheimdienstes offen. Sie tragen meistens die gleiche Kleidung und mustern alle Gäste intensiv.«

»Alles klar«, antwortete Furgun und blickte sich interessiert nach allen Richtungen um.

»Wo bleibt ihr Flottenkommandeur?«, erkundigte sich Camaal. »Sollte er nicht bei Sonnenuntergang hier erscheinen?«

Muuda zog einen Zeitmesser aus seiner Seitentasche und blickte kurz hierauf.

»Er wird sicherlich gleich kommen«, antwortete er. »Ich halte Lenus für zuverlässig. Warten wir noch etwas ab.«

Die Personen lehnten sich zurück und blickten dem Treiben der Gäste zu. Auf den Tanzflächen tummelten sich vergnügte Raguner, die ausgelassen mit ihren Begleiterinnen scherzten.

Die Serviererin brachte die Bestellung und teilte Trinkgefäße aus. Sie füllte die Gefäße mit dem hochwertigen Beerenextrakt und andere mit frischem Wasser.

»Viel Geschmack«, sagte sie und ging zu dem nächsten Tisch.

Aus dem Schatten des Raumes traten sechs Personen auf den Tisch zu. Sie trugen die Kampfuniform der imperialen Raumflotte.

Muuda blickte die Personen an. »Lenus«, begrüßte er den Anführer. »Schön, dass sie Wort gehalten haben. Setzen sie sich zu uns. Warum haben sie eine kleine Armee mitgebracht?«

Lenus und seine Begleiter setzten sich wortlos. Nachdem der Flottenkommandeur seine Begleiter vorgestellte hatte, blickte er Muuda an.

»Das will ich ihnen beantworten«, erwiderte er. »Sie haben mich in einen Gewissenskonflikt gestürzt. Wir haben hochexplosive Informationen dabei, wonach sich der ragunische Geheimdienst seine Finger lecken würde.«

»Was heißt hochexplosiv?«, erkundigte sich Camaal.«
Ich dachte, sie suchen nach Beweismaterial, um den
Vorsitzenden Ruadan seines Amtes zu entheben?«

»Das Material ist so brisant, dass sie Ruadan ohne weitere
Anhörungen in Arrest nehmen könnten«, antwortete
Lenus. »Eine nachträgliche Prüfung unserer
Aufzeichnungen durch ihre Kollegen des Zentralrates wird
ihr Vorgehen bestätigen.«

In der Informationszentrale des Geheimdienstes
schrillten Alarmsignale. Die diensthabenden Offiziere
hatten die Aufzeichnung des Gespräches bereits an
Ruadan weitergeleitet.

Er und Halswan saßen zusammen, um über das weitere
Vorgehen im Zentralrat zu diskutieren. Die beiden
Personen hörten sich die Aufzeichnung des Gespräches
an.

»Muuda und Camaal arbeiten gegen uns«, erkannte
Halswan. »Die Echtzeitinformationen unseres
Geheimdienstes sind eindeutig. Es ist gut, dass ich den
Systemrat habe überwachen lassen.«

»Sie wollen mich stürzen«, bemerkte der Worgass, in der Gestalt von Ruadan. »Wir dürfen sie nicht weiter nachforschen lassen. «

Halswan nickte. Er griff nach seinem Kommunikator und reichte ihn Ruadan.

»Befehlen sie dem Geheimdienst, die Verschwörer festzunehmen«, sagte er. »Sie sollen in einem feuchten Verlies die Nacht verbringen. Morgen werden wir sie befragen. Ich werde einen uns ergebenen Flottenkommandeur aussuchen, der die Flotte von Camaal zukünftig befehligen wird. «

»Erhalten wir dann noch Zugriff auf die zeitgesteuerte Wurmloch-Station auf Vagun? «, erkundigte sich Ruadan. » Laut den Informationen des Systemrates wird nur er als alleiniger Kommandeur der Station akzeptiert. «

»Dann werden wir ihn zwingen, uns die Station zu öffnen«, erwiderte Halswan. » Ansonsten hat er sein Leben verwirkt. «

Ruadan lächelte teuflisch. Die Verbindung seines Kommunikator s zu dem ragunischen Geheimdienst wurde hergestellt.

»Hier ist Ruadan, der Vorsitzende des göttlichen Zentralrates«, sprach er in das Gerät. »Ich brauche eine Elite-Sondereinheit. Wir haben eine Gruppe Verräter im Casino-Kolonial ausgemacht. Ich möchte die Regimegegner sofort verhaftet wissen. Sie kooperieren mit den Arthropoden.«

»Hier spricht Franus«, tönte es aus dem Gerät. »Ich bin der Leiter des ragunischen Geheimdienstes. Es ist eine Ehre für mich, mit dem Vorsitzenden des Zentralrates zu sprechen. Sehr oft habe ich dieses Erlebnis nicht. Sie erkennen die Personen unseres aktuellen Mitschnittes? Auch ein Mitglied des Zentralrates beteiligt sich an der Verschwörung.«

»Das ist Muuda, mein Stellvertreter«, erklärte Ruadan. »Umso wichtiger ist es, dass wir den Verrätern habhaft werden. Nehmen sie alle Personen fest und inhaftieren sie diese. Wir werden sie morgen einer ragunischen Folterbefragung unterziehen.«

»Das ist ihre Entscheidung«, antwortete Franus. »Ich werde den Einsatz selbst leiten. Wir rücken sofort aus.«

»Danke«, antwortete Ruadan. »Dieser Auftrag ist von imperialer Wichtigkeit. Das muss ich ihnen hoffentlich nicht extra mitteilen. «

»Ich habe verstanden«, bestätigte der Leiter des Geheimdienstes. »Warten sie die Meldung unseres Vollzuges ab. Es kann zu einem Schusswechsel kommen.«

Die Verbindung brach ab.

Halswan und Ruadan blickten sich an. »Was kann der Flottenkommandeur für wichtige Informationen über uns gesammelt haben? «, fragte er.

»Vielleicht haben wir bei der Ermordung des Vorsitzenden Spuren hinterlassen«, antwortete Ruadan. » Wir werden es morgen aus ihnen herausquetschen. Darauf freue ich mich bereits jetzt. «

Beide Personen lachten laut und hämisch auf.

Camaal hatte einen Schluck aus seinem Gefäß getrunken. Er nickte Muuda zu.

»Ein guter Tropfen«, lächelte er. »Sie verstehen etwas von gutem Beeren-Elixier. «

Sein Blick schwenkte zu Lenus und seinen Begleitern.

»Können sie uns das Beweismaterial zeigen? «, flüsterte Camaal.» Ich möchte wissen, woran wir sind?«

»Glauben sie, dass hier ist der richtige Ort dafür? «, erkundigte sich Lenus. «Der ragunische Geheimdienst hat in allen öffentlichen Gebäuden Abhöranlagen installieren lassen.«

Muuda blickte ihn mit großen Augen an. »Warum weiß der Zentralrat nichts hierüber? «, erkundigte er sich.

»So wie ich mitbekommen habe, war das eine Entscheidung ihres Vorsitzenden Ruadan«, antwortete Lenus.»Er war der Auffassung, je weniger Personen hiervon wussten, umso mehr Informationen könnten aufgezeichnet werden. Er stellte es als eine hoheitliche Aufgabe hin, um arthropodische Agenten aufzuspüren. «

»Falls sie Recht haben sollten, dann sind wir bereits in Gefahr«, flüsterte Camaal.»Es sollte mich nicht wundern, wenn später Soldaten des Geheimdienstes hier auftauchen werden. Spielen sie die Daten ab. «

Lenus zog einen kleinen Bildschirm aus seiner Tasche.

»Ich habe die aufgezeichneten Daten auf dieses Gerät kopiert«, flüsterte er. »Schauen sie genau hin. «

Lenus aktivierte das Abspielgerät. Muuda und seine Gäste blickten voller Spannung auf die Aufzeichnung. Ihre Gesichter verfinsterten sich. Der Mitschnitt endete, das Gerät schaltete sich ab. Lenus steckte es wieder ein. Keiner der Personen sprach ein Wort.

»Schmutziger Verrat«, fluchte Muuda. »Halswan hat Ruadan, den Vorsitzenden des göttlichen Zentralrates töten lassen. Was ist das für ein Wesen, das seinen Körper nachgebildet hat? «

»Jedenfalls ist es kein Raguner«, bemerkte Lenus. »Diese Rasse ist mir unbekannt. «

Camaal dachte nach.
»Die Hypertronic-KI der Wurmloch-Station auf Vagun hat von Formwandlern gesprochen, die aus der Andromeda-Galaxie agieren«, erklärte er. »Wir haben versteinerte Überreste dieser Species in einer Felsenkammer gefunden. Vielleicht besteht hier ein Zusammenhang? «

»Formwandler? «, fragte Lenus. » Vielleicht gibt es noch mehr von Ihnen. Wie kann man sie erkennen? «

Camaal schüttelte seinen Kopf.
»Leider besitze ich hierüber keine Informationen«, antwortete er. »Wenn sie getötet wurden, erkennt man sie an ihrer ursprünglichen Körperform, die einer großen Qualle gleicht. «

»Einer Qualle, wie sie in den Meeren von Ragun zu finden ist? «, fragte Varnus.

Muuda blickte erschreckt zum Eingang des Saales. In schwarz gekleidete Soldaten des Geheimdienstes drangen ein und kontrollierten die ID-Cards der Gäste. Muuda zog seine Kapuze über den Kopf.

»Der Geheimdienst ist da? «, flüsterte er. » Was machen wir jetzt? «

»Flüchten«, antwortete Camaal. »Draußen wartet ein Gleiter meines Schiffes. Sie kommen erst einmal alle mit auf mein Flaggschiff. Dann sehen wir weiter. Haben sie Waffen dabei? «

Lenus und sein Begleiter nickten.
»Wir müssen zum Eingang«, erklärte Camaal. »Sicherlich werden sich außerhalb dieses Gebäudes ebenfalls Soldaten positioniert haben. Diese müssen wir überwältigen. «

Er zog seinen Strahler aus dem Halfter und aktivierte ihn. Varnus gab seinen drei Sicherheitsoffizieren ein eindeutiges Zeichen. Auch sie hatten die Soldaten des Geheimdienstes erkannt.

Langsam schritten die Personen dem Ausgang des Casinos entgegen. Auf halbem Weg vernahmen sie eine Stimme in ihrem Rücken.

»Halt, sie da «, sprach ihn ein Offizier an. »Wo wollen sie hin? «

Lenus drehte sich um. Die anderen Offiziere schritten weiter.

»Wir suchen den Waschraum«, antwortete er. »Kennen sie den Weg? «

»Alle gleichzeitig? «, stutzte der Soldat.

»Ja«, antwortete Lenus. »Alle gleichzeitig.«

Mit einer schnellen Bewegung hob er seinen Strahler und schoss dem Soldaten zweimal in die Brust. Hässliche qualmende Löcher waren auf seiner Schutzkleidung zu sehen. Mit verdrehten Augen fiel der Soldat des Geheimdienstes auf seinen Rücken.

In dem Casino brach die Hölle aus. Schreiende Gäste sprangen von ihren Stühlen auf und liefen auf den Ausgang zu. Die Soldaten des Geheimdienstes schossen mit ihren Strahlern wahllos in die Besuchermenge.

Die drei Sicherheitsoffiziere von Camaal hatten die beiden Soldaten, die den Ausgang bewachten, bereits ausgeschaltet. Muuda, Camaal und seine Begleiter liefen hindurch. Lenus folgte ihnen rückwärts. In seinen beiden Händen lag je eine schwere Laserpistole. Er feuerte beidhändig auf die Soldaten des Geheimdienstes. Wieder brachen einige der Verfolger zusammen. Die Soldaten des Geheimdienstes versuchten die Flüchtenden anzuvisieren. In dem heillosen Durcheinander gelang es ihnen nicht, einen gezielten Treffer zu erzielen.

Camaal hatte den Piloten des Kampfgleiters bereits über seinen Kommunikator informiert. Der Pilot reagierte sofort. Er hob sein Fluggefährt von dem Boden ab und aktivierte das Frontgeschütz.

Die außerhalb des Gebäudes wartenden Soldaten des Geheimdienstes hatten sich dem Eingang zugedreht, aus dem schreiende Raguner strömten. Der koloniale Pilot hatte die Soldaten des Geheimdienstes an der pechschwarzen Kleidung erkannt. Das Display seiner Waffenanzeige erfasste sie alle. Die kurzen Lasersalven seines Frontgeschützes, schalteten die Soldaten der Reihe nach aus. Getroffen brachen sie zusammen. Der Pilot setzte den Kampfgleiter vor den Stufen des Casinos ab. Er öffnete den Schott.

Es war keinen Moment zu früh. Systemrat Camaal und seine Begleiter kamen aus dem Gebäude gelaufen. Sie stürzten die Stufen hinunter und sprangen in den Gleiter. Der Pilot hatte bereits wieder den Antrieb gestartet.

»Moment noch«, sagte Camaal. »Flottenkommandeur Lenus fehlt noch.

»Wir müssen starten«, erwiderte der Pilot. »Ein Treffer in den Antrieb lässt uns abstürzen. «

»Warten sie ab«, befahl ihm Camaal.» Wir lassen niemanden zurück. «

Dann sahen sie Lenus aus dem Gebäude laufen. Er wurde von vier Soldaten des Geheimdienstes verfolgt. Die Begleiter von Lenus hatten ihre Lasergewehre bereits aktiviert und auf die Verfolger angelegt. In Sekundenschnelle schossen sie ihre Laserstrahlen auf die

Soldaten des Geheimdienstes. Ihnen gelang es nicht mehr, ihre Dienstwaffen auf Lenus zu richten.

Der Flottenführer sprang in den offenen Schott. Der Pilot hob von dem Boden ab und beschleunigte mit dem noch geöffneten Schott. Weitere Soldaten des Geheimdienstes stürzten aus dem Gebäude. Die Salven ihrer Laserpistolen verpufften in der dunklen Nacht. Der Gleiter des Flaggschiffes war bereits außer Sichtweite.

Camaal hatte mit seinem Kommunikator Kontakt zu seinem Flaggschiff hergestellt.

»Alarmstart vorbereiten«, befahl er seinem Stellvertreter. »Der ragunische Geheimdienst ist uns auf den Fersen. Vermutlich werden seine Kampfjets versuchen, uns an einem Start zu hindern. Beordern sie 50 unserer Zerstörer in die Atmosphäre. Sie sollen alle Kampf-Jets des Geheimdienstes ausschalten, die unseren Start verhindern wollen. «

»Ich habe verstanden«, antwortete der Navigator des Schiffes. »Ihre Befehle werden weitergeleitet. «

Mit Höchstwerten raste der koloniale Transportgleiter auf das wartende Flaggschiff zu. Das Hangar-Tor war bereits geöffnet.

Weit hinter dem Gleiter tauchten bereits erste Kampfjets des Geheimdienstes auf dem Display des Piloten auf. Diese näherten sich schnell.

»Wir bekommen Besuch«, warnte der Pilot. »Ich habe 100 Kampfjets auf meinem Display. Ihre Waffen wurden ausgefahren. «

»Fliegen sie schneller«, befahl Camaal. »Wir müssen unser Schiff erreichen. «

Der Pilot raste auf das geöffnete Schott des Flaggschiffes zu. Noch während eines Einfliegens gab er den Befehl, den Schott zu schließen. Gleichzeitig aktivierte sich der Schutzschirm um das Schiff. Die Antriebe hoben das Flaggschiff vom Boden ab. Langsam nahm es Fahrt auf und gewann an Höhe. Das Prasseln des Laserbeschusses durch die Kampfgleiter des Geheimdienstes nahm merklich zu. Der Schutzschirm des Schiffes verfärbte sich an mehreren Einschlagsstellen.

Camaal und seine Begleiter eilten auf die Brücke. »Status? «, fragte er.

»Die Schutzschirmleistung ist auf 65Prozent gesunken «, meldete der Ortungsoffizier. »Die Werte fallen weiter. «

»Abwehrfeuer aktivieren«, befahl der Systemrat. »Wo sind unsere Schiffe? «

»Sie tauchen gerade in die untere Atmosphäre ein«, erwiderte der Ortungsoffizier.

»Die Kampfjets des Geheimdienstes sind abzufangen«, befahl Camaal. »Wir haben Muuda, den Stellvertreter des Zentralrates an Bord. Man will ihn ausschalten. «

Das Trommelfeuer des Flaggschiffes wurde durch die Waffentürme von 50 weiteren Schiffen verstärkt, die ihre Positionen eingenommen hatten. Wie lästige Fliegen, stürzten die Jets des Geheimdienstes vom Himmel. Sie hatten sich nur auf das Flaggschiff konzentriert und nicht die koloniale Verstärkung beobachtet. Es wurde nur ein kurzer Kampf. Die Kampfjets des Geheimdienstes waren schnell ausgeschaltet. Die Schiffe des Systemrats beschleunigten und vereinigten sich im Orbit von Ragun mit der restlichen Flotte. Dann sprang die 5.020 Schiffe starke Flotte in den Hyperraum.

Halswan und Ruadan hatten sich in der Leitstelle des ragunischen Geheimdienstes eingefunden. Sie beobachteten den Einsatz von Franus mit Missfallen.

»Wie kann man nur so unqualifiziert sein«, bemerkte Halswan. »Der Außenbereich hätte durch schwere Kettenpanzer abgesichert sein müssen. Jetzt ist Muuda mit Camaal verschwunden. «

Er drehte sich zu dem diensthabenden Stellvertreter der Leitstelle um.

»Schicken sie den Flüchtigen sofort Kampf-Jets hinter her«, brüllte er. » Ich befehle, den kolonialen Fluchtgleiter abzuschießen. «

Der Stellvertreter von Franus handelte schnell. Innerhalb von wenigen Sekunden starteten 100 Jets der Flugbereitschaft und flogen die Koordinaten des gelandeten Flaggschiffes an.

Ruadan bemerkte, dass die Jets es nicht mehr schaffen würden, den kolonialen Gleiter einzuholen.

»Feuern sie auf die Flüchtigen nach Sichtkontakt«, befahl er. »Sie dürfen ihr Schiff nicht erreichen. «

»Die Entfernung wird noch zu groß sein«, antwortete der Stellvertreter.

Trotzdem gab er den Befehl an die Jets durch. Diese entzündeten einen Laserhagel auf den fliehenden Gleiter, der bereits in dem schützenden Hangar des Flaggschiffes eintauchte.

Halswan sah, wie das koloniale Flaggschiff seinen Schutzschirm aktivierte. Die Lasersalven verpufften in dem starken Energiefeld und wurden von ihm abgeleitet.

»Das Schiff startet«, tobte Halswan. »Sofort mit einem Dauerbeschuss des Schutzschirmes beginnen. Wir müssen es aufhalten. «

Mit Schrecken meldete der Stellvertreter des Geheimdienstes, dass weitere 50 Kampfschiffe in die Atmosphäre eingedrungen waren, um das Flaggschiff zu unterstützen. Der Monitor der Leitstelle zeigte die getroffenen Kampfjets des Geheimdienstes, wie sie getroffen und qualmend zu Boden stürzten. Alle 100 Jets wurden von der kolonialen Flotte ausgeschaltet. Als keiner der Jets mehr in der Luft war, beschleunigten die 50 kolonialen Schiffe und zogen sich in den Orbit des Planeten zurück.

»Sofort die Heimatverteidigung alarmieren«, befahl Halswan. »Sie sollen der Flotte Camaal folgen und sie vernichten. «

Franus, der Leiter des Geheimdienstes trat in die Zentrale. Er hatte die letzten Worte des Aller-Ersten mitbekommen.

»Kämpfen wir jetzt auch gegen eigene Verbände? «, fragte er in einem scharfen Ton. »Ich möchte diesen Befehl von dem Zentralrat bestätigt haben. «

Ruadan drehte sich ihm zu.

»Ich bestätige ihnen den Befehl sehr gerne«, antwortete er. Dann zog er seinen Strahler aus dem Waffengürtel und schoss den Leiter des Geheimdienstes in den Kopf.

Mit verdrehten Augen sackte Franus zusammen. Die Offiziere der Leitstelle des Geheimdienstes blickten den Vorsitzenden des Zentralrates mit großen Augen an. Sie wagten es aber nicht, ihn für sein Verhalten anzuprangern.

Halswan und Ruadan beruhigten sich nur schwer. »Führen sie den Befehl aus«, fuhr Ruadan den Stellvertreter von Franus an. »Wollen sie der Nächste sein, der kläglich versagt? «

Der Stellvertreter informierte die oberste Raumbehörde und die Heimatverteidigung. Exakt 50.000 Schiffe der schnellen Bereitschaft hoben von ihren Basen ab und folgten der kolonialen Flotte nach Vagun.

Die Flotte von Systemrat Camaal, entmaterialisierte im Orbit von Vagun. Der Systemrat griff nach seinem Kommunikator.

»Stellen sie mir eine abhörsichere Verbindung zu der Hypertronic-KI der Basis«, bat er seinen Funkoffizier.

Der Offizier drückte einige Knöpfe und stellte die Frequenz ein.

»Sie können sprechen«, erwiderte er.

»Hier spricht Kommandeur Camaal«, sprach der Systemrat in das Gerät. »Ich rufe die Vagun Hypertronic-KI der zeitgesteuerten Wurmloch-Station. Bitte melde dich. Es ist möglich, dass wir verfolgt werden. «

»Ich höre sie Kommandeur«, antwortete die Basis. »Ihre Befehle bitte? «

»Hülle unsere Flotte erneut in dein Tarnfeld«, sagte er. »Vermutlich werden wir von Schiffen des ragunischen Geheimdienstes verfolgt. «

»Das Tarnfeld wird aufgebaut«, teilte die KI monoton mit. »Ziehen sie ihre Schiffe nach Möglichkeit enger zusammen.«

Die Hypertronic-KI hatte zusätzliche Energiemeiler anlaufen lassen und hüllte die eng zusammengerückte Flotte in ein großes Tarnfeld ein. Ihre Impulse verschwanden von den Ortungsgeräten der Raumüberwachung von Ragun. Die dortigen Offiziere konnten sich nicht erklären, wohin die Flotte des Systemrates Camaal entschwunden war.

Erneut meldete sich die KI auf der sicheren Verbindung. »Ihre Vermutung wird bestätigt«, teilte sie mit. »Ich registriere eine große Verwerfung im Hyperraum. Nach meinen Berechnungen wird in wenigen Sekunden eine starke Flotte von mindesten 50.000 Schiffe in den Normalraum eintauchen.«

»Danke für die Warnung«, antwortete Camaal. »Wir verhalten uns ruhig.«

Der große Bildschirm des Flaggschiffes zeigte, wie die Verfolgerflotte materialisierte. Die schnelle Flugbereitschaft der ragunischen Kampfverbände konnte keine Ortungsimpulse mehr von der kolonialen Flotte registrieren. Nach mehreren Umrundungen von Vagun, schien der Befehlshaber der Flotte zu resignieren. So wie sie gekommen war, beschleunigte die Flotte und wechselte in den Hyperraum. Erleichtert atmeten die Offiziere der Brückencrew durch.

Systemrat Camaal blickte Muuda und Lenus an. »Das wäre geschafft«, lachte Camaal. »Die sind wir los.« Lenus schien verärgert zu sein.

»Danke, geschätzter Systemrat«, sprach er Muuda an. »Jetzt bin ich wegen ihnen auch zum Verräter geworden. Können sie mir einen Weg zeigen, der mich wieder nach Ragun und zu meinen Angehörigen bringt?«

»Bitte entschuldigen sie«, antwortete Muuda. »Ich wollte Niemand in die Sache hineinziehen. Mir ging es immer nur um die Wahrheit. Sollen wir das falsche Spiel dieses Wechselformers einfach hinnehmen, der sich als Ruadan ausgibt? Ich sage nein.«

»Das ist alles gut und schön«, bemerkte Lenus. »Vor kurzer Zeit war ich noch ein angesehener ragunischer Flottenkommandeur. Das werde ich zukünftig vergessen können. Welche Karriere bieten sie mir und meinen Leuten an?«

»Keine«, antwortete Muuda. »Sie wissen es doch selbst, dass wir die arthropodische Flotte nicht aufhalten können. Es dauert nicht mehr lange, dann werden ihre Zerstörer vor unserer Zentralwelt stehen und sie vernichten. Sämtliches Leben auf unserem Planeten wird aufhören zu existieren. Ich frage sie aufrichtig, welche Karriere möchten sie jetzt noch machen? «

Lenus senkte seinen Kopf.
»Sie haben Recht«, antwortete er. »Ich habe diesen Tatbestand für einen Moment aus meinem Kopf ausgeblendet. Mit jedem neuen Tag rückt das Grauen etwas näher an uns heran. Was schlagen sie vor? Werden wir auf Vagun sterben? «

Muuda blickte Camaal an.
»Das gegenseitige Abschlachten muss aufhören«, sagte Muuda. »Ist das nicht auch in ihrem Sinn, Systemrat Camaal? «

»Das ist keine Frage«, erwiderte der Befehlshaber der kolonialen Flotte. »Wie wollen sie das bewerkstelligen? «

»Ich hätte eine Idee«, antwortete Muuda. »Doch dazu benötige ich ihre uneingeschränkte Unterstützung, ebenso die von Lenus und seinen Leuten. «

»Ich bin ganz Ohr«, entgegnete der Systemrat. »Tragen sie uns ihren Vorschlag vor.«

»Was bleibt uns anderes übrig«, bestätigte Lenus nach einer kurzen Absprache mit seinen treuen Begleitern.

Das stellvertretende Mitglied des Zentralrates blickte Camaal an.

»Sie spielen eine maßgebende Rolle in meinen Überlegungen«, erklärte er. »Ich habe mitbekommen, dass Ruadan und Halswan ihnen einen neuen Auftrag zugeteilt haben.«

»Das stimmt«, antwortete der Systemrat. »Ich soll meiner Flotte ein Wurmloch öffnen, das seinen Ausgang 500.000 Jahre in der Zukunft unseres Sternensystems findet. Dort hat sich eine humanoide Rasse auf dem dritten Planeten entwickelt, die sich selbst Terraner nennen. Diese Species konnte sich bisher erfolgreich gegen Ruadan und Halswan zur Wehr setzen. Ich soll mit meiner Flotte die Flüchtlingsstation der Aller-Ersten, sie liegt auf einer Insel im Ozean ihrer Welt, angreifen und zerstören. Die Koordinaten wurden meiner Hypertronic-KI von unserer obersten Raumbehörde bereits übermittelt.«

Muuda nickte.

»Sie haben ihre Aufgabe richtig vorgetragen«, antwortete er. »Doch was kann passieren, wenn sich die Angaben von Halswan erneut als falsch darstellen und ihre Flotte die humanoide Rasse nicht besiegen kann? Haben sie hierüber schon einmal nachgedacht. Bisher sind alle vorgeschlagenen Missionen von Halswan gescheitert. Ich denke, der Aller-Erste besitzt nicht die aktuellen Informationen seines Volkes. «

»Dann werden wir für das göttliche Imperium sterben«, antwortete der Systemrat. »In diesem Fall haben wir uns nichts vorzuwerfen. Es ist nur noch eine Frage der Zeit, bis die Arthropoden meine dicht aneinander liegenden 35 Sternensysteme erreicht haben und über sie herfallen. «

»Resignieren sie bereits? «, fragte Muuda. » Es gibt immer Lösungen. Wir müssen nur die Richtige finden. «

Er blickte Camaal durchdringend an.
»Worauf wollen sie hinaus? «, erkundigte sich der Systemrat.

»Ich halte den Auftrag für falsch, den ihnen Ruadan und Halswan befohlen haben«, ergänzte er. »Sie sind derzeit die einzige Person, die Zugriff auf eine zeitgesteuerte Wurmlochstation besitzt. Falls sie in dem Angriff auf die Terraner fallen, dann können wir unser Imperium nicht mehr retten. Die Hypertronic-KI von Vagun würde uns den Zugang verweigern. Ich frage sie aufrichtig, sollten wir das aufs Spiel setzen?«

»Haben sie eine andere Idee?«, erkundigte sich Camaal.

Muuda blickte die Offizier der Brücke und Kommandeur Lenus und seine Begleiter an.

»Ich denke die ganze Zeit über einen anderen Weg nach«, erklärte er. »Wir haben anhand der Aufzeichnungen erkannt, dass Halswan uns hintergehen will. Er hat den Vorsitzenden des göttlichen Zentralrates ohne Gewissensbisse beseitigt. Das Schlimme hieran ist noch, er scheint mit dieser Strategie durchzukommen. Meine Kollegen haben nicht das Rückgrat, um ihm zu widersprechen.«

»Dann sehe ich keine andere Lösung mehr, als die befohlene Zeitmanipulation durchzuführen«, bemerkte Camaal. »Welche Möglichkeiten hätten wir sonst noch, um unser Imperium zu retten?«

»Sehen wir uns die Strategie einmal ganz sachlich an«, antwortete Muuda. »Halswan ist seinem Volk abtrünnig geworden. Angeblich, weil er maßgeblich an der Schöpfung unseres Volkes beteiligt war. Das können wir nicht bestätigen, weil uns die Daten und Beweise der Aller-Ersten nicht zur Verfügung stehen. Möglicherweise will Halswan sich auch nur als Herrscher über unsere Rasse etablieren. Meine Meinung ist es, dass wir den abtrünnigen Aller-Ersten niemals als unseren Vorgesetzten akzeptieren können. Wie auch im Fall des ermordeten Ruadan, wird ihm ein ragunische Leben nichts wert sein.«

»Kommen sie endlich auf ihren Vorschlag zu sprechen«, sagte Lenus. »Spekulationen bringen uns nicht weiter.«

»In Ordnung«, antwortete Muuda. »Halswan möchte die zeitgesteuerte Wurmlochanlage in der Flüchtlingsstation seines Volkes zerstören. Dafür ist ihm jeder Weg Recht.«

Muuda blickte den Flottenkommandeur an.

»Der Einsatz eines Kommandos unter ihrem Befehl sollte die Anlage zerstören«, erklärte Muuda.» Der gut organisierte Widerstand der Terraner und ihres Neuen-Imperiums verhinderte das erfolgreich. Wie wir wissen, besitzen auch die Wolkenstädte der Aller-Ersten ein zeitgesteuertes aktivierbares Wurmlochtor. Halswan hat erkannt, dass er alle diese Tore ausschalten muss, um eine Manipulation der Zeit unumkehrbar durchführen zu können. Doch sein befohlener Einsatz war ein Fehlschlag.

Die Angriffsflotte von Kommandeur Henuar musste bei diesem Auftrag schwere Verluste verbuchen.

Sie wurde mit Hilfe des Neuen-Imperiums erfolgreich abgewehrt. Eine kurze Zeit später wurde unsere Wurmloch-Forschungsstation, mitsamt ihrem Asteroiden, in kleine Stücke gebombt. Vermutlich waren hieran auch wieder die Terraner und ihr Neues-Imperium beteiligt. Wenn wir nicht unsere Augen verschließen, dann erkennen wir, dass alle Befehle von Halswan und seiner gewünschten Zeitmanipulation im Sande verlaufen. Die Terraner besitzen scheinbar die Möglichkeit, alles wieder zu korrigieren. Das alles lässt mich zu der Entscheidung kommen, dass Halswan und unser Zentralrat, falls wir ihn nach der Ermordung von Ruadan noch so nennen wollen, die falsche Strategie besitzen.«

»Machen sie es nicht so spannend«, murrte Camaal. »Wir haben nicht ewig Zeit. Worauf wollen sie hinaus?«

Muuda fuhr mit seiner Erklärung fort.

»Dank seiner hochentwickelten Technik, konnte das ragunische Imperium bisher immer nur Erfolge feiern«, erklärte er. »Seit die ragunische Flotte auf die Arthropoden gestoßen ist, bleiben diese Erfolge aus. Ein fremdes Volk lässt sich nicht vereinnahmen, sondern leistet Widerstand gegen das göttliche Imperium. Eine insektoide Species, über sie wurde am Anfang noch gelacht, zeigt unserem göttlichen Imperium unerbittlich seine Schranken auf. Ich frage sie jetzt alle, was noch hieran göttlich ist. Der Krieg wandelt sich zu einer Katastrophe für unser Volk. Wenn wir den Berichten der freien Reporter an der Front vertrauen können, dann verliert unsere stolze imperiale Flotte immer mehr Schiffe und Zerstörer. Es dauert nicht mehr lange, dann wird Ragun untergehen. In einem solchen Krieg wird es nur einen Gewinner geben. Hiermit sage ich ihnen nichts Neues. «

»Kommen sie zum Punkt«, bemerkte Camaal. »Was schlagen sie vor? «

»Mein Vorschlag wäre es, ein Wurmlochtor zu öffnen, um den größten Teil unserer Bevölkerung in Sicherheit zu bringen«, erklärte Muuda. »Ragun ist nach meiner Einschätzung nicht mehr zu retten. Wäre es verwerflich auf einem anderen Planeten neu anzufangen? Den Schöpfern sollten doch Raumsektoren bekannt sein, die weit von den Arthropoden entfernt liegen. «

Camaal, Furgun und Lenus blickten Muuda fragend an.
»Nur die Terraner haben Zugriff auf die zeitgesteuerte Flüchtlingsstation der Aller-Ersten«, fuhr er fort. »Wie verhalten sie sich, wenn wir sie bitten uns zu helfen?

Möglicherweise sind sie nicht gegen uns, sondern nur gegen eine Manipulation der Zeitebenen.«

»Ich habe gegen sie gekämpft«, erklärte Lenus. »Die Terraner sind uns ebenbürtig. Mit ihren Kampftruppen ist nicht zu spaßen. Bei dem befohlenen Einsatz in ihrer Flüchtlingsstation habe ich zahlreiche Soldaten verloren. Mein Truppenführer Ranus ist in ihre Gefangenschaft geraten. Ich kann ihnen nicht versprechen, ob sie uns freundlich empfangen werden.«

Halswan vermutet, dass die Terraner nicht über sehr viele Kampfschiffe verfügen werden«, sagte Camaal. »Vielleicht sind wir ihnen als Verstärkung sogar willkommen?«

»Versteifen sie sich nicht hierauf«, lachte Muuda. »Ich halte überhaupt nichts mehr von Halswans Aussagen. Wir sollten uns eine eigene Meinung bilden. Eine exakte Einschätzung ihrer militärischen Stärke ist in dieser Zeitepoche nicht möglich. Es führt kein Weg an einem offiziellen Gespräch vorbei. Wollen sie mich hierbei unterstützen? Nach intensiven Überlegungen scheint es mir der einzige Weg zu sein, um einer Ausrottung unserer Rasse zu entgehen. Bitte entscheiden sie sich.«

Lenus und Camaal unterhielten sich. Die Crew des Schiffes und die Soldaten von Lenus diskutierten untereinander. Muuda lehnte sich zurück und wartete ab.

Nach einer gewissen Zeit wandten sich Camaal und Lenus dem Mitglied des Zentralrates zu.

»Wir haben ihren Vorschlag mit unseren Offizieren diskutiert«, sagte Lenus. »Wir sind einverstanden, wenn sich eine Möglichkeit ergibt, unsere Bevölkerung zu retten. Nehmen wir Kontakt mit den Terranern auf. Bitten wir sie um Unterstützung für eine Evakuierung unserer Bevölkerung. «

»Wir benötigen hierzu ihre Flüchtlingsstation«, erklärte Muuda. »Wenn sie bereit sind ihre Wurmloch Tore zu öffnen, dann können wir unsere Pforten auf Ragun nutzen. «

»Dann sollten wir keine Zeit verlieren«, entschied Camaal.

Er blickte seinen Funkoffizier an.
»Informieren sie unsere Flotte«, befahl er. »Sie soll ihre Triebwerke starten. Wir fliegen in die Zukunft und suchen nach der Rettung für unsere Rasse. «

»Ihr Befehl wird weitergeleitet«, teilte der Funkoffizier mit.

Camaal aktivierte seinen Kommunikator. »Ich rufe die Vagun KI, der zeitgesteuerten Wurmlochstation«, sprach er in das Gerät. »Bitte melde dich. Wir möchten eine neue Mission durchführen.«

»Kommandeur Camaal, ich höre sie klar und deutlich«, antwortete die KI monoton. »Ihre Befehle bitte?«

»Öffne uns ein zeitgesteuertes Wurmloch, exakt 800.000 Jahre in die Zukunft«, erwiderte der Systemrat. »Bitte verwende die gleichen Koordinaten, auf der sich meine Flotte jetzt befindet. Es dreht sich lediglich um eine zeitliche Versetzung. Sobald du das Wurmloch erzeugt hast, deaktiviere bitte unser Tarnfeld. Meine Schiffe werden ohne Verzögerung in das Wurmloch eintauchen.«

»Ich bestätige ihre Befehle«, antwortete der Hypertonic-KI.» Meine Station werde ich bis zu einem erneuten Kontakt sichern. Wir sehen uns in der Zukunft.«

»Danke«, antwortete Camaal.
Er blickte seine Offiziere an.

»Die Station ist für Halswan und den ragunischen Geheimdienst verschlossen«, sagte er. »Die KI wird den Einflug in ihr Innerstes nicht erlauben. «

»Das ist erfreulich«, antwortete Muuda. »Bereitmachen«, befahl er. »Die KI öffnet uns gleich ein Wurmlochtor. Wir fliegen in eine neue Zeitepoche. «

Der Navigator aktivierte die Antriebe des Flaggschiffes. Es dauerte nur wenige Minuten, bis sich vor ihnen ein großes Wurmlochtor öffnete. Das Tarnfeld fiel in sich zusammen und gab die Flotte frei.

»Fliegen sie uns durch«, befahl der Systemrat. »Schauen wir uns die Zukunft dieses Sternensystems an. «

Die 5.020 Schiffe umfassende koloniale Flotte des Systemrates beschleunigte und tauchte in den künstlichen Horizont ein.

Offensive Göttertor

Die Führung der EWK hatte sich auf Wunsch von General Poison im Verwaltungsturm des Neuen-Imperiums versammelt. Professor Augenzell und Professor Woicesk sollten den geladenen Gästen weitere Informationen über die Halsmanschetten mitteilen, die sie einer intensiven Prüfung und zahlreichen Tests unterzogen hatten. Der Beginn des Einsatzes mit dem Namen Offensive Götter-Tore, das war die interne Bezeichnung der bevorstehenden Mission, zog sich bereits viel zu lange hin. Der große Sitzungssaal füllte sich immer mehr. Zahlreiche Commander der Raumflotte waren anwesend. Sergeant Hardin hatte einige Truppenführer mitgebracht, die unter Umständen mit einem Bodeneinsatz betraut werden konnten.

Major Travis stand mit Heran bei General Poison und Noel zusammen. Soeben trat Atlanta, ihr 1. Offizier Senga-Hol und Lorin in den Saal. Ihnen folgten Captain Hunter und Torin. Sirin folgte in Begleitung von Admiral Tarin. Eine kurze Zeit später stießen Oberst Cameron und Commander Giacombo hinzu. Der Oberbefehlshaber der Flottenkampfstationen Oberst Coomes erschien in Begleitung von Tarel 7 und dem befehlshabenden Cyborg der Konstalarosa. Commander Brenzby schritt mit einigen Commandern der Termar-Schiffe in den Saal. Heinze erschien mit einigen Möhren unter seinem Arm. Er blickte sich um und stiefelte auf Sirin zu. Diese kraulte ihm den Pelz seines Hinterkopfes.

»Sind jetzt alle da?«, fragte General Poison.

»Die Aller-Ersten fehlen noch«, erwiderte Commodore McGregor, der in Begleitung von Commodore Von Häussen den Saal betrat.

»Setzen sie sich bitte«, sagte Major Travis. »Anhand der freien Stühle sehen wir, wer noch fehlt.«

Die Geräuschkulisse beruhigte sich. Die anwesenden Personen suchten sich einen Stuhl.

General Poison winkte seiner Sekretärin. Frau Eisenhut schritt mit vervielfältigten Infofolien auf den General zu.

»Verteilen sie bitte die Infofolien an jeden Teilnehmer«, sagte er. »Dann können wir später direkt anfangen.«

»Mach ich«, antwortete Frau Eisenhut und schritt auf die Gäste zu. Sie reichte jedem Teilnehmer ein Protokoll der Gesprächspunkte.

Der General blickte Major Travis an.

»Wann gedenken denn ihre bevorzugten Gäste einzutreffen?«, erkundigte er sich.

Major Travis zuckte mit seinen Schultern. »Ich habe leider keine Postanschrift von den Aller-Ersten«, antwortete er. »Sie sind über unser heutiges Treffen informiert worden. Geoffwan wollte unbedingt hieran teilnehmen.«

General Poison stutzte. »Hat er uns noch etwas Wichtiges mitzuteilen? «, erkundigte er sich. » Bei ihren Freunden habe ich immer den Eindruck, sie geben erst alle Information bekannt, wenn wir es selbst bereits herausgefunden haben.«

»Jetzt tun sie ihnen aber Unrecht«, antwortete der Major. »Dank ihnen sind wir in den Besitz einer zeitgesteuerten Wurmlochanlage und ihrer geheimen Basis gekommen. Sie wissen, dass wir hiermit vorsichtig umgehen werden.«

»Das versteht sich von alleine«, antwortete der General. »Ein Zeitparadoxon will keiner riskieren. «

»Hiervor warnen unsere Wissenschaftler eindringend«, bemerkte Heran. »Sie sollten die Finger von Zeitreisen lassen. Eine Veränderung kann bereits ohne unser Wissen passieren.«

»Wie das?«, erkundigte sich Noel.

»Wenn wir bei einem Besuch in der Vergangenheit etwas zerstören, das für die Geschichte von Belang ist«, antwortete der Lantraner. »Das kann eine Medizin sein, die für eine bestimmte Person gedacht war, oder andere Dinge. Falls die Person die benötigte Medizin nicht mehr einnehmen kann, führt das möglicherweise zu ihrem Ableben. Auch dieser Effekt kann eine Veränderung der Zeit bewirken. «

»Das ist mir zu hoch«, sagte General Poison. »Lassen sie das Gefasel von möglichen Auswirkungen auf unsere Zeit. Man wird völlig unsicher. Wer sagt uns denn, dass andere fortgeschrittene Rassen nicht bereits mit den Zeitebenen experimentieren? Glauben sie, wir sind die einzige Rasse, die über dieses Wissen verfügt? Ich erinnere nur an die Kon-Ra-Tak. Sie scheinen über ein unerschöpfliches Wissen zu verfügen, dass weit über unserem liegt. «

»Ich bin ebenfalls nicht ganz einig mit diesen Erläuterungen«, sagte Major Travis. »Wichtig ist, dass wir die zeitgesteuerte Wurmlochanlage deaktivieren können. Kein Unbefugter sollte hierauf einen Zugriff erhalten. Diese Wissenschaft ist zu wenig erforscht. «

»Das ist vernünftig«, bemerkte eine Stimme in dem Rücken des Majors.

General Poison, Noel, Admiral Tarin und Major Travis drehten sich um. Geoffwan, Halswan und Nadewan waren lautlos erschienen.

»Ich bitte unsere Verspätung zu entschuldigen« sagte Geoffwan. »Sil'drock und das ablondische Flotten-Oberkommando haben uns in der 2. Dimension aufgehalten. Er lässt sie herzlich grüßen. «

»Danke«, antwortete der Major. »Hat er bereits Spuren von dem geflüchteten zierrakischen Kaiser gefunden? «

»Es handelt sich immer nur um Hinweise, die sich nach einer Prüfung in Luft und Rauch verwandeln«, antwortete Nadewan. » Die Ablonder arbeiten wieder enger mit uns zusammen. Sie möchten gerne, dass wir sie als Hilfsvolk verwalten. In dieser Aufgabe gehen sie auf. «

»Wie werden sie sich entscheiden? «, fragte Major Travis. » So wie ich das sehe, sind sie eine zuverlässige und treue Species. «

Nadewan nickte.

»Leider sehr anhänglich«, sagte er. »Wir würden uns wünschen, wenn sie sich selbst um den Aufbau ihres Sternen-Systems kümmern würden. Doch sie haben es sich angewöhnt, uns immer nach unsere Meinung zu fragen. «

Plötzlich wurde es ruhig im Saal. Commander Deseska, Commander Ratonka, Commander Rantero und Leutnant Hangol-Gerk führten Truppenführer Ranus in den Saal. Auf den neuen schwarzen Uniformen Iantranischer Produktion leuchteten in silberner Farbe die Buchstaben SPC. Die eintretenden Agenten des neuen imperialen Geheimdienstes stammten von unterschiedlichen Welten des Imperiums. Ihr erster Auftrag konnte bereits unter dem Kommando von Captain Hunter erfolgreich abgeschlossen werden. Die Agenten blickten mit einem ernsten Gesicht die geladenen Gäste an. Die Anwesenden wussten, dass ihre Kompetenzen des SPC im Notfall wesentlich umfangreicher waren als ihre eigenen.

Langsam und respektvoll schritt die Gruppe auf General Poison, Noel und Major Travis zu.

Die Personen salutierten vor ihnen. General Poison und seine Gesprächspartner erwiderten den Gruß.

Der General schmunzelte, als er den gelungenen Gruß von Ranus erkannte.

»Das klappt ja bereits«, lächelte er. »Sie scheinen sich wirklich um einen Platz in unserem Imperium zu bewerben. Machen sie weiter so, dann dauert es nicht mehr lange. Lassen sie sich in einer ruhigen Zeit einmal von Commander Rantero erklären, wie lange er warten musste, bis er in unsere Dienste treten durfte. Alles braucht seine Zeit.«

Major Travis wies auf einige freie Stühle hinter sich. »Nehmen sie bitte Platz, wir fangen gleich an«, sagte er.

Die Agenten des SPC nahmen Ranus in ihre Mitte und setzten sich auf die freien Stühle.

Der General drehte sich den Offizieren der EWK zu. »Geschätzte Herren«, sagte er. »Ich begrüße sie in dem Sitzungssaal des Neuen-Imperiums in Tattarr. Ich habe sie rufen lassen, weil wir vor einer schwierigen Aufgabe stehen. Ihnen liegen die aktuellen Berichte vor. Unsere Freunde, die Aller-Ersten, werden uns ihre geheime Flüchtlingsstation übergeben. Die Schulung durch Wissenschaftler ihres Volkes war erfolgreich bezeichnet. Unsere Techniker sind sehr engagiert die fremde Technik kennenzulernen und zu bedienen. Leider ist diese Station immer noch gefährdet, weil von Ragun aus 12 Personen-Tore aktiviert werden können, die ein zeitgesteuertes Wurmloch in unsere Zeitepoche erzeugen. Wir konnten alle Angriffe des göttlichen Imperiums abwehren, welches versucht hatte mit Bodentruppen in die Station einzudringen, oder sie mit einem Raketen-und Bombenbeschuss zu vernichten. Trotzdem können wir uns erst wieder sicher fühlen, wenn wir die Flüchtlingstore auf Ragun für alle Zeiten geschlossen haben und sich die Konstruktionsdaten in unseren Besitz befinden. Wie sie dem Bericht entnehmen können, haben wir es mit einem starken Feind zu tun.

Die Klappflügelzerstörer der Raguner sind leistungsstark. Wir kennen nicht die Größe ihrer Flotte, doch eines sollte ihnen klar sein. Das göttliche Imperium hat aufgerüstet, um den Einfall der arthropodischen Flotte aufhalten zu können. Das kommt unseren Zielen entgegen. Wir vermuten, dass viele ihrer Verbände an der Front gebunden sind. Im Notfall haben wir es nur noch mit ihrer Heimatverteidigung zu tun, die von uns abgelenkt werden muss. Ich weise ausdrücklich darauf hin, dass wir nicht in größere Kampfhandlungen verwickelt werden möchten. Unser Ziel ist es, unseren Bodentruppen den Rücken freizuhalten. «

Captain Hunter hob seine Hand.

»Kann uns Geoffwan etwas über die Stärke der ragunischen Heimatflotte berichten?«, erkundigte er sich.

Der Aller-Erste trat vor.
»Unsere Informationen sind nicht aktuell«, antwortete der Sprecher der alten Rasse. »Ein Abtrünniger unseres Volkes, sein Name ist Halswan, hat sich entschieden unsrem Volke den Rücken zu kehren und die Raguner zu unterstützen. Er berät den Zentralrat von Ragun. Nach unseren derzeitigen Informationen beziffern wir die Stärke ihrer Heimatflotte auf 150.000 Schiffe. Die Zahlen können sich jedoch durch die Beratung von Halswan verschoben haben. «

Captain Hunter nickte.
»Die von ihnen genannte Anzahl ist bereits eine beachtenswerte Hausnummer«, erwiderte er. »Wie viele Schiffe werden von uns für diese Mission bereitgestellt? «

Major Travis stand auf.
»Ich weise nochmals daraufhin, dass Kampfhandlungen nicht vorgesehen sind«, erklärte er. »Auf Grund dieser Planung werden wir mit 10.000 schweren Einheiten vorrücken. Diese werden durch ein lantranisches Schiff und einen 5.000 Meter messenden Schlachtkreuzer der Aller-Ersten unterstützt. «

Laute Diskussionen brachen unter den Offizieren aus.

»Ich halte die Anzahl für zu gering bemessen«, sagte Commander Giacombo. »Es sollte gewährleistet sein, dass alle Schiffe der Heimatverteidigung gebunden werden.«

»Die Anzahl lässt sich nach oben korrigieren«, sagte General Poison, der von seinem Stuhl aufgestanden war. »Eine erste Aufgabe wird von uns getarnt durchgeführt. Major Travis wird mit einem Team versuchen, in den Regierungspalast des göttlichen Imperiums einzudringen. Ranus, unser ragunischer Gast hat sich bereit erklärt, diese Gruppe zu führen. Die Aufgabe dieser Gruppe besteht darin, in dem öffentlichen Archiv der Regierung die Konstruktionsunterlagen der Aller-Ersten zu suchen.

Laut unserem Gast ist das Archiv öffentlich und für jeden Raguner einsehbar. Aus diesem Grunde wird es nicht stark gesichert. Erst nachdem die Wurmloch-Konstruktionsunterlagen sich in unserem Besitz befinden, informiert Ranus seinen Clan. Er wird während der zweiten Mission von uns evakuiert. Wir planen den ragunischen Flüchtlingen einen geeigneten Planeten zu übergeben. Ranus hat im Namen seines Clans um Asyl gebeten. Aufgrund seiner Unterstützung gewähren wir diesen Wunsch.«

»Falls die Sicherheitssoldaten des Regierungspalastes unser Eindringen bemerken, wird das Gebäude dann nicht hermetisch abgeriegelt?«, erkundigte sich ein Offizier der Raumflotte.«

»Das ist eine gute Frage«, antwortete der General.»Wir rechnen ebenfalls hiermit«, antwortete er.»Aus diesem Grunde wird unser kleines Team mit einer fremden Technologie ausgestattet. Die Aller-Ersten besitzen Artefakte einer alten, weit entwickelten Species. Diese stellen sie uns zur Verfügung. Hierbei handelt es sich um Halsmanschetten, die eine besondere Strahlung aussenden.«

Der General blickte Professor Augenzell und Professor Woicesk an.

»Ich bitte unsere wissenschaftlichen Koryphäen vorzutreten«, lächelte er.»Beide Professoren haben sich intensiv mit der Technik beschäftigt. Bitte tragen sie ihre Ergebnisse vor.«

Die Angesprochenen standen auf und kamen zu dem General geschritten.

»Ich begrüße sie herzlich«, sprach Professor Augenzell die Zuhörern an.

Er blickte den Offiziere in die Augen. »Wir haben die fremde Technik intensiv untersucht«, erklärte er. »Die Halsmanschetten waren nicht zerlegbar. Es gelang uns leider nicht, die verwendete Technik zu analysieren. Lediglich eine Drucktaste konnte von uns aktiviert werden, die ein Fach für drei Energiekristalle öffnete. Bestückt man die Manschette mit unseren Energieträgern, dann meldet die Manschette ihre Bereitschaft. Versuche an Testpersonen ergaben, dass diese Manschette humanoiden Lebensformen enorme Zusatzkräfte verleiht. Sie überträgt eine unbekannte Energieform auf den Träger, welche die Körperzellen modifiziert und neue zusätzliche Fähigkeiten freisetzt. Ferner kontrolliert diese fremde Energieform das Gehirn des Trägers, um Überlastungen vorzubeugen. Eine weitere Eigenschaft dieser Manschette ist das unbeschadete Durchschreiten von aktivierten Energiefeldern. «

Der Professor blickte seinen Kollegen an.

Professor Woicesk fuhr in den Erläuterungen fort.

»Fragen sie uns jetzt nicht, warum das funktioniert«, antwortete er. »Wir haben derzeit noch keine Erklärung hierfür. In der Halsmanschette befindet sich eine weiterentwickelte Steuerungs-KI, die alles übertrifft, was wir über eine künstliche Intelligenz wissen. Diese Hypertonic-KI erfasst und steuert alle Funktionen der Manschette und des Trägers. Selbst eine Kombination der Manschette, mit den von uns verwendeten Taja's neuster Fertigung, ergab keine erkennbaren Probleme. Es ist also möglich, alle Funktionen der Manschette auch im getarnten Zustand zu nutzen. Das kommt unserer Mission sehr zugute. Die fremde Technik wurde drei Wochen lang einem Hochleistungstest unterzogen. Hierbei konnte kein Abfallen der Energieleistung registriert werden. Wir sind also sehr zuversichtlich, dass die Manschetten ihren Dienst erfüllen werden. «

Die Zuhörer klatschten, Beifall füllte den Saal.

»Ich danke unseren Wissenschaftlern für ihre Erläuterungen«, sagte General Poison. »Major Travis und sein Team wurde bereits in der Benutzung der Manschetten geschult. Er hat es sich nicht nehmen lassen, die erste Gruppe persönlich zu führen. Begleitet wird er von Heran, Heinze und Ranus, Sergeant Hardin und zwei seiner Marines. Diese Vorausmission klärt die Tauglichkeit der alten Verbindungsgänge unter der Hauptstadt der Raguner. Unter seiner Führung versucht das Kommando, sich einen Zugriff auf das Archiv der Raguner zu beschaffen. Die Konstruktionszeichnungen der Wurmloch-Tore müssen in unsere Hände gelangen. Danach wird Ranus seinen Clan über die geplante Evakuierung informieren. Er instruiert seine Angehörigen, sich zu einer exakten noch zu bestimmenden Zeit in dem Innenhof der alten Produktionshalle einzufinden. In der nachfolgenden Mission warten hier zwei getarnte Naada-Kreuzer, welche die Flüchtlinge aufnehmen werden. «

»Der Plan klingt gut«, bemerkte Commodore McGregor. »Doch er besitzt auch einige unsichere Faktoren. Kann Ranus uns versichern, dass alle Angehörigen seines Clans vertrauenswürdig sind. Kann er es ausschließen, dass ein Mitglied Informationen an den Sicherheitsdienst von Ragun weiterleitet? «

General Poison nickte Ranus zu.
»Bitte antworten sie auf die Frage«, sagte er. »Es ist wichtig für unsere Planung. «

Der ragunische Truppenführer stand auf und blickte die Gäste an.

»Entschuldigen sie meine schlechte Sprache«, artikulierte er sich in einem akzentfreien Natradisch. »Ich konnte die Sprache erst vor wenigen Tagen erlernen. Mein Clan besitzt eine Population von 7.890 Personen. Für alle meine Angehörigen lege ich beide Hände ins Feuer. Sie besitzen Kenntnis von dem Untergang von Ragun und bereiten sich auf das Ende vor. Sie glauben doch nicht, dass sie den ihnen angebotenen Strohhalm einer möglichen Evakuierung leichtsinnig aufs Spiel setzen würden. Aber um ganz sicher zu sein, werde ich alle Angehörige meines Clans von mir treu ergebenen Personen überwachen lassen. Sobald sich ein Hinweis auf eine Unstimmigkeit ergeben sollte, erstatte ich dem neuen Imperium Bericht. Sie können dann selbst entscheiden, ob diese Mission weitergeführt, oder abgebrochen werden sollte. «

»Das reicht mir«, antwortete Major Travis. »Ranus weiß, was auf dem Spiel steht. Er hat unser Imperium kennengelernt und besitzt bereits eine Vorstellung über unsere Möglichkeiten. Ich bin mir sicher, dass wir ihm vertrauen können. «

»Kommen wir zu der zweiten Mission«, sagte General Poison. »Diese scheint mir schwieriger zu werden als die Erste. Wir planen die Öffnung eines zeitgesteuerten Wurmloches auf Tarid, jedoch auf der von Ragun abgewandten Seite. Unsere getarnte Flotte von 10.000 Schiffen durchquert es, um in die Zeitepoche des ragunischen Imperiums zu gelangen. Sie setzt sich aus nachfolgenden Schiffstypen zusammen:

5.000 Schiffen der Kaiser-Klasse (2.000 Meter), aus der Evakuierungsflotte des Admirals.

Schiffen der Imperator-Klasse (3.000 Meter), vorrangig aus Schiffsneubauten.

2.000 Schiffen der Regent-Klasse (2.500 Meter), aus Schiffsneubauten.

2.000 Schiffen der Königs-Klasse (1.500 Meter) die Schiffe stammen aus umliegenden Basen.

2 Schiffe der Naada-Klasse für die Flüchtlinge.

1 Termar 1, das Flagg-Schiff von Major Travis.

1 Evolutions-Schiff, lantranisch, von Heran.

Den Oberbefehl über diese Flotte wird Admiral Tarin übernehmen. Die zwei Naada-Schiffe, die Termar 1 und das Evolutions-Schiff von Heran landen in dem Innenhof des verlassenen Industriebereiches. Ranus weist uns den Weg dorthin. Sobald die Schiffe gelandet sind, werden die zwei Naada-Schiffe die ragunischen Flüchtlinge aufnehmen. Es ist wichtig, dass hierfür vorgesehene Zeitfenster einzuhalten. Sobald die Flüchtlinge in Sicherheit sind, starten die zwei Naada-Schiffe und schließen sich der im Orbit wartenden Flotte von Admiral Tarin an. Erst dann beginnt die Ausschleusung der zwölf Kampftruppen, die für die Vernichtung der Personen-Wurmloch-Tore vorgesehen sind. Die getarnte Schutzflotte von 10.000 Kampfschiffen, beobachtet die Mission aus dem Orbit des Zentralplaneten aus und greift erst im Notfall unterstützend ein.«

»Die Tarnung sollte ihren Schiffen Sicherheit geben«, sagte Ranus.»Wir verfügen über so eine Technik nicht. Ebenso wenig werden unser Orter und Taster ihr Tarnfeld aushebeln können.«

»Darauf hoffen wir«, antwortete der General.»Zu gegebener Zeit gibt sich das 5.000 Meter messende Schlachtschiff von Geoffwan und seinen Begleitern, entfernt von Ragun zu erkennen geben. Wir erwarten, dass die ragunische Heimatflotte sich unverzüglich zu diesen Koordinaten begibt.«

Major Travis nickte.

»Ich habe die Planung von Noel und der großen Hypertronic-KI von Natrid mehrfach durchrechnen lassen«, teilte er mit.»Der Schwachpunkt an diesem Plan ist die Frage nach den Flüchtlingen. Können sie, ohne ein großes Aufsehen zu verursachen, den Evakuierungspunkt erreichen, oder werden sie von dem ragunischen Geheimdienst verfolgt? Dann wäre es möglich, dass wir mehr Bodentruppen............«

Schrille laute Alarmsirenen heulten auf. Zahlreiche Kommunikatoren summten

.

»General Poison, Noel und Major Travis werden unverzüglich in die Leitstelle gebeten «, hallte es mehrfach aus den Lautsprechern.

Die Offiziere waren bereits aus der Türe des Sitzungssaals gelaufen.

Als nächster sprang Commander Giacombo auf und rannte ebenfalls aus der Türe.

»Was ist los? «, fragte Commander Brenzby.

»Einsatz für die komplette Heimatflotte«, erwiderte der Commander.

»Setzen sie auf ihre Flotten-Kampfstationen rüber«, empfahl Oberst Coomes den beiden Cyborgs in seiner Begleitung. »Es ist gut möglich, dass wir auf ihre Schiffe zurückgreifen müssen. Auf meinem Communicator wird ein Alarm für das ganze Imperium angezeigt. «

Geoffwan, Talswan und Halswan blickten Ranus an.

»Wissen sie, was hier gerade passiert? «, fragte er die Aller-Ersten.

»Noch nicht«, antwortete Geoffwan. »Doch der General und Major Travis kommen bereits zurück. «

Der General instruierte Commodore Von Häussen. Dieser öffnete eine Schrankwand und drückte mehrere Knöpfe. Bildschirme fuhren aus den Wänden aus und neigten sich in den Blickwinkel der Gäste. Die Monitore aktivierten sich.

»Meine Damen und Herren«, teilte der General mit. »Wir haben soeben eine Flotte von 5.020 ragunischen Klappflügel-Zerstörern über Varid entdeckt. Sie scheinen durch ein zeitgesteuertes Wurmloch gekommen zu sein, dass wir jedoch nicht orten konnten. Es muss getarnt gewesen sein. «

Er blickte Ranus an.
»Sie teilten uns doch mit, dass ihre Rasse nicht über die Technik eines Tarnfeldes verfügt? «, fragte er.

Ranus hob beschwichtigend seine Hände in die Luft. »Sie sehen mich sehr erstaunt«, antwortete er. »Hiervon hatte ich keine Kenntnis. Wurde die Tarnung bestätigt?«

»Nein«, antwortete der General. »Wir erkennen lediglich keine andere Möglichkeit.«

»Können sie mir die Flotte zeigen?«, erkundigte sich Ranus.

»Das Bild vergrößern, auf die ragunische Flotte zoomen«, befahl der General.

Das Bild änderte sich. Es zeigte eine stolze Flotte von 5.020 ragunischen Schiffen.

»Die Schiffe bewegen sich nicht«, bemerkte Ranus. »Sie stehen still über Vagun und warten ab. Ihre Waffen und Antriebe sind deaktiviert.«

Major Travis hatte seinen Communicator geöffnet und eine Verbindung zu Commander Giacombo hergestellt.

»Kesseln sie die Flotte ein, vermeiden sie jedoch übereilte Kampfhandlungen«, befahl er. »Wir vermuten, dass die ragunischen Schiffe um eine Kontaktaufnahme bitten werden. Geben sie meinen Befehl an alle Geschwader weiter. Wir warten erst einmal ab.«

»Sehen sie das koloniale Zeichen auf den Schiffen«, sagte Ranus. »Es handelt sich nicht um eine imperiale Flotte. Es ist ein schwerer Verband des Systemrates Camaal. Ihm unterstehen 35 Sternensysteme in unserem Imperium.«

»Soll ich meine Flotte ebenfalls starten?«, fragte Admiral Tarin.

Major Travis blickte ihn an.
»Es sind bereits zu viele Schiffe alarmiert worden«, antwortete er. »Die Raguner werden noch einen Schreck bekommen. Ihre 5.020 Schiffe werden derzeit von 200.000 Schiffen in die Zange genommen.«

Ranus musste husten.
»Sie haben 200.000 Schiffe in der kurzen Zeit mobilisiert?«, fragte er.» Ist das denn kostentechnisch sinnvoll?«

»Das frage ich mich ebenfalls?«, fluchte General Poison.» Wir sollten den imperialen Alarm, in Verbindung mit der Alpha-Order zukünftig einmal überarbeiten. Es müssen nicht aus allen Basen, Werften und Landehäfen, Schiffe aufsteigen.

»Die Systemwerft Varid meldet den Start von 10.000 Schiffen der Königs-Klasse«, meldete Commander Brenzby. »Sie positionieren sich rückseitig der fremden Flotte. Ebenfalls die Flotten-Kampfstationen haben ihre Schiffe ausgeschleust. Diese Schiffe haben einen Kurs auf die Flanken der ragunischen Flotte gesetzt.

200.000 Schiffe der Heimatverteidigung, unter dem Befehl von Commander Giacombo, würden jedem Moment aus dem Hyperraum materialisieren und vorderseitig die gegnerischen Flotte anfliegen. Weitere 200.000 Schiffe sicherten Tarid und Natrid ab. Die Flotte von Admiral Tarin lag oberhalb von Titan in Bereitschaft.«

»Haben wir eine Hyperkomm-Funknachricht erhalten? «, erkundigte sich der General in der Leitstelle.

»Noch nicht«, erwiderte der diensthabende Offizier. »Die fremde Flotte meldet sich nicht. «

»Rufen sie das ragunische Kommandoschiff und fragen sie nach dem Grund ihres Einfluges«, befahl der General. »Fordern sie die Flotte auf, unverzüglich zu antworten. «

Major Travis blickte Geoffwan an.
»Können sie mir erklären, wie eine ragunische Flotte in

unsere Zeitebene gelangen konnte?«, fragte er.» Ihr zeitgesteuerter Wurmloch-Forschungsasteroid wurde von uns zerstört.«

Geoffwan, Halswan und Talswan sahen sich an. Es war ersichtlich, dass sie mit dem Einflug einer ragunischen Flotte aus der Vergangenheit nicht gerechnet hatten.

»Die Konstruktionsunterlagen befinden sich noch in den Händen des göttlichen Imperiums«, antwortete Geoffwan.»Sie werden sich eine neue Anlage gebaut haben. Das ist aus unserer Sicht die einzige logische Erklärung. «

»Das Thema Ragun entwickelt sich langsam zu einem nicht endenden Problem«, antwortete Major Travis. »Vermutlich können wir jetzt unsere komplette Planung über den Haufen werfen, weil eine weitere zeitgesteuerte Wurmlochanlage in Betrieb genommen wurde. «

»Das war nicht vorhersehbar«, antwortete Talswan. »Unser abtrünniger Kollege will nicht von seiner Idee abweichen, die Arthropoden in ihrer frühen Entwicklungsstufe anzugreifen und auszurotten. Die Folgen sind für uns leider nicht absehbar. «

Die geheime Hypertronic-KI, tief unter der Erde von Vagun, hatte eine lange Zeit ausgeharrt. Sie wusste, wann und wo sie ihren Kommandeur wiedersehen würde. Ihre geheime Station hatte sie erfolgreich verborgen und alle Suchflotten von Ragun in die Irre geführt. Niemand war es gelungen ihren Standort zu ermitteln, oder in ihre Basis einzudringen.

»Der Zeitpunkt der Rückkehr von Kommandeur Camaal steht kurz bevor«, teilte die KI ihrem Kommandoroboter mit. »Schon bald werden wir unseren Kommandeur wiederhaben. «

»Die vergangenen 500.000 Jahre waren eine lange Zeit«, antwortete ZWV-1. »Unsere Ressourcen sind von den Wartungsintervallen fast vollständig aufgebraucht. «

»Ich stimme dir zu«, erwiderte die KI monoton. »Ohne neue Energiekristalle kann ich meine Arbeit nicht mehr lange fortsetzen. Wir haben versäumt, Kommandeur Camaal um die Zuteilung eines ausreichenden Bedarfes zu bitten. Auch Wartungsmaterial, Schmierstoffe und hochwertige Leiterverbindungen gehen zu Ende. Wir brauchen eine komplette Neuversorgung. «

»Er wird es schnellstens nachholen«, antwortete ZWV-1. »Mach dir keine Sorgen. Es ist in seinem eigenen

Interesse, die reibungslose Funktion unserer Basis zu erhalten. Nur wir können seine Rückkehr ins ragunische Imperium ermöglichen.«

»Ich erhalte soeben den Wurmlochimpuls aus der Vergangenheit«, meldete die Hypertronic-KI. »Es ist so weit. Ich aktivere das zeitgesteuerte Wurmloch und sende den Bestätigungsimpuls. Aktivere die Tarnfeldblase für die Flotte. Der Verband von Kommandeur Camaal muss von den Schiffen des Neuen-Imperiums nicht sofort registriert werden.«

»Ich habe die Tarnblase aktiviert«, antwortete der Kommandoroboter.

»Das Wurmloch stabilisiert sich«, meldete die KI. »Ich registrierte den Austritt einer 5.020 Schiffe umfassenden Flotte.«

Die Hypertonic-KI zählte die materialisierenden Schiffe. Sofort nach dem letzten Zerstörer deaktivierte sie den geöffneten Durchgang.

»Eingehender Hyperkomm-Funkspruch«, teilte die KI mit. »Kommandeur Camaal ruft uns bereits.«

»Hier ist die zeitgesteuerte Wurmlochstation von Vagun«, meldete sie sich. »Ich begrüße Kommandeur Camaal. Hatten sie einen guten Flug? «

»Danke, wir sind zufrieden«, tönte es aus den Lautsprechern. »Wie ist der Status deiner Station? «

»Ihre Schiffe befinden sich unter meiner Tarnblase«, erklärte sie. »Doch es hat sich ein Problem ergeben. «

»Welches Problem? «, erkundigte sich der Kommandeur erstaunt.

»Die 500.000 Jahre ihrer Abwesenheit haben unsere ganzen Vorräte an Energiekristallen und Wartungsmaterialien aufgebraucht«, erklärte die KI. »Wir sind dringend auf Nachschub angewiesen. Ich kann meine vollständigen Funktionen lediglich noch 2 Tage aufrechterhalten. Nach diesem Zeitpunkt werde ich gezwungen, Teilbereiche meiner Basis zu deaktivieren. «

»Ich schicke dir einen Gleiter mit Versorgungsgütern«, antwortete Camaal. »Unsere Schiffe sind vollständig ausgerüstet. Sende mir bitte eine Liste mit deinen Wünschen. «

»Danke«, antwortete die KI. »Das hilft mir weiter. Ich warte auf den Gleiter.«

»Die Liste wurde übermittelt«, meldete der Funkoffizier. »Lassen sie die Versorgungsgüter in der Flotte einsammeln«, befahl der Systemrat. »Sobald die Liste vollständig ist, melden sie mir den Vollzug.«

»Ich habe verstanden«, antwortete der Offizier. Camaal wandte sich wieder dem Gespräch mit der Hypertronic-KI von Vagun zu.

»Kannst du mir in der Zwischenzeit etwas über diese Zeitepoche mitteilen? «, erkundigte sich der Kommandeur.» Hier soll es eine Rasse geben, die sich Terraner nennen. Sie errichten ein Neues-Imperium. «

»Die Angaben sind nur zum Teil richtig«, antwortete die KI. »Die Terraner entstammen dem dritten Planeten dieses Sternensystems. Sie sind das Neue-Imperium, koordinieren und schützen es. Es existiert seit mehreren Jahren. Dank den Hinterlassenschaften der Natrader verfügen sie über eine sehr weit entwickelte Technik, die ich über der ragunischen Entwicklung ansiedeln muss. «

»Wer sind die Natrader? «, erkundigte sich der Kommandeur verdutzt.

»Ich kann in der Kürze der Zeit nicht auf alle Fakten dieses Sternensystems eingehen«, antwortete die KI. »Hierfür ist der Abruf weiterer Archivdaten notwendig. Falls sie intensiver informiert werden möchten, bitte ich um einen Besuch in meiner Station.«

»Fahre mit deinem Überblick fort«, bat der Systemrat. »Auch die Natrader entstammen diesem System«, teilte die Hypertronic-KI mit. »Ihre Heimatwelt war der vierte Planet dieses Systems. Er wurde jedoch von einer sauroiden Rasse angegriffen und der Planet unbewohnbar gebombt. Die letzten Überlebenden konnten evakuiert werden. Exakt 100.000 Jahren später, gelang es den Terranern, sich dieser Technik zu bemächtigen. Sie konnten sie nutzbar machen und weiterentwickeln.«

»Ich verstehe«, sagte Systemrat Camaal. »Die Terraner waren in der glücklichen Lage einen technischen Sprung zu vollführen. Ohne die Hinterlassenschaften der Natrader wären sie noch nicht so weit wie heute?«

»Das entspricht den Tatsachen«, antwortete die Hypertronic-KI.

»Kannst du mir etwas über die Schlagkraft des Neuen-Imperiums mitteilen?«, erkundigte sich Systemrat Camaal.

»Meine Ortungssensoren konnten die massive Aufrüstung des Neuen-Imperiums verfolgen«, teilte die KI mit. »Es ist davon auszugehen, dass sie derzeit über knapp 650.000 Kampfschiffe abrufbar verfügen. «

Camaal pfiff durch seine Zähne.

»Das ist eine ganze Menge«, erwiderte er. »Doch das sind bedeutend weniger, als das göttliche Imperium in die Schlacht gegen die Arthropoden wirft. «

»Bedenken sie bitte, dass sich das neue Imperium nicht in einem Krieg befindet«, konterte die KI. »Trotzdem steigt die Anzahl der Schiffe des Neuen-Imperiums mit jedem Monat. Scheinbar hat das Imperium einen Weg gefunden, den Neubau ihrer Schiffe zu beschleunigen. Ich vermute, sie bedienen sich ausgereifter automatischen Fertigungsanlagen. Auf der Rückseite meines Planeten befindet sich eine ihrer unterirdischen Raumschiffs-Basen. Derzeit werden dort 10.000 Schiffe stationiert. Der gleiche Stützpunkt ist auf dem ersten Planeten dieses Systems zu finden. Wir nennen den Planeten Marun. Auch dort konnte ich 10.000 Schiffe registrieren, die Kontrollflüge in ihr Imperium durchführen.

Ihr Stützpunkt auf diesem Planeten hat bisher nichts von meiner Existenz mitbekommen. Sehen sie sich den dritten Planeten an. Er ist die Heimatwelt der Terraner. Sieben gewaltige orbitale Werft-und Produktionsbasen umkreisen ihn. Sie stellen kontinuierlich neue Groß-Kampfschiffe in den Dienst. Der Planet verfügt über eine gigantische Abwehrbasis, die in dem Ozean ihres Planeten schwimmt. Dieses Bollwerk besitzt mehrere große Hangar und Werften für Raumschiffe. Die Basis ist in der Lage über 240 Abwehrtürme auszufahren. Die globalen Lasertürme sind für einen Tiefenraumbeschuss ausgelegt und können anfliegende Feindschiffe bereits lange vor ihrem Planeten ausschalten. Unabhängig hierzu befindet sich auf dieser Welt sehr viel Industrie, die Komponenten ihrer Raumfahrt-Industrie herstellt. Verstehen sie diesen Planeten als das Herz des neuen Imperiums. «

»Beeindruckend«, bemerkte Systemrat Camaal. »Die Terraner scheinen für einen Angriff auf ihr System vorbereitet zu sein. Das göttliche Imperium von Ragun hat den restlichen Planeten unseres heimatlichen Sternensystems nie ihre nötige Bedeutung geschenkt. «

»Das ist bei den Terraner nach meiner Beobachtung anders«, fuhr die KI fort. »Auf dem Trabanten ihres Heimatplaneten befindet sich eine große Kolonie ihres

Volkes und zahlreiche Raumdocks für Raumschiffe. Nicht anders sieht es auf dem vierten Planeten aus. Die ehemalige Heimatwelt der Natrader besitzt eine unterirdische Stadt, die als Hauptstadt des Neuen-Imperiums fungiert. Dort ziehen sich alle Informationen aus ihrem Imperium zusammen. Es befinden sich zwei Raumschiffwerften auf diesem Planeten und eine ständig wachsende Kolonie von Terranern. Die Kolonie ist in einer tiefen Grabenschlucht angesiedelt. Vermutlich wird auch hier unterirdisch produziert. Das entzieht sich leider meinen Sensoren.

Die beiden Trabanten dieser Welt besitzen ebenfalls Raumschiffsdocks. So geht es immer weiter. Die Monde des fünften Planeten besitzen bodengebundene Stationen mit Werften und Produktionsanlagen. Ein besonderer Trabant scheint ein Mond des sechsten Planeten zu sein. Er wird als Titan bezeichnet. Dort ist im Laufe der Jahre eine gewaltige Station entstanden, die fast schon als große Stadt bezeichnet werden kann. Ich habe eine immense Energieproduktion gemessen. Die Wichtigkeit dieser Einrichtung erkenne ich auch darin, dass einfliegende Freundflotten in der Regel in den Orbit dieses Mondes umgeleitet werden. «

»Unglaublich«, staunte Systemrat Camaal. »Wir hätten nicht den Hauch einer Chance gehabt, falls wir wie von dem Zentralrat befohlen einen Angriff gegen die Terraner geflogen wären. «

»Das kann ich bedenkenlos bestätigen«, teilte die Hypertronic-KI mit. »Sie denken noch an die Statuten meiner Basis bezüglich ihrer Kommandoübernahme. Laut meiner Programmierung bin ich auch für nachfolgende Rassen in diesem System als Unterstützung vorgesehen. Einen Angriff auf die Terraner hätte ich unterbinden müssen. «

»Das ist mir zwischenzeitlich auch klar geworden«, antwortete Camaal. »Daher habe ich auch die Befehle des Zentralrates in Frage gestellt. «

»Lassen sie mich meine Ausführung zu Ende führen«, bemerkte die KI.

»Entschuldige, dass ich dich unterbrochen habe«, erwiderte Camaal. »Teile uns bitte deine weiteren Beobachtungen mit. «

»Die restlichen Planeten sind ebenfalls mit Raumschiffsdocks, oder Stationen ausgestattet«, teilte die KI mit. »Alle aufzuführen, das würde zu lange dauern. Erwähnen möchte ich noch folgende Erkenntnis. Das Neue-Imperium besitzt starke Freunde. Es wäre ein

Leichtes für sie, die dreifache Menge an Raumschiffen in ihr System zu verlegen, über die das göttliche Imperium von Ragun verfügt. Viele ihrer angesiedelten Species, würden, ohne zu überlegen, starke Unterstützungsflotten entsenden. Ganz zu schweigen die Rasse der Lantraner. Sie scheinen etwas ganz Besonderes zu sein. Die Kampfkraft ihrer Schiffe stellt alles in Frage, was ich bisher scannen konnte. Sie verbergen ihre Technik vor anderen Augen. Ihren Schutzschirm konnten meine Sensoren nicht durchdringen. Doch den aufgezeichneten Hyperkomm-Funksprüchen zur Folge, besitzen sie die Möglichkeit ganze Flottenverbände in einem Aufriss des Zwischenraumes verschwinden zu lassen. Ich warne sie eindringlich vor einem Angriff auf diese Species. «

Camaal blieben die Worte in seinem Hals stecken. Es vergingen einige Minuten, bis er sich gefangen hatte.

»Kommandeur? «, fragte die KI. » Empfangen sie mich noch? «

»Die Verbindung steht«, erwiderte der Systemrat. »Deine Ausführungen erschlagen mich. Falls die Schiffe unserer Flotte das Neue-Imperiums hätten, wären sie gnadenlos unterlegen gewesen. Das wird mir jetzt erschreckend klar.«

»Ihre Einschätzung wird bestätigt«, antwortete die KI. »Vor einem Angriff wird dringend abgeraten. Versuchen sie mit dem Neuen-Imperium in einen Dialog zu treten.«

»Das habe ich vor«, erwiderte Camaal. »Was ist aus Ragun geworden. Kannst du mir den weiteren Verlauf des Krieges schildern?«

»Ihre Frage ist schnell beantwortet«, erwiderte die Hypertronic-KI. »Meine Beobachtungssensoren registrierten die weiter vorrückende Feindflotte. Den Arthropoden gelang es, die ragunische Raumflotte weiter auszudünnen. Ihre Schiffe drangen immer tiefer in unsere Galaxie ein. Sämtliche Kolonien wurden angegriffen und ihre Bewohner getötet. Etwa ein Jahr nach ihrem Abflug, erreichte die Allianzflotte der Arthropoden den ragunischen Zentralplaneten.

Die wenigen Schiffe der Heimatverteidigung konnten die Schiffe der Allianz nicht aufhalten. Ihr hasserfüllter Angriff tötete die letzten Bewohner des Planeten. Die Zentralwelt wurde mit Nuklearbomben attackiert. Der göttliche Planet brannte und wurde unbewohnbar. Als die Raguner ihr Werk vollendet hatten, zerstörten sie den Planeten vollständig, als Abschreckung für andere Feinde ihrer Rasse. Der massive Bombenangriff ihrer Schiffe sprengte unseren Planeten in kleine Stücke. Er ist heute nur als ein Asteroidenfeld auszumachen.«

»Konnte die Bevölkerung noch rechtzeitig flüchten?«, erkundigte sich der Systemrat.

»Viele zivile Flüchtlingsschiffe versuchten sich in Sicherheit zu bringen, doch nur wenigen gelang es in den Hyperraum zu entkommen«, erwiderte die KI. »Auch sie wurden von der Armada der Arthropoden angegriffen und zum größten Teil zerstört.«

»Unsere Vermutung hat sich also bestätigt«, antwortete Camaal. »Der Verbrecher Halswan konnte den Untergang unseres göttlichen Imperiums nicht abwenden.«

Die Offiziere der Brückencrew hatten den Ausführungen der Vagun-KI mit Schrecken zugehört. Viele von ihnen saßen entsetzt in ihren Stühlen und blickten mit starren Augen ins Leere.

Der Funkoffizier sprach den Systemrat an.
»Das Versorgungsschiff ist bereit, die Wurmloch-Station mit dem Nachschub anzufliegen«, meldete er.

Camaal drehte dem Offizier seinen Kopf zu und blickte ihn an.

Der Systemrat stand auf und zog seine Uniform gerade.

»KI«, sagte er. »Wir haben ein Versorgungsschiff für dich. Öffne bitte einen Einflugschacht in deine Basis.«

»Verstanden«, antwortete die Hypertronic-KI von Vagun. »Ich gebe noch den Hinweis, dass ich meine Station in den Jahren ihrer Abwesenheit auf eine minimale Erhaltung geschaltet habe. Wenn ich jetzt alle Anlagen wieder hochfahre, werden wir vermutlich von der terranischen Station geortet. Ist das in ihrem Sinne?«

»Welche andere Option hätten wir noch?«, fragte der Systemrat.» Der Untergang von Ragun lässt sich nicht aufhalten.«

Er blickte die Offiziere seines Schiffes an. »Das ist auch eure Entscheidung«, sagte er. »Sollen wir in einen Kontakt mit dem Neuen-Imperium treten und nach neuen Lösungen suchen? Vielleicht ergibt sich noch eine Chance für unser Volk?«

Die Crew blickte ihren Kommandeur mit teilweise glasigen Augen an. Nach und nach nickten die Offiziere.

»Wir sind einverstanden«, bemerkte Furgun. »Die Prioritäten haben sich verändert. Es geht nicht mehr um den Erhalt unseres Planeten, es dreht sich nur noch um eine Lösung für unser Volk. Wir stehen ganz hinter ihnen. Nehmen wir mit den Terranern Kontakt auf.«

Muuda schlug dem Systemrat auf die Schulter. »Wir haben die richtige Entscheidung getroffen«, sagte er. »Das ist der einzige Weg, um noch etwas zu bewegen.«

»Wir werden es sehen«, ergänzte Flottenkommandeur Lenus.

Auch er war von den Daten der KI überwältigt worden.

Die Hypertronic-KI öffnete einen ihrer Einflugs-Schächte. Das Von Robotern gesteuerte Versorgungsschiff drosselte seine Geschwindigkeit und tauchte langsam in den Schacht. Kurze Zeit später meldete die KI die erfolgreiche Landung des Versorgungsschiffes.

»Es wird Zeit mit den Terranern in Kontakt zu treten«, sagte Camaal.

Er blickte ein letztes Mal Muuda und Lenus an.

»Es war ihr Vorschlag«, erwiderte der Flottenkommandeur.

Der stellvertretende Zentralrat Muuda nickte. »Ich halte diese Vorgehensweise immer noch für richtig«, antwortete er. »Eine andere Möglichkeit sehe ich nicht mehr für einen Teil unseres Volkes. Vermutlich war Halswan nicht über die Schwierigkeit seines Vorhabens informiert. Seine Vorschläge werden Ragun nicht retten können. Teilen wir den Terranern die Wahrheit mit. Möglicherweise verstehen sie unseren Existenzkampf. «

»Einverstanden «, erwiderte Camaal.

Er blickte seinen Funkoffizier an. »Informieren sie bitte die Flotte, dass wir uns in wenigen Minuten enttarnen werden«, befahl er.» Ich möchte alle Waffentürme eingefahren sehen. Kriegerische Handlungen unsererseits werden rigoros geahndet. Lassen sie sich die Bestätigungen der Flottenführer geben. «

»Ihre Befehle wurden übermittelt«, teilte der Funkoffizier mit.

Der Systemrat wartete einige Minuten nachdenklich ab.

»Die Bestätigungen kommen zurück«, meldete der Funkoffizier. »Die Flotte hat ihre Anweisungen zur Kenntnis genommen. «

»In Ordnung«, sagte Camaal. »Stellen sie mir jetzt bitte eine Verbindung zu der Wurmloch-KI von Vagun her. «

»Die Verbindung baut sich auf«, antwortete der Funkoffizier. »Sie können sprechen, Kommandeur. «

»KI, empfängst du mich? «, sprach er in seinen Kommunikator.

»Ich empfange sie, Kommandeur Camaal«, antwortete die Hypertronic-KI der Station. »Ihre Befehle bitte? «

»Deaktiviere deine Tarnblase«, befahl er. »Wir werden mit den Terranern Kontakt aufnehmen. Halte dich in der Zwischenzeit zu unserer Verfügung. «

»Ihr Befehl wurde eingespeichert«, antwortete die KI. »Ich erwarte sie zu gegebener Zeit zurück. Bis zu einem Wiedersehen sichere ich meine Station. «

»Danke«, antwortete Camaal. »Auf dich ist Verlass. «

Dann beendete er die Verbindung. Kurze Zeit später löste sich die Tarnblase auf und gab die 5.020 ragunischen Klappflügel Zerstörer frei.

»Den zentralen Bildschirm aktivieren«, befahl Systemrat Camaal.

Er, Muuda und Lenus blickten auf das bekannte Heimatsystem, das aus ihrer Realzeit jedoch 500.000 Jahre in der Zukunft lag. Sie erkannten zwei gewaltige Flotten-Kampfstationen, aus deren vielen Schotts jetzt zahlreiche Schiffe ausgeschleust wurden. Der dritte Planet glitzerte wie ein Edelstein. Auf allen Kontinenten leuchteten kleine Energiequellen. Von unterschiedlichen Basen starteten große Geschwader, die sich im Orbit formierten und sich dem wartenden Verband anschlossen. Den Planeten umkreisten sieben orbitale Flotten-Werftstationen. Auch aus ihren Hangar-Toren beschleunigten Schiffe, die sich der wartenden Formationen anschlossen. Schließlich sprang der starke Verband in den Hyperraum.

»Ich registriere mehrere große Schiffsverbände«, teilte die Schiffs-KI mit. »Ein Verband von 200.000 Schiffen ist in den Hyperraum gesprungen. Der Kurs liegt parallel zu unserem. Es ist mit einem Kontakt zu rechnen.«

»Wir sehen es«, antwortete Camaal.

»Ich weise sie daraufhin, dass sich in dem Rücken unserer Flotte ein Geschwader von 10.000 Schiffen nähert«, ergänzte die Schiffs-KI. »Sie kommen von der uns abgewendeten Seite von Vagun. Dort befindet sich eine Basis des neuen Imperiums. Die Schiffsgrößen konnten von mir auf 2.500 Meter spezifiziert werden. Die Waffen dieser Schiffstypen sind unseren Zerstörern mehrfach überlegen.«

»Was heißt mehrfach überlegen?«, stutzte Systemrat Camaal.

»Ich spreche von mengenmäßiger und technischer Überlegenheit«, antwortete die KI. »Die von mir angemessenen Energiewerte überschreiten alle Werte unserer Schiffe um ein Vielfaches. Von kriegerischen Handlungen wird dringend abgeraten.«

»Auf den zentralen Schirm legen«, befahl Camaal.
Jetzt sahen die Offiziere des Flaggschiffes den schweren Zerstörer-Verband, der sich still ihrem Rücken genähert hatte. Das Geschwader hielt einen entsprechenden Abstand. Ihre Waffentürme waren ausgefahren.

Alarmsirenen tönten über die Brücke des Flaggschiffes.

»Den Alarm aus«, Befahl Camaal. »Was ist jetzt schon wieder?«

»Der Flotten-Verband von 200.000 Schiffe ist aus dem Hyperraum gebrochen und nähert sich frontal unseren vordersten Schiffen«, meldete die KI.

»Die Terraner schienen keinen Respekt vor fremden Raumschiffen zu haben«, schmunzelte Muuda.

Die Schiffs-KI zoomte das Bild heran. »Es handelte sich um einen großen Verband unterschiedlicher Schiffsgrößen«, teilte sie mit. »Meine Sensoren erfassen Schiffe einer 3.000 Meter-Klasse, Schiffe einer 2.500 Meter Klasse, ferner einer 2.000 Meter und 1.500 Meter-Klasse. Des Weiteren abweichende Schiffsklassen in unterschiedlichen Baumassen. Zwei Geschwader über jeweils 10.000 Schiffe, vermutlich handelt es sich um separate Verbände, nehmen Positionen an unserer linken und rechten Flanke ein. Ein Abdrehen unserer Flotte ist nicht mehr möglich.«

Camaal lachte Muuda und Lenus an, die wie angewachsen den Flottenaufmarsch beobachteten.

»Da haben sie die wenigen Schiffe, die laut Halswan von dem Neuen-Imperium mobilisiert werden können«, sagte er. »Die andauernden Fehleinschätzungen von ihm sind nicht hilfreich. Unser Zentralrat sollte nicht mehr auf ihn hören.«

Er blickte auf den Bildschirm. Die großen Zerstörer des Neuen-Imperiums nahmen den ganzen Bildschirm ein.

»Wir haben in ein Wespennest gestochen«, bemerkte er. »Vermutlich sehen wir hier nur einen kleinen Teil ihrer Flotte. Welchen Sinn macht es auch, alle Schiffe ihrer Heimatflotte zu alarmieren, wenn nur 5.020 Feindschiffe auszumachen sind.«

»Eingehender Hyperkomm-Funkspruch«, meldete die KI. »Ich verarbeite die übersandten Übersetzungscodes und transcodiere die Worte in die ragunische Sprache.«

Wenige Sekunden später hatte die Hypertonic-KI die Sprache bereits gespeichert und den Funkspruch entschlüsselt.

»Eine Übersetzung wurde erstellt«, teilte die KI mit. »Ich transferiere jetzt die Übertragung auf die schiffsinternen Lautsprecher.«

»Hier spricht die Raumüberwachung des Neuen-Imperiums von Natrid und Tarid«, tönte es aus den

Lautsprechern. »Ragunische Schiffe, sie sind ohne Genehmigung in unsere Zeitebene eingedrungen. Stoppen sie ihre Antriebe und lassen sie ihre Waffentürme inaktiv. Teilen sie uns unverzüglich den Grund ihres Eindringens mit? «

Muuda reichte dem Systemrat den Kommunikator. »Sie sollten antworten«, sagte er. »Die Terraner werden ihre Bitte nicht mehrfach wiederholen. «

Der Systemrat nickte.
Er hielt sich das Gerät vor den Mund.
»Hier ist Systemrat Camaal«, sprach er hinein. »Ich bin der Kommandeur der ragunischen Flotte. Wir sind zu ihnen gekommen, um sie um Hilfe zu bitten. Alles Weitere teile ich gerne in einem Gespräch auf Führungsebene mit. Ich erkläre mich bereit, mich mit meinem Flaggschiff in ihre Hände zu begeben. Bitte senden sie mir einen Leitstrahl. Meine Schiffe haben ihre Antriebe deaktiviert und ihre Waffentürme eingefahren. Sie bleiben im Orbit von Vagun zurück, im Schatten unserer zeitgesteuerten Wurmlochstation. Bitte empfangen sie mich, es ist für uns von fundamentaler Wichtigkeit. «

Ein diensthabender Offizier der Raumüberwachung des Neuen-Imperiums kam mit der Antwort in den

Sitzungssaal gelaufen. Er reichte dem General die Infofolie.

»Das Flaggschiff der ragunischen Flotte hat geantwortet«, teilte er mit. »Wollen sie auf den Wunsch des Kommandeurs eingehen? «

»Moment«, sagte der General. »Das werden wir erst noch besprechen. Lassen sie dem Flaggschiff mitteilen, dass sie die Anfrage weitergeleitet haben. Sie möchten unsere Antwort auf ihrer derzeitigen Position abwarten. «

Der Offizier der Raumüberwachung salutierte, drehte sich um und eilte aus dem Saal.

General Poison reichte Major Travis die Mitteilung. »Der Kommandeur der ragunischen Schiffe bittet um ein Gespräch mit uns? «, erklärte er. » Er möchte uns um Hilfe bitten? Wie verhalten wir uns? «

Major Travis blickte Geoffwan, seine Begleiter und Ranus an.

»Haben sie eine Vermutung, warum ein ragunischer Verband in unserer Zeitebene materialisiert und uns um Hilfe bittet? «, erkundigte er sich.

Der Sprecher des Ältestenrates der Aller-Ersten schüttelte seinen Kopf.

»Das wird keine Entscheidung von Halswan gewesen sein«, vermute ich. »Er würde diesen Versuch mit all seinen Kräften unterbinden.«

»Kommandeur Camaal ist bei uns ein respektierter und wichtiger Systemrat im Regierungspalast«, erklärte Ranus. »Seine Meinung wird von allen Abgeordneten sehr geschätzt. Da er jetzt als Flottenkommandeur in ihrem System auftaucht, wird er mit einer besonderen Aufgabe betraut worden sein. Sie sollten ihn anhören.«

Geoffwan nickte.

»Ich stimme ihrem Gast zu«, sagte er. »Vielleicht hat sich etwas in der Mentalität der Raguner geändert?«

Major Travis blickte General Poison und Noel an.

»Spricht etwas dagegen, wenn ich den Systemrat empfange und er hier in diesem Sitzungssaal zu uns spricht?«, erkundigte er sich.» Natürlich unter einer strengen Bewachung von Sergeant Hardin, seinen Marines und vier Kampfrobotern. Dann können wir direkt über seinen Wunsch entscheiden.«

»Eigentlich ist das nicht üblich«, entgegnete der General. »Im Normalfall sollten wir bei einem Erstkontakt, die Sicherheitsräume auf Titan verwenden. «

»Ich verbürge mich für ihn«, antwortete Geoffwan. » Wir werden dafür sorgen, dass er keine Möglichkeit hat, ihrem Imperium Schaden zuzufügen. «

»Das reicht mir«, antwortete der General. »Gehen sie mit Major Travis und empfangen sie Systemrat Camaal. Begleiten sie ihn zu uns. Wir hören uns gerne sein Anliegen an. «

Major Travis informierte Sergeant Hardin.
»Wir erhalten ragunischen Besuch«, erklärte er. »Ich lasse das Flaggschiff auf Titan landen. Dort werden wir ihn empfangen und über die Transmitterverbindung nach Tattarr begleiten. Sie sorgen mit vier Marines und vier Kampfrobotern für die Sicherheit unserer Gäste. «

Sergeant Hardin nickte.
»In Ordnung«, antwortete er. »Ich informiere meine Leute. Wir sehen uns in der Empfangshalle auf Titan. «

General Poison blickte Major Travis an.
»Gehen sie«, sagte der General. »Ich werde unsere Raumüberwachung entsprechend informieren, dass sie

dem Flaggschiff unsere Antwort übersendet. Sein Schiff wird von sechs Zerstörern unserer neuen Imperator-Klasse eskortiert. Ich lasse einen Leitstrahl senden. «

»Danke«, antwortete Major Travis.

Er blickte Geoffwan an.
»Gehen wir ins Transmitter-Zentrum«, schlug er vor.

Als die beiden Personen auf dem Korridor waren, blieb der Aller-Erste stehen.

»Warten sie bitte«, sprach er den Major an. »Wir kürzen den Weg ab. Ich öffne einen Durchgang nach Titan. Mittlerweile kennen wir uns bei ihnen ein wenig aus. «

Vor seiner Hüfte breitete er seine Hände aus. Langsam hob er sie zu seinem Kopf und schlug dort die geöffneten Handflächen zusammen. Wie aus dem Nichts, entstand vor den beiden Personen ein fluoreszierender Durchgang.

»Nach ihnen«, lächelte Geoffwan. »Sie sollten diese Fähigkeit von uns mittlerweile kennen. «

Major Travis nickte verlegen.
Dann schritt er durch die fluoreszierende Türe ins Dunkle.
Sekundenspäter öffnete sich der Durchgang in der

Eingangshalle des Raumhafens auf Titan. Zu dieser Zeit waren nur wenige Personen in dem großen Foyer anwesend. Niemand beachtete das Lichtspiel in der Luft, aus dem zwei Personen traten.

»Eingehende Hyperkomm-Funknachricht«, meldete der Funkoffizier des ragunischen Flaggschiffes. »Die Terraner melden sich wieder.«

»Hier ist die Raumüberwachung des Neuen-Imperiums von Natrid und Tarid«, tönte es aus den Lautsprechern. »Wir rufen das Flaggschiff der ragunischen Flotte. Bitte melden sie sich.«

Systemrat Camaal griff nach dem Kommunikator. »Hier spricht der Kommandeur der Flotte«, sprach er in das Gerät. »Konnten sie meinen Wunsch mit ihrer Führung besprechen?«

»Das haben wir«, antwortete die Raumüberwachung. »Sie erhalten Gelegenheit, ihren Wunsch direkt vorzutragen. Belassen sie ihre Flotte auf den derzeitigen Koordinaten. Unsere Geschwader sorgen für die Sicherheit ihrer Schiffe. Ihr Flaggschiff wird von sechs Kreuzern nach Titan, einem Mond unseres Imperiums, eskortiert. Dort erhalten sie einen Leitstrahl und Landekoordinaten. Wir werden sie in der großen Halle, vor dem Landehafen erwarten. Halten sie sich exakt an die Anweisungen des befehlsführenden Commander ihrer Begleitschiffe. Eine Widerhandlung werten wir als kriegerischen Akt. In diesem Fall werden unsere Schiffe von ihren Waffen Gebrauch machen. «

»Ich habe verstanden«, antwortete der Systemrat. »Wir befolgen ihre Anweisungen. «

»In Ordnung«, antwortete die Raumüberwachung. »Starten sie den Antrieb ihres Schiffes. Ich sende ihnen ihre Eskorte. «

Der Systemrat blickte den stellvertretenden Zentralrat Muuda und Flottenbefehlshaber Lenus an.

»Sie gehen auf Nummer sicher«, entgegnete er.

»Das war zu erwarten«, lächelte Muuda. »Die Terraner kennen uns nicht. Bisher haben sie nur Negatives von uns registriert. «

»Sechs große Schiffe einer 3.000 Meter-Klasse kommen auf uns zu«, meldete der Ortungsoffizier. »Sie fliegen auf einem Kollisionskurs. «

»Keine Panik«, erwiderte Camaal. »Die Schiffe werden uns bestimmt nicht rammen. «

Die anfliegenden Schiffe bremsten ab. Sie formierten sich in hintereinander fliegende Zweiergruppen. Die vordersten Schiffe drifteten etwas auseinander und bildeten eine Lücke für das Flaggschiff.

»Eingehender Hyperkomm-Funkspruch«, teilte der Funkoffizier des ragunischen Kommandoschiffes mit.

»Stellen sie bitte laut«, befahl der Systemrat.

Eine tiefe Stimme war zu vernehmen.
»Hier spricht Commander Miller, der Kommandeur ihrer Eskorte«, tönte es aus den Lautsprechern. » Fliegen sie in die Mitte unserer Formation. Wir werden ein Fesselfeld um ihr Schiff legen und eine Kurztransition vornehmen. Das Feld verhindert ein Ausbrechen ihres Schiffes während des Fluges. Führen sie bitte meine Anweisungen aus. «

Camaal blickte Muuda und Lenus an.
»Oder eine Flucht unseres Schiffes«, erwiderte er.

Er griff nach seinem Kommunikator.
»Wir haben verstanden«, sprach er in das Gerät.

»Langsam voraus«, befahl er. »Navigator bringen sie uns in die Mitte der Eskorte.«

Langsam flog der ragunische Klappflügel-Zerstörer vorwärts und nahm seine zugewiesene Position ein. Ein Knistern war auf der Brücke des Schiffes zu hören.

»Wir wurden in ein Fesselfeld gehüllt«, meldete der Ortungsoffizier. »Es wird von allen sechs Schiffen gleichzeitig stabilisiert. Unsere Steuerung funktioniert nicht mehr. Wir sind den fremden Schiffen ausgeliefert.«

»Immer mit der Ruhe«, bemerkte Zentralrat Muuda. »Das Knistern wird ein Nebeneffekt des Fesselfeldes sein. Vermutlich soll vermieden werden, dass wir den Kurs beeinflussen.«

Der Schiffsverband wechselte in den Hyperraum, um bereits wenige Sekunden später erneut in den Normalraum zu tauchen. Die Eskorte hatte das ragunische Schiff wohlbehalten in den Orbit von Titan gebracht.

»Achtung, ich registriere weitere 200.000 Schiffe nicht weit von uns in einer Warteposition«, meldete der Ortungsoffizier.

Der Bildschirm wechselte und zeigte den Flottenverband von Admiral Tarin. Die Schiffe lagen im Ruhemodus und hatten den Bug ihrer Einheiten dem ragunischen Gast zugedreht.

»Beeindruckend«, bemerkte Flottenkommandeur Lenus. »Wir sind nicht die Einzigen, die eine große Flotte unterhalten können. Auch in dieser Zeitzone gibt es eine bedeutende Rasse.«

»Das Aufgebot der vielen Schiffe macht mir Angst«, bemerkte Systemrat Camaal. »Hoffen wir einmal, dass die Terraner anders sind als Halswan und sein Mörderpack. Ansonsten kommen wir vom Regen in die Traufe.«

»Das Fesselfeld wurde deaktiviert«, meldete der Ortungsoffizier des Flaggschiffes. »Wir sind wieder frei.

»Hier ist die Raumüberwachung von Titan«, tönte es aus den Lautsprechern. »Wir senden ihnen einen Leitstrahl. Landen sie ihr Schiff auf der vorgegebenen Markierung am Boden. Besitzen sie einen Seitenausstieg mit Luftdruckschleuse an ihrem Schiff?«

»Unser Schiff besitzt eine Seitenschleuse mit Druckkammer«, antwortete Camaal.

»Wir werden eine Gangway mit dem Schott ihres Schiffes koppeln«, teilte die Stimme der Raumüberwachung mit. »Wenn diese sich mit ihrem Schiff verbunden hat, öffnen sie bitte ihre Schleuse. Derzeit existiert noch keine künstliche Atmosphäre im Außenbereich von Titan. «

»Ich habe verstanden«, antwortete Camaal. »Wir warten nach der Landung auf ihre Gangway«
.
Die Verbindung endete. »Was immer das auch ist«, bemerkte Lenus. »Wie erkennen wir das Gerät? «

»Vermutlich wird es sich mit unserem Schiff verbinden«, antwortete Camaal.

»Ich habe den Leitstrahl erhalten«, meldete der Ortungsoffizier. »Die Daten wurden unserer Hypertronic-KI übermittelt. «

»Beginnen sie mit dem Landeanflug «, befahl der Systemrat.

» Die Landung wird eingeleitet«, bestätigte der Navigator.

Langsam sank der ragunische Zerstörer tiefer. Immer wieder wurde der Kurs durch den Leitstrahl korrigiert. Der

Bildschirm verdeutlichte die große Bebauung des Mondes. Überall standen neue Industriebereiche, Hallen und Landehäfen. Hochhäuser und breite Docks wurden sichtbar, vor denen Entlade-Roboter die Fracht der Schiffe löschten. Ein Lichtermeer war in vielen der Bauten zu erkennen. Je tiefer das Schiff sank, umso mehr kleine Gleiter, Jets und Transporter wurden sichtbar, die in Bodennähe durch die Verbindungsstraßen der Stadt flogen. Zahlreiche Baukräne waren zu erkennen. Der Titan-Mond veränderte sich immer mehr zu einem wichtigen Außenposten.

»Das ist eine gewaltige Außenkolonie des Neuen-Imperiums«, staunte Muuda. »Sehen sie die unzähligen Schiffe, die noch auf dem Boden der Raumhäfen stehen? Sie haben noch keinen Einsatzbefehl erhalten. Wofür brauchen die Terraner diese Großanlage? «

»Sie erhalten sicherlich Gelegenheit zu fragen? «, lächelte Camaal.

Der Systemrat war sich bereits sicher, die richtige Entscheidung getroffen zu haben. Das Neue-Imperium konnte es mit dem göttlichen Imperium von Ragun jederzeit aufnehmen. Doch es sollte lediglich um eine Evakuierung gehen. Ein neuer Kampfeinsatz kam für den Systemrat nicht mehr in Frage.

Vorsichtig setzte das Flaggschiff auf dem Boden auf. Camaal blickte seinen Navigator an.

»Gut gemacht«, lächelte er. »Alle Maschinen aus.

Von der großen Halle näherte sich ein flexibler Schlauch, auf einem ausziehbaren und rollenden Hydraulikgestell. Er legte sich auf das Schott des fremden Schiffes.

»Gehen wir zum Ausstiegsschott«, sagte Camaal. »Lassen wir die Terraner nicht warten. «

Sein Blick suchte den 1. Offizier des Schiffes. »Furgun, übernehmen sie bitte in meiner Abwesenheit das Kommando des Schiffes«, lächelte er. »Warten sie hier, bis wir uns wieder melden. «

»Das mache ich«, lächelte der Offizier. »Ich hoffe, wir sehen sie wieder. «

Camaal blickte seinen 1. Offizier mit nachdenklichen Augen an.

Als die Personen in dem Hangar des Schiffes eingetroffen und auf das Ausstiegsschott zuschritten, bemerkten sie zwei Techniker, die Werte von Instrumenten der Druckkammer ablasen.

»Der Schlauch scheint sich luftdicht mit dem Schott unseres Schiffes verankert zu haben«, teilte einer mit. »Es ist kein Druckabfall zu registrieren. Wie ist das möglich?«

»Öffnen sie das Schott«, befahl Camaal. »Wir werden erwartet.«

Vorsichtig entriegelten die Techniker den vorderen Schott. Zischend entströmte Luft in die Kammer. Camaal, Muuda und Lenus gingen in die Schleuse. Die Luke hinter ihnen klappte zu. Erst als diese hermetisch verschlossen war, öffnete sich die eigentliche Außenluke. Die drei Personen hielten die Luft an. Die Anzeigen in der Schleuse zeigten positive Werte an. Alles schien in Ordnung zu sein. Die drei Personen öffneten ihren Mund. Erleichterung machte sich breit. Ihre Lungen nahmen frische gereinigte Atemluft auf.

Camaal blickte in den Schlauch der Gangway. Helles Licht leuchtete ihnen am Ende des Ganges entgegen. Langsam schritten die drei Raguner durch den Verbindungsgang auf das helle Licht zu.

Vorsichtig, um sich blickend, traten die ragunischen Gäste aus der Gangway. Ihre Gesichter wurden starr. Vor ihnen standen vier schwerbewaffnete Soldaten und vier 2,20 Meter große Kampfroboter. Ihre Lasergewehre waren entsichert und auf die Gäste gerichtet. Die tiefroten Augen der Roboter verfolgten jede kleinste Bewegung der Raguner. Ein Anführer stand seitlich der Gruppe. Major Travis und Geoffwan traten in den Blickwinkel der Gäste.

»Kommen sie zu uns«, tönte es aus dem Translator, der an dem Waffengurt des Major hing. »Wir müssen sie leider noch auf Waffen, oder auf Sprengstoffe untersuchen. Das ist eine Vorschrift unserer Regierung. «

Unsicher traten die Gäste einige Schritte vor.
Major nickte Sergeant Hardin zu. Der beauftragte zwei Marines die Gäste zu scannen.

Die Raguner ließen die Prozedur über sich ergehen. Der Scann brachte keine unauffälligen Gegenstände zu Tage.

»Alles in Ordnung«, teilte ein Soldat mit. »Sie sind sauber.«

»Wir tragen keine Waffen«, bemerkte der stellvertretende Zentralrat Muuda. »Sie sehen uns respektvoll vor ihren Kampfrobotern stehen. Danke, dass sie uns anhören wollen.«

Geoffwan trat vor.

»Ich bin der Sprecher der Aller-Ersten«, stellte er sich vor. »Wie ihnen bekannt sein dürfte, ist ihre Species eine unserer Schöpfungen. Ich bin sehr erstaunt, dass sie heute in Kontakt zu uns treten.«

Er drehte sich Major Travis zu.

»Major Travis ist ein maßgebender Befehlshaber des Neuen-Imperiums«, stellte er den Major vor. »Seiner Neugier haben sie es zu verdanken, dass ihnen ein Landerecht eingeräumt wurde.«

Die drei Raguner verbeugten sich. Das war eine ragunische Geste des Dankes.

»Ich bin Camaal, der Kommandeur unserer Flotte und Systemrat über 35 Sternensysteme des ragunischen Imperiums«, stellte er sich vor.

Er zeigte auf seine zwei Begleiter.

»Zu meiner rechten Seite sehen sie Muuda, den stellvertretenden Vorsitzenden unseres Zentralrates. Er ist ein Mitglied der imperialen Regierung. Zu meiner linken Seite steht Lenus, ein wichtiger Flottenführer unseres Volkes. Wir alle haben den Weg durch Zeit und Raum auf uns genommen, um mit ihnen sprechen zu können. Bitte verwehren sie uns diesen Wunsch nicht. «

Geoffwan blickte Major Travis an.
»Solche zurückhaltenden Worte habe ich eine lange Zeit nicht mehr von Angehörigen des ragunischen Volkes vernommen«, flüsterte er. »Sie müssen wahrlich mit besonderen Sorgen zu uns gekommen sein. Als wir die Gespräche mit ihrer Regierung abbrachen, sie uns förmlich aus ihrem Regierungspalast warfen, mussten wir andere Worte von ihrem Zentralrat über uns ergehen lassen. «

Muuda hob seine Hand.
»Bitte erinnern sie uns nicht an die Verfehlungen unserer Rasse«, entschuldige er sich. »Der Zentralrat hätte auf ihre warnenden Worte hören müssen. Leider sah er sich zu diesem Zeitpunkt als göttliche Instanz, die von Niemandem in die Knie gezwungen werden konnte. Das hat sich leider durch den Angriff der Arthropoden geändert. «

Major Travis blickte Muuda an.
»Wir sind über die Ereignisse in ihrer Zeitepoche informiert«, erklärte er. »Ihr Zentralplanet wird untergehen. Das ist der Lauf der Geschichte. «

Muuda nickte.

»Wir haben bemerkt, dass sie einen Eingriff in die Zeit nicht akzeptieren«, bemerkte das Mitglied des ragunischen Zentralrates. »Halswan, ein Abgesandter ihres Volkes, ist jedoch anderer Meinung. Er sieht in der Vernichtung der Arthropoden in ihrer frühen Entwicklungsphase die einzige Möglichkeit, den Untergang unseres Imperiums zu verhindern. Er arbeitet weiterhin an Plänen, um seinen Idee erfolgreich zu verwirklichen. «

»Ein Eingriff in die Zeit wird sich nachhaltig auf alle nachwachsende Rassen des Sol-Systems auswirken«, erklärte Geoffwan. »Es ist auch von uns nicht abzusehen, wie sich deren Entwicklung verändern würde. «

»Möglicherweise überhaupt nicht«, bemerkte Camaal. »Ich komme gerade von einer Zeitmission zurück. «

»Sie sind durch ein zeitgesteuertes Wurmloch ihrer Forschungsanlage geflogen? «, sagte Geoffwan.

Der Systemrat nickte.
»Das ist richtig«, erwiderte er. »Es gelang uns gerade noch rechtzeitig, mit unseren Schiffen durchzufliegen.

Kurze Zeit später wurde die Anlage mit dem ganzen Asteroiden zerstört.«

Geoffwan blickte Major Travis an.
»Wie lautete ihr Befehl?«, erkundigte er sich.

»Das erwähnte ich bereits«, antwortete Camaal. »Der Vorschlag kam von Halswan, ihrem Abgesandten.«

Geoffwan unterbrach den Systemrat.
»Er ist nicht unser Abgesandter«, erklärte er. »Halswan hat sich unseren Anordnungen widersetzt. Er wurde zu einem Abtrünnigen unseres Volkes. Halswan konnte geheime Infofolien an sich nehmen und hat sich gegen den Willen unseres Ältestenrates mit seinen engsten Vertrauten abgesetzt.«

»Ich verstehe«, antwortete Muuda. »Über ihren Abtrünnigen möchte ich gerne nach den Erläuterungen von Camaal sprechen.«

Er blickte den Systemrat an.
»Bitte fahren sie fort«, sagte er. »Entschuldigen sie meine Unterbrechung.«

Major Travis und Geoffwan hörten interessiert zu. Diese Informationen waren neu für sie.

»Gemäß unserem Missionsauftrag sollten wir ganze 800.000 Jahre in die Vergangenheit reisen, um die Arthropoden in ihrer frühen Entwicklung zu vernichten«, erklärte Camaal. »Nach dem Austritt unserer Flotte aus dem zeitprogrammierten Wurmloch, machten wir uns auf, um nach Spuren von den Arthropoden zu suchen. Diese Aufgabe erwies sich als sehr schwierig, da wir über keine verlässlichen Koordinaten ihres Hoheitsgebietes verfügten. Doch der Zufall meinte es gut mit uns. Nach einiger Zeit orteten wir weit vor uns eine intensive Raumschlacht.

Eine andere humanoide Species war dabei, den Lebensraum der insektoiden Rasse anzugreifen und zu vernichten. Leider waren die Informationen unseres Geheimdienstes nicht korrekt. Auch in dieser Zeitepoche verfügten die Arthropoden bereits über starke Raumflotten, gegen die wir mit unseren 5.020 Schiffen machtlos gewesen wären. Jedoch gelang es uns eine Allianz mit der fremden Rasse zu schließen, die sich selbst Ceshalter nannten. Gemeinsam flogen wir die Welten der Arthropoden an und vernichteten sie. «

Geoffwan hob seine Hand.
»Langsam bitte«, sagte er erstaunt. »Sie stellten einen Kontakt zu den Ceshaltern her? Sie müssen wissen, bei

dieser humanoiden Species handelt es sich um eine unserer ersten Schöpfungen. Sie haben uns gut gedient und wurden auf eigenen Wunsch in die Freiheit entlassen. Sie wollten sich eine eigene Kultur aufbauen. « Camaal nickte.

»Das hat uns Halswan bereits mitgeteilt«, antwortete er. »Sie gelten mittlerweile als ausgestorben? «

Geoffwan blickte Camaal an.
»Jetzt komplettiert sich unser Wissen«, antwortete er. »Die Ceshalter sind nicht ausgestorben. Sie wurden 300.000 Jahre nach dem Kontakt mit ihrer Flotte von einer insektoiden Species angegriffen und vernichtet. Ich gehe jetzt davon aus, dass es die Arthropoden waren. «

Geoffwan überlegte kurz. Er hatte sich geistig mit seinen Kollegen besprochen und ihnen die Neuigkeiten mitgeteilt. Dann blickte er wieder Camaal an.

»Dieser Befehl für ihren Einsatz kam von Halswan? «, fragte der Aller-Erste nach.

Der Systemrat nickte zustimmend.
»Es war seine Idee, die von unserem Zentralrat abgesegnet wurde«, bestätigte Camaal.

Geoffwan zeigte mit seiner Hand auf den Systemrat. »Dann sind sie für den Untergang ihres göttlichen Imperiums verantwortlich«, erklärte er mitleidslos.

Camaal und seine Begleiter bekamen große Augen. Ihre gelben Pupillen stachen stechend hervor.

»Das verstehe ich nicht«, antwortete er. »Wie kann ich für den Untergang unserer Zentralwelt verantwortlich sein?«

»Das will ich ihn erklären«, antwortete Geoffwan. »Durch ihren unsachgemäßen Eingriff in die Zeit, ihre Allianz mit den Ceshaltern und ihr gemeinsamer Angriff auf die Welten der Arthropoden, war der Auslöser des immensen Hasses dieses Volkes. Scheinbar haben ihre Flotten und die Schiffe der Ceshalter sehr gründlich gearbeitet. Sie haben es geschafft, die Species der Arthropoden in ihrer Entwicklung weit zurückzuwerfen. Sie werden ihre Brut- und Wohnwelten fast vollständig ausgelöscht haben.

Jedoch gelang es ihren Schiffen nicht, alle Lebewesen dieser insektoiden Species auszurotten. Die Arthropoden haben lange 300.000 Jahre gebraucht, um ihre Kultur und ihre Technik wieder aufzubauen. Ihr gemeinschaftlicher Angriff hat jedoch noch eines bewirkt. Der immense Hass der Arthropoden, den wir bei dieser Rasse heute noch gegenüber allen humanoiden Rassen finden, findet seinen Ursprung in dem Angriff der Schiffe der Ceshalter und ihrer ragunischen Flotte. Das war der Auslöser. Vermutlich konnten sie bei ihrem Gemeinschaftsangriff auch die Imperatorin, den Imperator und ihren gesamten Hofstaat auslöschen.

Nach unseren Informationen bilden sie die Regierungsform der Arthropoden, gleichzusetzen mit einem Kaiser und einer Kaiserin. Scheinbar haben es die Arthropoden geschafft, diesen immensen Hass auf humanoide Lebensformen von Generation zu Generation weiterzugeben. Diesem Tatbestand verdanken sie den Untergang ihres göttlichen Imperiums. Sehen sie es, als eine Vergeltung der insektoiden Species an. Das alles ist passiert, durch ihre eklatante Zeitmission. «

Camaal raufte sich in seinen Haaren. Seine Begleiter blickten ihn tragisch an.

»Sie meinen zu wissen, dass meine Flotte und die Verbände der Ceshalter vor 800.000 Jahren den Grundstock für den Hass der Arthropoden auf alle humanoiden Rassen gelegt haben«, fragte er.

»Das ist richtig«, bestätigte Geoffwan. »So steht es in dem Buch unseres großen Sehers Aahnn geschrieben. Der Tatbestand ist belegt. Jetzt erkennen sie die gefährlichen

Auswirkungen, wenn eine Rasse versucht die Geschichte zu verändern.«

»Sie besitzen doch auch zeitgesteuerte Wurmlochanlagen«, fragte Lenus. »Können wir nicht gegensteuern? Falls unserem Systemrat die heutigen Informationen zur Verfügung gestanden hätten, dann wäre der Angriff nicht durchgeführt worden.«

»Leider haben sie ihn, trotz unserer zahlreichen Warnungen geflogen«, erklärte Geoffwan. »Die Folgen hieraus erkennen sie jetzt. Eine Änderung ist nicht mehr möglich. Dafür ist zu viel Zeit vergangen. Die Auswirkungen haben sich bereits tief in unserem Universum verankert.«

»Aber sie sprachen doch davon, dass sie alle Eingriffe in die Zeit durch Halswan wieder rückgängig machen könnten?«, erkundigte sich Muuda.

Der stellvertretende Zentralrat von Ragun war mit der Problematik und dem Wissen des Aller-Ersten über Zeitreisen regelrecht überfordert.

Geoffwan nickte.

»Das ist auch so«, antwortete er. »Unsere Rasse beschäftigt sich bereits seit mehreren Jahrtausenden mit diesem Phänomen. Bitte erwarten sie nicht, dass ich ihnen alles in wenigen Minuten erkläre. Vergleichen sie die Zeitebenen mit den Wellen eines peitschenden Meeres. Solange die Wellen noch nicht ans Land geschlagen sind, sie sich noch in Bewegung befinden, können wir Eingriffe korrigieren. Sobald sie bereits Auswirkungen an Land verursacht haben, ist eine Korrektur nicht mehr möglich. «

»Langsam fange ich an zu verstehen«, antwortete Camaal niedergeschlagen. »Die Technik der zeitgesteuerten Wurmloch-Tore, sollte nicht in die Hände von unterprivilegierten Rassen gelangen. «

»Da sprechen sie uns aus der Seele«, antwortete Major Travis, der bisher nicht zu Wort gekommen war. »Teilen sie uns bitte den Grund ihres Besuches mit. Was könnten wir noch für sie tun? «

»Ragun wird untergehen«, bemerkte Muuda. »Das lässt sich nicht mehr ändern. Wir sind hier, um sie zu bitten, einen kleinen Teil unserer Rasse in ihre Zukunft zu evakuieren. Geben sie uns Ragunern die Möglichkeit, das vollständige Aussterben unserer Rasse zu verhindern. «

Major Travis blickte Geoffwan an. Dieser war sich unschlüssig.

»Ich weiß nicht, ob Abkömmlingen der ragunischen Rasse eine Zukunft in dem Buch des Aahnn vorausgesagt wird«, antwortete er ausweichend. »Wir sollten lieber alles so belassen, wie es derzeit ist. «

»Vielleicht kann ich sie überzeugen, ihre Meinung zu ändern«, bemerkte Lenus. »Ich habe einen Speicherkristall dabei. Aus diesen gesicherten Aufzeichnungen geht hervor, dass Halswan, ein Angehöriger ihres ehrwürdigen Volkes, den Vorsitzenden unseres Zentralrates umbringen ließ. Es kommt aber noch schlimmer. In seiner Begleitung befand sich eine Person, die den Körper unseres Vorsitzenden exakt imitieren konnte. Er leitet jetzt den Vorsitz unserer Regierung. «

»Ruadan ist von Halswan getötet worden? «, stutzte Geoffwan.

Muuda, Camaal und Lenus nickten.

»Verstehen sie jetzt, dass wir nur durch ihren Abtrünnigen zu dieser Zeitmanipulation aufgefordert wurden«, erklärte Camaal. »Genaugenommen haben sie uns den Schlamassel, stellvertretend durch Halswan, eingebrockt. «

Geoffwan schüttelte seinen Kopf.

»Die Beweise sind eindeutig«, erwiderte Camaal. »Die Auszeichnungen können sie sich gerne anschauen. «

»Damit hat er sein Leben verwirkt«, erklärte Geoffwan. »Es war ihm strikt verboten, sich in die Kultur und das eigenständige Leben fremder Lebensformen einzumischen. Er wird vogelfrei erklärt. Jedes Lebewesen in diesem Universum kann ihn nach eigenem Belieben töten. «

»Das sind ja mittelalterliche Verfahrensweisen«, bemerkte Major Travis. »Ihr Volk trägt zumindest eine Mitschuld an dem Dilemma des ragunischen Rates. Sie sollten einen Plan ausarbeiten, Halswan schnellstmöglich einzufangen und ihn einer gerechten Bestrafung zu übergeben. Ferner sollten sie unseren Gästen Hilfe anbieten, dass sie zumindest einen Teil ihrer Bevölkerung überleben kann. «

»Wohin mit ihnen? «, fragte Geoffwan. »Wir suchen doch bereits einen Planeten für Ranus und seinen Clan«, lächelte der Major. »Einige Raguner mehr, oder auch weniger, darauf kommt es dann auch nicht mehr an.«

Geoffwan horchte auf.

»Sie haben natürlich Recht«, erwiderte er. »Solange der Ablauf der Geschichte nicht geändert wird, bin ich im Namen unseres Ältestenrates einverstanden. «

»Ranus lebt noch? «, wunderte sich Lenus. » Er geriet doch in ihre Gefangenschaft? «

»Glauben sie, wir töten unsere Gefangenen? «, erwiderte Major Travis irritiert. »Wir sind keine Tiere. Ihr Truppenführer ist unser Gast. Es gefällt ihm bei uns. Er hat für sich und seinen Clan ebenfalls um Asyl gebeten. Wir werden ihm diesen Wunsch erfüllen. «

Camaal blickte Major Travis ungläubig an. »Das machen sie so einfach, haben sie ein solches Vertrauen zu ihm? «, erkundigte er sich.

»Vertrauen muss wachsen«, erwiderte der Major. »Wir erkennen jedoch, wenn uns ein Angehöriger einer Rasse seine Notlage schildert. Unser Imperium unterstützt diese Fälle. Unser Planetenverbund ist ein Imperium ohne Zwang. Wir tauschen Waren, Dienstleistungen und Informationen aus. Alle Rasse tragen etwas hierzu bei. Sicherlich gibt es auch Richtlinien, jedoch sorgen diese lediglich für die Sicherheit und für das reibungslose Miteinander. Straftaten sind in unserem Imperium nicht erlaubt und werden bedingungslos geahndet. «

»Ich verstehe«, antwortete der stellvertretende Zentralrat Muuda. »Jede ihrer Welten bestimmt selbst, ob sie ein Mitglied in ihrem Planetenverbund werden will.«

Major Travis nickte.

»Das ist richtig«, antwortete er. »Es zeigt sich, dass alle Planeten, die anfänglich der Meinung waren, von unseren imperialen Bestimmungen bevormundet zu werden, später die Vorteile erkannten und um Aufnahmen in das neue Imperium baten. Ab diesem Zeitpunkt standen die Welten unter dem Schutz unserer Flotten. Vor Piraten, oder andern Gesetzlosen, brauchen sich diese Bewohner nicht mehr zu fürchten. «

Camaal blickte den Major an.
»Sehen sie eine Möglichkeit, unseren Wunsch nach Asyl zu erfüllen? «, fragte er.» Wir sind es überdrüssig für eine Regierung zu arbeiten, die den Vorsitzenden des Zentralrates ermorden ließ und dem die Angehörigen unseres Volkes egal sind. Alle Besatzungsmitglieder meiner Flotte haben diesen Vorschlag diskutiert. Die Abstimmung war eindeutig. Ich wurde beauftragt sie zu bitten, einem Teil der ragunischen Bevölkerung eine neue Zukunft zu geben. Im Gegenzug übergebe ich ihnen als

derzeitiger Kommandeur die zweite zeitgesteuerte Wurmlochstation unserer Rasse auf Vagun.«

Major Travis blickte Geoffwan an. »Es existiert eine zweite zeitgesteuerte Wurmlochstation auf Varid?«, fragte er nach.» Das wussten wir bisher noch nicht.«

»Wie konnten sie diese so schnell fertigstellen?«, erkundigte sich Geoffwan.»Bei dem Bau ihrer Forschungsstation mussten sie noch durch unsere Wissenschaftler unterstützt werden.«

»Das ist eine interessante Geschichte«, erklärte der Systemrat.»Ich trage sie ihnen gerne vor.«

»Warten sie hiermit, bis sie vor unserer Führung sprechen können«, sagte Major Travis.»Unsere Regierung muss ihrem Antrag auf Asyl zustimmen. Sprechen sie ehrlich mit den Offizieren und verschweigen sie nichts. Alle Personen haben ein gutes Auffassungsvermögen für Gerechtigkeit. Kommen sie mit uns, wir bringen sie in einen Saal, in dem sich viele unserer hochrangigen Offiziere versammelt haben. Ich denke, die werden überrascht sein, ihren Vorschlag zu hören.«

Major Travis blickte den Systemrat nachdenklich an.

»Sind sie unter Umständen auch bereit, uns bei einem Einsatz gegen Ragun zu unterstützen? «, erkundigte er sich.

»Um was für eine Mission handelt es sich? «, fragte Muuda nach.

»Es geht um die Abschaltung der Personen Tore auf Ragun«, erklärte Geoffwan. »Sie wurden damals von unserem Volk erbaut, um ihren Flüchtlingsströmen von den Kolonien Herr zu werden. Diese Tore können einen Durchgang in unsere Flüchtlingsstation öffnen. Halswan versuchte bereits, diese Station zu vernichten, jedoch konnten wir sie vorher sichern. Wir müssen die Tore für immer abschalten, um den Zugang ihrer Zentralwelt in unsere Station zu blockieren. «

Camaal und Muuda nickten.

»Wir helfen ihn hierbei«, bot der Systemrat an. »Sehen sie unsere Beteiligung als aufrichtiges Angebot an, uns von der Regierung von Ragun loszusagen. «

»Entschuldigen sie meine Beteiligung an dieser Misere«, bemerkte Lenus. »Ich wurde als Befehlsführer der letzten Mission eingeteilt. Halswan war nicht besonders erfreut, als er von ihrer gut organisierten Gegenwehr zurückgedrängt wurde. «

»Dann ist Ranus ein Mitglied ihrer Einsatztruppe gewesen?«, lächelte Major Travis.

Lenus nickte.
»Das ist korrekt«, antwortete er. »Ich freue mich, ihn endlich wiederzusehen. «

»Dann lassen wir ihn nicht länger warten«, lächelte Major Travis. »Auch er wird überrascht sein, sie in unserer Begleitung anzutreffen. «

Vorschau:

www.ingramcontent.com/pod-product-compliance
Lightning Source LLC
Chambersburg PA
CBHW070323220526
45467CB00001B/4